CATACLISMO
CLIMÁTICO

CATACLISMO CLIMÁTICO

La historia de la gran catástrofe que engendró la vida moderna en nuestro planeta

Gabrielle Walker

Traducción de Víctor Zabalza de Torres

 Antoni Bosch editor

Publicado por Antoni Bosch, editor
Manuel Girona, 61 – 08034 Barcelona – España
Tel. (+34) 93 206 07 30 – Fax (+34) 93 252 03 79
e-mail: info@antonibosch.com
www.antonibosch.com

Título original de la obra
*Snowball Earth: The Story of the Great Global Catastrophe
that Spawned Life as we Know It*

© 2003, Gabrielle Walker
© de la edición en castellano: Antoni Bosch, editor, S.A.

ISBN: 978-84-95348-33-3
Depósito legal: B-13047-2007

Maquetación: Jesús Martínez Ferouelle
Corrección: Anna Bronchales Cabañas
Diseño de la cubierta: Compañía de Diseño
Impresión: Promotion Digital Talk, S.L.

Impreso en España
Printed in Spain

Para Rosa, Helen
y Damian

Índice

Agradecimientos		11
Prólogo		17
1	Primeros titubeos	23
2	El desierto protector	37
3	El principio	63
4	Momentos magnéticos	87
5	Eureka	103
6	En la carretera	129
7	Por debajo	149
8	Peleas de bolas de nieve	165
9	Creación	191
10	Nunca más	217
Epílogo		229
Notas y sugerencias para lectura posterior		231
Índice analítico		243

Agradecimientos

Durante los últimos dos años he sido una fanática de la teoría *Snowball Earth* (Tierra como bola de nieve). Allí donde se explicara o se refutara, en conferencias, viajes de campo o congresos alrededor del mundo, aparecía yo con mi bloc de notas y mis preguntas. Algunos de los investigadores con los que hablé están mencionados en el libro, otros no, pero todos ellos dieron su tiempo y sabiduría con generosidad.

En primer lugar, gracias a Paul Hoffman, que ha pasado incontables horas hablando conmigo. Me llevó por el desierto namibio y el recorrido de la maratón de Boston, me dio la bienvenida en su lugar de trabajo de campo, su casa y su laboratorio y me envió un flujo constante de información a través del correo electrónico, sin pretender influir sobre aquello que escribía.

Gracias también a Dan Schrag, quien me introdujo a la teoría *Snowball*. Sus ideas han sido básicas para la teoría, y las compartió conmigo en repetidas ocasiones.

Fueron muchos los investigadores que me proporcionaron su ayuda para explorar varias manifestaciones de la *Snowball* alrededor del mundo. Gracias a Tony Prave, Mark Abolins y Frank Corsetti por enseñarme las rocas del Valle de la Muerte de California. Ian Fairchild trabajó duro para organizar un congreso sobre la *Snowball* en Edimburgo, después de que su viaje de campo a los Garvelachs fuera cancelado por la aparición de la fiebre aftosa. Joe Kirschvink me invitó a su viaje a Suráfrica, y de nuevo a su laboratorio en Caltech. (Gracias por las historias de Joe, también a Dave Evans, Ben Weiss,

Kristine Nelson, Tim Raub, Curtis Pehl y muchos otros miembros de la familia estudiantil de Joe.)

Dennis Thamm retrasó un día sus vacaciones para enseñarme la mina del Monte Gunson. Jim Gehling y Linda Sohl me acompañaron hasta el Paso Pichi Richi en Australia del Sur, donde Jim me llevó en un inolvidable viaje por los fósiles ediacarenses de los Flinders Ranges. George Williams me envió copiosos artículos cubriendo su trabajo en los depósitos australianos, a pesar de su oposición a la teoría *Snowball*. Kath Grey y Malcolm me hablaron de los estromatolitos antes de que fuese yo misma a ver estas rocas vivientes a la Bahía Tiburón. Guy Narbonne me enseñó las fabulosas formas de los fósiles de Mistaken Point, junto a Bob Dalrymple y Jim Gehling. En el mismo viaje, Misha Fedoskin me explicó, casi siempre sentados en un bar de Newfoundland, historias del Mar Blanco ruso, y Bruce Runnegar me dio una perspectiva completamente nueva de los relojes moleculares y los fósiles con forma de pizza. Gracias también a Ben Waggoner por su descripción de las moscas de Arkhangel'sk.

Nick Christie-Blick me explicó historias durante la cena en Nevada y durante el té en Newfoundland. Linda Sohl describió la anécdota de la oveja y el ruido que hacen los canguros asustados mientras estábamos las dos apretadas en la parte trasera de una furgoneta en Newfoundland. Compartí un todoterreno durante tres días con Martin Kennedy y Tony Prave en el Valle de la Muerte y los conocí más a fondo en los más agradables alrededores de Edimburgo.

Roland Pease me convenció para presentar un programa en la radio BBC sobre la *Snowball* y me dio las grabaciones de las entrevistas que habíamos hecho. Mark Chandles me explicó los modelos climáticos y Jim Walker las estaciones. Oliver Morton remarcó la importancia de las «hipótesis extravagantes». Brian Harland toleró tres visitas mías a su casa y oficina en Cambridge, la primera cuando acababa de salir del hospital tras una lesión en la rodilla. Ian Fairchild y Mike Hambrey me explicaron más cosas sobre el trabajo temprano de Brian, mientras que me llegaron fascinantes explicaciones sobre los antecedentes de Paul a través de Terry Seward, Peter von Bitter, Erica Westbrook, Sam Bowring, Jay Kauffman y Dawn Summer.

En cuanto a mi propio bagaje, si no hubiera sido por John Maddox y Laura Garwin, que me tomaron como becaria en *Nature*, jamás habría sabido nada del maravilloso mundo de las ciencias de la tierra. Estoy igualmente agradecida a mis colegas del *New Scientist*, en particular a Alun Anderson, quien me contrató para el mejor trabajo del mundo («sal ahí y busca historias que te parezcan fascinantes») y a Jeremy Webb, que me enseñó más sobre escritura y edición de lo que ambos somos conscientes. El libro comenzó como un artículo de portada para *New Scientist*, uno de los muchos que surgieron de mi insaciable sed de historias sobre el hielo. La U. S. National Science Foundation me financió dos viajes llenos de aventuras a la Antártida, y el Canadian Department of Fisheries and Oceans me envió al océano Ártico donde vi por primera vez lo que pasa cuando los propios océanos se congelan.

Escribí principalmente en la British Library en Londres, donde el personal es fantástico, especialmente en la sección 2 Sur de Ciencia. La ciudad de Kirkcudbright en Escocia me proporcionó otro refugio durante un tiempo. No conseguí escribir mucho allí, pero pensé mucho. En California escribí en la preciosa biblioteca pública de Sausalito. Y Niles Eldridge del Museo Americano de Historia Natural de Nueva York me dejó amablemente una mesa para escribir allí durante un mes. A menudo me quedaba hasta después de la hora de cerrar y me recorría un privilegiado escalofrío cuando pasaba junto a los dinosaurios a oscuras.

Mucha gente leyó el manuscrito entero o por partes e hizo interesantes comentarios y críticas. En este sentido, debo agradecer las aportaciones de Robert Coontz, Richard Stone, Sarah Simpson, Michael Bender, John Vandecar, Helen Southworth, Rosa Malloy, Diane Jones, Jaron Larnier, Dominick McIntyre, Jeff Peterson, Edmund Southworth, Paul Hoffman, Doug Erwin y Jim Gehling. Cualquier error es, por supuesto, mío. Gracias en particular a David Bodanis, que estuvo allí desde el principio con sus ánimos y ayudas. Me guardaba una cabina en el café de la British Library y pasaba maravillosas comidas allí conmigo ayudándome a encontrar el camino a través de mi historia. Las modificaciones que sugería eran a menudo dolorosas, pero siempre correctas. De David también aprendí los dos mayores secretos de escribir libros: escribe cada día y ten siempre un mapa.

Mi agente, Michael Carlisle, me ha dado desinteresado apoyo y ánimos. Alexandra Pringle, mi editora en Bloomsbury, estaba entusiasmada con el proyecto desde el principio. Siento más agradecimiento del que puedo manifestar hacia a Emily Loose, mi editora en Crown, quien me animá a escribir las historias que realmente quería explicar, con sus inteligentes sugerencias sobre la estructura y su habilidad de señalarme detalles que yo estaba tentada de soslayar. En algún momento, leí sobre un autor famoso que se enfrentó a su editor sobre la importancia de los detalles por encima de la estructura. Dios está en los detalles, dijo el escritor. No, Dios está en la estructura, contestó su editor. Cuando le pregunté a Emily sobre esto, respondió sin dudarlo. «Dios», dijo con seguridad, «está en ambos.»

Supongo que debo haber hablado mucho de la *Snowball* durante el último par de años. Gracias especialmente a Helen Southworth, Diane Martindale, Barbara Marte, John Vandecar, Jaron Lanier, Dominick McIntyre, Jonathan Renouf, Karl Ziemelis y Christine Russell por la tolerancia y el apoyo. Gracias también a Rachel Rycroft y Barbara Nickson por ponerme en el que resultó –para mi sorpresa, aunque probablemente no para la suya– el camino correcto.

Y, sobre todo, gracias a mi familia: Rosa, Helen, Damian, Ed y Christian. Son una roca que nunca se agrieta ni se desmorona, por muy fuerte que sea la tormenta.

¿De qué vientre salió el hielo?
Y la escarcha del cielo, ¿quién la engendró?
Las aguas se endurecen a manera de piedra.
Y se congela la faz del abismo.

–Libro de Job

Prólogo

Boston, 20 de abril, 1964

Hacía un día horrible. Copos de nieve se convertían en aguanieve y golpeaban la cara de Paul Hoffman mientras calentaba en Hayden Rowe, muy cerca de la línea de salida de la maratón. El viento, pensó, venía del noreste. Malo. Midiendo más de metro ochenta, Paul era un objetivo voluminoso para el viento, que le vendría de cara durante la mayoría de los siguientes cuarenta y dos kilómetros y ciento noventa y cinco metros.

Paul era muy alto para ser corredor de larga distancia, demasiado alto, pero por lo menos tenía la complexión nerviosa necesaria. Era delgado y acababa de cumplir los veintitrés. Siempre había sido atlético, pero el atletismo le encajaba mucho mejor que cualquier deporte que había probado. Especialmente la larga distancia. A Paul le gustaba estar solo, y no funcionaba particularmente bien en equipo. Le encantaban las largas y solitarias horas de entrenamiento, y le gustaba la sensación de luchar él solo contra el mundo.

A parte de su estatura, no había demasiadas cosas que le distinguieran de los demás corredores: su pelo negro estaba cuidadosamente cortado, corto por detrás y por los lados, con la raya a la izquierda; tenía la cara delgada. A pesar de que era la estrella de su club de atletismo local, Paul no era nadie en esos círculos. Permanecía en el anonimato, situado en la parte de atrás del grupo de salida.

Eso estaba a punto de cambiar. Es esta fría mañana, Paul se sentía excitado y nervioso en igual medida. No había corrido una maratón nunca, ni siquiera entrenando y, sin embargo, había decidido comenzar por arriba. La de Boston es la maratón de ciudad más antigua del mundo, la carrera de las leyendas. Si eres un corredor de larga distancia, ésta es la carrera que importa. Normalmente intentas llegar a ella después de intentar un par de maratones menores, y así entrenas tu ritmo. Pero Paul Hoffman nunca estuvo interesado en los preámbulos. En su Canadá natal, se animó a sí mismo, en soledad, milla tras milla sobre las colinas del escarpado de Niágara, y después, mientras escribía tranquilamente las últimas distancias y tiempos en su cuaderno de atletismo, calculó cómo se traducirían sus esfuerzos en una maratón completa. Cada vez, se fijaba una velocidad: seis minutos por milla. Ése era el límite mental. Si podía mantener aquel ritmo a lo largo de toda la maratón, conseguiría el más que respetable tiempo de poco menos de dos horas y cuarenta minutos. En cuanto Paul calculó que podría mantener el ritmo, envió los formularios de inscripción.

Llegado el momento, en un día frío y nublado, aparecían las dudas. ¿Y si había calculado mal? ¿Y si se quedaba sin fuerzas antes de la meta? ¿Hasta qué punto se podía forzar al principio? Nunca recorrería la distancia. Incluso el público le resultaba amenazador. Paul nunca había vista tantos espectadores en una carrera. Era el Día del Patriota −el día que conmemoraba el «disparo escuchado por todo el mundo» en que comenzó la Revolución americana− y a pesar del mal tiempo, los ciudadanos de Massachusetts había salido a la calle masivamente.

La carrera comenzó al mediodía. Desde la salida, el recorrido bajaba por una ladera en una larga y suave curva, pidiendo a Paul que estirara las piernas y fuera más rápido. Resistió el impulso. «Sigue respirando», se decía. «Concéntrate. ¿Cómo me siento? ¿Cómo me siento de verdad?». Sus piernas parecían frescas y llevaba un buen ritmo.

El viento le golpeaba en diagonal desde la derecha. Algunos corredores se agazapaban detrás de otros para resguardarse. Pero Paul seguía con la carretera haciéndole frente. Si corría detrás de alguien, su zancada se vería truncada. Prefería afrontar el viento.

El campo se extendió ante ellos, y el grupo de cabeza se perdió de vista. Paul avanzó hasta el segundo grupo, que contaba con seis corredores más. Entraron en la ciudad de Natick bajo una ola de aplausos del público. «Tienes buena pinta», le gritó alguien. «¡Adelante!». Un reloj en lo alto de una torre se veía a la izquierda, con las manillas indicando las 12,56. Habían estado corriendo durante exactamente cincuenta y seis minutos. Natick estaba a diez kilómetros, y a seis minutos por milla deberían estar más cerca de la una en punto. «Vamos demasiado rápido», gritó Paul al corredor que iba a su lado. Ninguno de los dos bajó el ritmo.

Al otro lado de la ciudad, el grupo entró en una carretera bordeada por árboles invernales. Miles de estudiantes habían salido de los edificios del venerable Wellesley College a su derecha. Era el peligro de Wellesley, una tradición que Paul se habría ahorrado. Una pared de gritos y chillidos desgarró las orejas de Paul mientras sacudía la cabeza irritado y seguía adelante.

Pronto el volumen de los gritos bajó y de nuevo pudo reconocer las palabras de los espectadores. «¡Paul! ¡Vas decimoquinto!» Decimoquinta posición. Estaba impresionado. Era mejor de lo que esperaba.

Había cuatro corredores inmediatamente delante de él. Eso significaba que había diez personas fuera de vista en el grupo de cabeza. Diez personas. Diez trofeos. Si Paul podía dejar atrás al resto de su grupo y superar a uno solo de los líderes, estaría entre los diez primeros. De su primera Maratón de Boston volvería a casa con un trofeo. La carretera descendió de repente colina abajo. Al final estaban las Cascadas Newton y la primera de las subidas. Paul sabía que era bueno en las subidas. Corrió el riesgo, alargó su paso y aumentó el ritmo, dejando atrás a los otros cuatro.

Dentro... fuera... dentro... fuera... respirar era cada vez más complicado. Ya no se aguantaba nada. Ahora iba a tope, tan rápido como podía. Los gritos eran cada vez más agudos. «¡Vas undécimo! ¡No hay nadie detrás de ti!»

Quedaban seis millas y Paul entraba en terreno desconocido. Sabía que su cuerpo pronto se quedaría sin reservas de azúcar y comenzaría a quemar grasa. El azúcar da energía instantánea. Pero la grasa es una reserva de energía a largo plazo, que no está preparada para fuertes y sostenidos esfuerzos. Cuando comienzas a quemar grasa, estás en las últimas. De repente tus piernas parecen plomo y tus brazos ya no tienen fuerza. Esto sucede en momentos diferentes según la persona, pero suele ser poco después de las dos horas. Por eso las maratones son tan duras. Paul no tenía ni idea de cuánto le durarían sus reservas de azúcar.

Otra colina apareció delante, el lugar de uno de los dramas más famosos de la Maratón de Boston. En 1936, el anterior campeón Johnny Kelley alcanzó aquí a un joven Indio Narrangansett, Ellison Myers *Tarzán* Brown, que había estado liderando la carrera. Kelley dio una palmada en el hombro de Brown cuando le alcanzó. «Buena carrera», decía el gesto. «Adiós». Brown respondió con una subida de ritmo instantánea. Era atletismo de manual. Cuando alguien acaba de hacer un esfuerzo supremo para alcanzarte en una maratón, necesita correr a tu lado un rato. Arranca de nuevo, y le romperás el espíritu. En este caso, también el corazón. Brown siguió adelante hasta ganar la carrera mientras Kelley acabó quinto. Y la subida fue inmediatamente apodada «la Colina Rompecorazones».

Ahora Paul estaba solo, sin corredores a la vista delante o detrás mientras subía por la Rompecorazones. En la cima, adelantó a dos corredores exhaustos que se habían descolgado del grupo de cabeza. Estaban hechos polvo. Sintió un impulso de júbilo. ¡Eso significa que voy noveno! ¡Estoy en novena posición!

Sus piernas todavía le funcionaban, no había indicios de calambres. Pero su cuerpo le gritaba. Toda su concentración estaba dedicada a ignorar el dolor.

Giró a la izquierda por la calle Beacon, dirigiéndose hacia la ciudad por la larga y recta calle antes de las últimas curvas. Bastante lejos de donde él estaba brillaba una señal que marcaba las veinticinco millas. Se moría de ganas de alcanzarla pero la señal no parecía acercarse. ¡Por favor, que se acabe ya! Ningún corredor a la vista. Sólo la multitud gritando. «¡Paul, vas noveno! ¡Paul! ¡Sigue corriendo!»

Cuando finalmente llegó a la señal, una leve subida en la carretera casi acaba con él. De alguna manera se forzó a seguir corriendo y girar a la derecha por la calle Exeter. Miró hacia atrás y vio a otro corredor acercándose con fuerza. Por delante, alcanzó a ver al grupo de cabeza por primera vez, e hizo un último gran esfuerzo. Comenzó a alcanzar a los líderes, pero el corredor que le seguía estaba a punto de alcanzarlo. Al final, se les acabó la carretera. Paul cruzó la línea de meta en novena posición, bajo un estruendo como no había oído jamás.

En su primera maratón, Paul había llegado en dos horas, veintiocho minutos, siete segundos. Esperaba algo como dos horas y cuarenta minutos, un objetivo ambicioso que había superado con creces. El tiempo que había conseguido era de categoría mundial, y estaba a menos de catorce minutos del récord del mundo. Si quería, pensó de repente, podía hacer de ésto su vida.

El verano de Paul ya estaba planeado. Estaba preparándose para ser un geólogo experimental, e intentaba ir al Ártico. El Geological Survey de Canadá le había ofrecido una plaza en una expedición a Keewatin, al oeste de la Bahía Hudson. Ya había hecho salidas de este tipo, pero sería la primera vez que lo haría como primer asistente, y se le permitiría hacer mapas geológicos de manera independiente. Entrar a formar parte del Survey era el sueño de Paul, y este trabajo de verano podría ser el primer paso.

Pero de repente todo parecía diferente. Estábamos en año olímpico, así que ¿debería intentar entrar en el equipo olímpico canadiense? ¿Debería abandonar su trabajo de campo de verano e ir a las Olimpiadas en septiembre? Ya era demasiado tarde para tener una oportunidad real de ganar la Maratón de Tokio, pero tal vez debería aparcar un tiempo la geología y dedicar los próximos cuatro años a entrenarse para Ciudad de México en el 68.

Condujo de vuelta a Canadá aquella noche, con las piernas rígidas y doloridas, con las estadísticas dándole vueltas en la cabeza. Había corrido en dos horas, veintiocho minutos, siete segundos, a una media de cinco minutos treinta y nueve por milla y el récord del mundo estaba en cinco minutos diez por milla. Con entrenamiento intenso, ¿podría reducir veintinueve segundos por milla de su tiempo? ¿Podía aspirar a igualar el récord del mundo? ¿Estaría a la altura si iba a las Olimpiadas? ¿Era un campeón mundial? ¿Podía ganar?

Su mente iba de un lado para otro, pero siempre chocaba con la misma pared. Cinco minutos diez por milla. Era rápido. Podía correr a ese ritmo durante dos millas, tal vez incluso cinco. Pero no diez. Y si ahora no podía correr diez millas a ese ritmo, ni siquiera un entrenamiento intenso le permitiría aguantarlo durante toda una maratón. Podía hacer una buena carrera en Tokio, pero no podía ganar. Por mucho que lo intentara, Paul no veía la posibilidad del oro olímpico.

Esa reflexión determinó su decisión. Si no podía ganar en los Juegos Olímpicos, no iría. Encontraría otro camino hacia la gloria. Cuando llegó el verano, estaba acampando en el alto Ártico canadiense, comenzando el arduo proceso de encajar las historias escondidas en las profundidades de las rocas.

1

Primeros titubeos

Éste es un momento extraordinario para estar vivo. Mira a tu alrededor, piensa en las intrincadas complejidades de la vida sobre la Tierra, y considera lo siguiente: la vida compleja es un hecho muy reciente. Nuestro planeta ha pasado la mayoría de su larga historia poblada por un limo simple y primordial. Durante miles de millones de años, los únicos habitantes de la Tierra formaban una sustancia viscosa.

Entonces, de repente, todo cambió. En algún preciso momento hace aproximadamente 600 millones de años, algo sacó a la Tierra de su apacible estado. Aparecieron los ojos, los dientes, las piernas, las alas, las plumas, el pelo y los cerebros. Cada insecto, cada primate y antílope, cada pez, pájaro y gusano. Lo que había provocado este nuevo resurgir fue responsable de tu existencia y de la de todos aquellos que te rodean.

¿Qué fue lo que ocurrió?

Paul Hoffman, corredor amateur de maratón, geólogo, y ávido buscador de la gloria, cree saberlo. Cree que finalmente ha dado con el oro de la ciencia. Ahora, siendo profesor titular de la Universidad de Harvard y científico mundialmente reconocido, ha descubierto pruebas de la mayor catástrofe climática que la Tierra ha sufrido jamás, y de la que, según Paul, devino un nuevo e impresionante resurgir.

La Bahía Tiburón se puede ver desde el aire como una irregularidad en la suave costa de la Australia Occidental. A ochocientos kilómetros al norte de Perth, está exactamente en el lugar donde las temperaturas tropicales y temperadas están hombro con hombro. El área alrededor de la bahía es un potente recuerdo de hasta dónde hemos llegado desde que el limo primordial reinaba en nuestro planeta. Está lleno de vida variada e intensa.

Éste es uno de los pocos lugares en el mundo donde los delfines en libertad conviven con los humanos, cotidianamente y con regularidad. A las siete de la mañana sale de una cabaña de madera un guardabosque vestido con uniforme caqui y enfoca sus prismáticos hacia el horizonte. Tal vez media hora más tarde, localizará el primer delfín. De alguna manera la voz corre inmediatamente. Sobre la playa de arena, donde tan sólo había cuatro o cinco personas, de pronto aparecen cincuenta o sesenta.

Tres inquietos guardabosques hacen lo que pueden para mantenerlos en una línea ordenada. Todos tendrán oportunidad de ver a los delfines. Nadie debe tocarlos. Nadie debe meterse en el agua más allá de la altura de las rodillas. Otro guardabosque aleja los enormes pelícanos blancos de la playa encendiendo un aspersor. Los pájaros dan vueltas con los picos abiertos –en esta zona desierta el agua dulce es irresistible.

Llegaron los delfines con sus crías. Uno de los guardabosques, con un micrófono inalámbrico amplificando su voz, camina arriba y abajo ante los espectadores, presentado a los delfines («Éstos son Nicky y Nomad, Surprise y su cría Sparky») y hablando sobre sus costumbres. La multitud se acerca al agua con expresiones beatíficas, como fieles buscando un bautizo en aguas del Jordán.

Los delfines atraen a las multitudes –más de seiscientos de ellos viven aquí–. Pero la Bahía Tiburón también es famosa por el resto de su fauna salvaje. En la bahía viven más de 2.600 tiburones tigre, sin contar los tiburones martillo y el ocasional gran tiburón blanco. Los tiburones tigre se ven en el agua como estilizadas sombras de hasta tres metros y medio; a menudo se esconden cerca de la hierba marina a la espera de que su cena emerja en la forma de un dugong chato y gris. Los dugongs, o vacas marinas, son supuestamente las criaturas que dieron origen al mito de las sirenas, a pesar de que soy incapaz de encontrar el parecido. Son demasiado prosaicos, masticando plácidamente al final de un «camino de comida», una línea de agua clara que han trazado, como un gusano, a través de la verde hierba marina. Son excepcionalmente tímidos y poco corrientes, pero aquí, entre las mayores y más ricas praderas de hierba marina del mundo, hay unos diez mil de ellos, a pesar de los tiburones tigre.

Luego están las serpientes marinas, las tortugas verdes, y los rorcuales migratorios. Y tan sólo un poco más al norte, donde los trópicos comienzan con todo su esplendor, está la Bahía Coral –uno de los diez mejores sitios del mundo para practicar submarinismo–. ¡Venga y sumérjase en el muelle Navy! ¡Vea más de 150 especies de peces! También hay esponjas de mar y corales, gusanos planos violetas y brillantes, caracoles, langostas y gambas, así como enormes e inofensivos tiburones ballena, los peces más grandes del mundo. Y en tierra hay ualabis, bettongs, bandicuts, emus, canguros y tímidos y pequeños ratones nativos.

En esta región hay de todo, desde lo más fantástico hasta lo simplemente extraño. La evolución ha ido retocando, adaptando e inventando nuevas formas de vida compleja durante cientos de millones de años, y aquí en Australia Occidental se puede ver claramente.

Pero éste también es un lugar donde puedes viajar atrás en el tiempo para ver en el otro lado de la ecuación evolutiva, a las criaturas más simples y primitivas de todas, que provienen de los primeros momentos de la historia de la vida, justo después de que el polvo de la creación de la Tierra se hubiera asentado. Y cuando estos primeros titubeos de vida aparecieron sobre la superficie de la Tierra, su forma era excesivamente poco atractiva. A través de océanos, lagunas y charcas incontables criaturas microscópicas se unen para formar el lodo primordial. Cubrían el lecho marino y ascendieron centímetro a centímetro hacia la costa con la marea; se reunían alrededor de las fuentes de agua caliente y recibían los rayos de un joven y débil Sol. De un aburrido verde o marrón, excretando un pegamento gelatinoso que las unía en matas, estas criaturas eran poco más que bolsas de sopa. Cada una ocupaba una única célula. Cada una había controlado los aspectos de cómo comer, crecer y reproducirse. Eran como industrias artesanales individuales en un mundo sin interés por la cooperación o la especialización. Eran la mínima expresión de la vida.

A pesar de que estas criaturas primitivas han sido vencidas en todos los ambientes excepto en los más hostiles, todavía existen algunos lugares donde se puede experimentar la Tierra primitiva de primera mano. Las ácidas fuentes calientes del Parque Nacional Yellowstone, por ejemplo, o los valles glaciales de la Antártida. Y aquí, en Australia occidental, donde incontables criaturas microscópicas, unicelulares, extremadamente antiguas llevan a cabo su simple existencia en un pequeño rincón de la Bahía Tiburón: un lago poco profundo llamado «la Charca de Hamelín». El agua de la charca apenas se mezcla con la del resto de la bahía, y es el doble de salada que lo normal. Dado que pocos animales marinos modernos pueden tolerar tales niveles de sal, éste es uno de los últimos refugios del antiguo limo.

Es fácil pasarse la señal que apunta hacia la Charca de Hamelín, incluso en la desolada carretera que sale hacia el sur desde Monkey Mia. En el segundo intento finalmente la veo, giro a la izquierda, y avanzo por un camino de arena entre matorrales bajos. Para esta primera visita evito la estación de telégrafo restaurada con su minúsculo museo y su cafetería, y me dirijo directamente a la playa. Quiero experimentar la Tierra primigenia sin ningún tipo de guía.

Hay un aparcamiento vacío de arena blanca, con zarzos y matorrales suspendidos de las dunas, y un camino que serpentea entre los arbustos hacia el mar. A pesar de que he venido a buscar a las criaturas más simples de la Tierra, las complejidades de la vida están por doquier. Desde uno de los arbustos, un pequeño pájaro reitera incesantemente su melodía de cinco notas. Desde otro, una paloma de cresta gris me mira sin pestañear. Las conchas de la playa crujen bajo mis pies; son minúsculas, blancas, y perfectamente formadas, y los bivalvos sobre las que crecieron están, evolutivamente, eones por delante de las simples criaturas que busco. Camino sobre una pasarela de madera que se alarga como un muelle sobre el agua. Cada curtida plancha de madera contiene filas y filas de células que antaño formaron parte de un organismo grande y complejo. Por todos lados hay carteles que muestran a las criaturas del limo con caras sonrientes y divertidas explicaciones sobre su origen. Las moscas vuelan enloquecedoramente alrededor de mi cabeza, aterrizando sobre mi cara para beber de las esquinas de mis ojos. Vencejos negros se abalanzan sobre los pasamanos, y mariposas del color de la miel, con las puntas de las alas blancas y negras. Viajar en el tiempo es más complicado de lo que parece. El mundo moderno nos sigue hasta en la Charca de Hamelín, y se niega testarudamente a marcharse.

Vuelvo atrás hacia la estación de telégrafo para pedirle al guardabosque permiso para abandonar la pasarela de madera y entrar en la charca. Duda y finalmente accede. «Vaya a lo largo de la playa hacia la derecha», dice. «No pise las alfombras. Vaya con cuidado». Las alfombras de las que habla son uno de los signos de la Tierra primitiva. Son resbaladizos conglomerados de antiguas cianobacterias, y crecen muy lentamente. A principios del siglo pasado, carros tirados por caballos fueron llevados hasta el agua para descargar el cargamento de un barco. Cien años más tarde las marcas todavía se pueden ver como pedazos descubiertos entre el fino limo negro. Una pisada imprudente duraría mucho tiempo. Prometo vigilar mis pasos.

Vuelvo a la playa y esta vez camino cuidadosamente hacia la orilla. Más impactantes que los omnipresentes pedazos de maloliente y fangosa alfombra de bacterias son las «rocas vivientes» que hay entre ellas. Estos extraños habitantes de la Tierra primitiva están por todas partes, un ejército de accidentadas cabezas de col negras caminando hacia el mar.

Las que están más lejos de la costa ahora no son más que cúpulas de roca muertas y grises, con forma de garrote, de tal vez unos treinta centímetros de altura. Antaño alojaban microbios sobre su superficie, pero hace tiempo que han perecido, abandonados por el agua. Más cerca del límite de la Charca las cúpulas están cubiertas de un punteado negro que se vuelve verde oliva cuando las empapa el agua. La mayoría de los estromatolitos, sin embargo, están bajo el agua, más lejos de lo que alcanzo a ver. Entre ellos la arena está cubierta por alfombras verdes o negras de limo, e iluminado con luces acuosas distorsionadas por las olas de la superficie. Camino por el agua entre estas extrañas formaciones hasta que ésta cubre mis piernas. No hay nadie más a la vista.

Las rocas vivientes del mundo del limo se llaman «estromatolitos», una palabra que viene de la palabra griega para «lecho de roca». A pesar de que el interior de los estromatolitos es simple y dura piedra, sus capas exteriores son esponjosas al tacto. Aquí, en la superficie, es donde viven los antiguos microbios. Veneran el sol: durante el día se alargan hasta su máxima altura filamentosa –tal vez dos milésimas de centímetro– se bañan en el sol y fabrican su comida; de noche se tumban de nuevo. El agua que los rodea está llena de fina arena y sedimentos arrastrados por las olas. Con el tiempo esta arena cae sobre los organismos, y la cama de cada noche es una capa fresca de arena. Los estromatolitos son construcciones involuntarias; la sustancia pegajosa que segregan los organismos hace las veces de mortero y la arena de ladrillos. Cada día, a medida que los microbios salen a la superficie, una nueva capa fina de arena se coloca bajo ellos.[1]

Es un proceso lento. Los estromatolitos crecen tan sólo una fracción de centímetro al año. Los que hay en la Charca de Hamelín tienen centenares de años y si alguien los hubiera fabricado serían grandes logros de ingeniería. El hecho de que estos microorganismos construyan estromatolitos de un metro de altura es equivalente a que los humanos construyéramos una estructura de centenares de kilómetros de altura, capaz de alcanzar la frontera del espacio exterior. Camino unos cien metros por el agua, doscientos metros por la costa, y la pendiente es todavía tan suave que el aumento de profundidad del agua es apenas perceptible. Afortunadamente, las moscas y las mariposas se han quedado atrás, y el pájaro cantor está fuera de mi alcance auditivo. Finalmente he comenzado a sentir que he viajado hacia los primeros tiempos de la Tierra.

Las alfombras de limo y los estromatolitos de la Charca de Hamelín pueden parecer terriblemente extraños, pero hubo un tiempo en que estaban por doquier. Entonces te hubieras encontrado esta escena de estromatolitos y superficies cubiertas de microbios allá donde fueras. Olvídate de los delfines y los canguros. Así fue la Tierra durante casi tres mil quinientos millones de años. Las marcas de los estromatolitos y sus alfombras todavía se pueden ver allá donde rocas suficientemente antiguas surgen a la superficie de la Tierra. Las he visto en Namibia, en Suráfrica, en Australia y en California. A veces tienen forma de cúpula, como éstas de la Bahía Tiburón, a veces de cono, a veces se ramifican como corales. Hay sitios donde puedes andar entre arrecifes de antiquísimos estromatolitos petrificados, descansar tus pies sobre sus cabezas de piedra, y ver los anillos de crecimiento petrificados allí donde han sido cortados. Y puedes recorrer con tus dedos la superficie de las alfombras fosilizadas, que dan a las rocas la inesperada textura de piel de elefante. Este limo estaba por todas partes, y ahora no está casi en ningún sitio.

¿Cómo hemos llegado de aquéllo a ésto? Esta es una pregunta a la vez más sencilla e importante de lo que parece. Por supuesto, la vida dio muchos pasos evolutivos por separado para llegar de los estromatolitos a los canguros. Tuvo que inventar los ojos, las piernas, el pelaje, los pies y todo aquello que diferencia a los marsupiales del primitivo limo. Pero hubo un paso en particular que fue más importante que los demás, uno que marcó la diferencia.

El paso fue este: aprender a hacer un organismo no tan sólo de una célula, sino de muchas. A pesar de que los primeros microbios sobre la Tierra eran terriblemente poco sofisticados, con el tiempo aprendieron nuevos trucos para explotar los recursos del planeta. Pero todos tenían todavía algo en común. Cada criatura individual estaba empaquetada en su propio saco minúsculo, una única célula microscópica. Entonces, en algún momento de la historia de la Tierra, todo cambió. Una célula se dividió en dos, y después en cuatro. Desde aquel momento, los organismos pudieron cooperar y, sobre todo, sus células se pudieron especializar. Pudieron surgir células de la piel y células de los ojos, células que formaran tejidos, órganos y extremidades

Para la vida, esto fue la revolución industrial. Olvídate de las industrias artesanales. Ahora se podían tener fábricas con lineas de producción en cadena. Dividiendo las tareas y especializándose se obtiene siempre más eficacia que si intentas hacerlo todo tú mismo. Y hay algunas cosas, como los canguros, que sólo se pueden crear con un masivo esfuerzo cooperativo.

Exactamente de la misma forma, cuando los organismos desarrollaron la habilidad de volverse pluricelulares, ganaron un mundo de posibilidades. Tu cuerpo está hecho de trillones de células. Cada pelo está repleto de ellas. Esparces células de la piel allá por donde vas. Tus células sanguíneas transportan energía por todo tu cuerpo para alimentar los órganos formados por todavía más células. Esta identidad múltiple es el criterio vital para cualquier creación compleja. La existencia de cada delfín y cada dugong, cada tiburón, pelícano y wombat es consecuencia de aquel paso crucial de una célula a varias. Ése fue el punto de inflexión en el que el simple limo cedió su dominación a las creaciones complejas que se levantaron con esfuerzo del fango y comenzaron su marcha hacia la actualidad.

¿Pero por qué se tardó tanto tiempo? El mundo del limo duró prácticamente toda la historia de la Tierra. Expresémoslo en números. Nuestro planeta existió durante cuatro mil millones de años antes de que los primeros habitantes complejos emergieran del fango. Eso es casi un noventa por ciento de la vida de la Tierra.

Cuatro mil millones de años es una barbaridad de tiempo, casi imposible de considerar. Se han hecho muchos intentos de expresar esta extensión de tiempo de manera que la podamos entender. Si la historia de la Tierra estuviera contenida en un año, podríamos decir que el limo gobernó a lo largo de la primavera, el verano, el otoño, llegando más allá del día de Todos los Santos hasta principios del invierno. Si se condensara en los seis días de la creación, el limo hubiese dominado hasta las seis de la mañana del sábado. Si pensáramos en una maratón, el limo iría en cabeza hasta más allá de la marca de los 37 kilómetros.[2]

Pero mi imagen favorita, prestada de John McPhee, es la siguiente:[3] estira tus brazos hacia fuera para abarcar todo el tiempo de la historia de la Tierra. Digamos que el tiempo corre de izquierda a derecha, de manera que si la Tierra nació en la punta de tu dedo corazón de la mano izquierda, el limo apareció justo antes de tu codo izquierdo y dominó la Tierra durante el resto del brazo, cruzando hasta el derecho, más allá tu hombro y tu codo derecho, a lo largo del antebrazo, y con el tiempo cedió en algún punto alrededor de tu muñeca derecha. La duración de su dominio no tiene comparación posible. Los dinosaurios apenas reinaron durante la longitud de un dedo. Y una concienzuda pasada de una lima sobre la uña de tu dedo corazón de la mano derecha borraría completamente la historia humana.

Stephen Jay Gould puso los descubrimientos de estas vastas extensiones de tiempo en una larga linea de hallazgos que habían puesto a los humanos firmemente en su sitio.[4] Galileo, decía Gould, nos enseñó que la Tierra no está en el centro del universo. Darwin, que tan sólo somos otro tipo de animal. Freud, que ni tan sólo somos conscientes de la mayoría de las cosas que pasan en nuestras cabezas. Y los geólogos ahora han descubierto que la Tierra había alcanzado una avanzada mediana edad antes de que ni tan sólo fuéramos un destello en su ojo.

A pesar de que los humanos son ciertamente complejos y también listos, tal vez la forma de vida más elevada que la Tierra ha producido jamás, no nos parecemos en absoluto a los habitantes más naturales de la Tierra. Medido por la duración de su dominio, el primer y más primitivo experimento vivo de la Tierra también fue el mejor. Con células individuales y simples, nada complejo, nada brillante, cada criatura a su aire, la vida había encontrado una fórmula sorprendentemente exitosa. ¿Por qué tuvo que cambiar?

Ésta es la pregunta que ha perseguido a los complejos, listos, pensadores y adaptables humanos desde que descubrieron por primera vez esta extraña historia de la vida. La Tierra parecía preparada para estancarse para siempre en el limo. ¿Por qué apareció la vida compleja, y por qué esperó a aparecer hasta ese momento, hace tan sólo unos centenares de millones de años, casi al final de la maratón, en algún sitio alrededor de tu muñeca derecha, al final de la mediana edad de la Tierra?

Para responder a esto, Paul Hoffman se ha aferrado a una idea que fue propuesta por primera vez hace más de sesenta años, y entonces fue desechada, resucitada a medias y sin ganas, y abandonada numerosas veces en los siguientes años. No hay nada a medias, sin embargo, en la formulación que ahora ha efectuado Paul. Ha recogido nuevas pruebas, ha mejorado y amalgamado antiguas ideas, y ha empleado un razonamiento poderoso para convencer a la gente de su entorno. Según Paul, la riqueza de la vida, la diversidad y la apabullante complejidad nacieron de una impresionante catástrofe. Se llama la *Snowball Earth*.

Al principio vino el hielo. Se arrastró desde las fortalezas de los polos Norte y Sur, congelando la superficie del océano, esparciéndose por toda la Tierra. Un planeta azul inexorablemente convertido en blanco.

Las placas de hielo aparecieron al principio sobre la superficie del mar como minúsculos copos de nieve flotantes. Fueron chocando los unos contra los otros por el efecto del viento y las olas, y sus restos fueron convirtiendo el mar en una sustancia grasienta. La superficie se espesó y se congeló formando una transparente y fina capa. A medida que esta capa se fue fortaleciendo, se volvió gris y opaca por la sal y las burbujas que llenaban sus entrañas. En algunos sitios el hielo formó grandes y redondas tortas, con los extremos levantados como gigantes hojas de nenúfar, allí donde chocaban las unas contra las otras. Y, como colofón, al fresco y joven hielo marino le creció una cubierta de flores de escarcha, cada una del tamaño y forma de un edelweiss.

El hielo del mar se dobla. Al contrario que el hielo de agua dulce, que se parte como el cristal, el hielo que se forma sobre la superficie del mar es elástico. Cuando intentas andar sobre él, tus piernas se hunden inesperadamente. Pero a medida que se hace más grueso se vuelve firme como la roca.

A pesar de que el hielo del mar es de color gris cuando se forma, se vuelve blanco año tras año a medida que la salmuera vuelve hacia el mar. Hasta el joven hielo gris está a menudo espolvoreado de nieve. Pero un mar helado es cualquier cosa menos monocromático. Rajas de aguas abiertas, creadas por el viento y el mal tiempo al partir los bloques de hielo, exponen las raíces del hielo flotante, de color turquesa intenso. Y el oscuro océano se refleja en las nubes, rayando en ellas el color de una magulladura. Lo llaman «cielo de agua», y los navegantes polares hace tiempo que lo utilizan para saber hacia dónde guiar sus barcos mientras navegan peligrosamente entre el hielo.

Donde las vías de agua se han congelado el hielo es suave y plano. Donde los extremos de una antigua herida de agua han sido cauterizados de nuevo, hay montones de bloques de hielo desordenados de un impresionante azul brillante. El hielo se parte de repente como un látigo. A veces el hielo gime o cruje cuando el viento une bloques o se prepara para separarlos. Pero en su mayoría, los océanos polares helados están envueltos por el silencio −misterioso y absoluto−. No hay ninguna escena más alienígena sobre la Tierra.[5]

Durante tal vez unos miles de años, la amenaza blanca se acercó implacablemente hacia el ecuador. Las primitivas formas de vida de la Tierra no tenían ojos para ver el hielo que las envolvía ni la inteligencia para temerlo. La mayoría de ellas vivían su aburrida vida en una banda alrededor de la cintura de la Tierra, y a medida que el hielo avanzaba firmemente desde el lejano sur y norte, se bañaban despreocupadas en el calor de sus poco profundos mares ecuatoriales.

Una tormenta ocasional pudo haber causado olas cerca de la costa. Tal vez las olas rasgaron las gomosas alfombras de microbios que cubrían el lecho marino y esparcieron las rocas cercanas con restos parecidos a piel de pollo mojada. Los estromatolitos construyeron sus arrecifes de piedra a base de capas microscópicas. Los géiseres soplaron. La lluvia cayó. El sol salió de nuevo. No había ninguna pista de la devastación que se avecinaba.

Pero cuando el hielo llegó a los trópicos, su lento avance se convirtió en una carrera. En cuestión de décadas, absorbió los océanos tropicales y se dirigió al ecuador.

El hielo se esparcía desde las bahías poco profundas y creaba una primera capa, y después una capa más espesa sobre los océanos. Se aferraba a las playas y rascaba las alfombras de microbios del lecho marino. En algunos sitios esta cubierta era tan fina que se partía y se volvía a formar. En otros, llegaba a los miles de metros de profundidad.

Durante unos cientos de años, tal vez incluso algunos miles después de que los océanos se cubrieran de hielo, la Tierra permaneció descubierta. Pero el hielo se comenzó a acumular, con el tiempo, en las alturas de las montañas, creando enormes ríos helados que fluían montaña abajo hasta llenar los valles circundantes. Al final, la blancura era completa. La superficie de la Tiera se parecía a los frígidos terrenos de Marte o a alguna de las lunas de Júpiter, cubiertas de hielo. La luz del sol rebotaba sobre la superficie brillante y volvía de nuevo al espacio. El mercurio llegó a unos asombrosos cuarenta grados bajo cero. (O lo habría hecho si el propio mercurio no se congelara a esas temperaturas.) Había poco viento o meteorología de ningún tipo. Las nubes desaparecieron en su mayor parte, excepto por los minúsculos cristales de hielo a grandes alturas en la atmosfera, que dispersaban las puestas de sol en extraños colores, azul y verde, bordeados de un rosa vibrante. No llovía y caía poca nieve. Cada día traía un silencioso e incesante frío.

La Bola de Nieve no era tan sólo otra «glaciación» como aquellas de eras más recientes. Los sucesos a los que llamamos «glaciaciones» fueron tan sólo breves golpes de frío en un mundo medianamente confortable. Entonces había hielo en Nueva York, pero no en México. Si estabas en el norte de Europa durante una glaciación, temblabas, pero si estabas en los trópicos, apenas te dabas cuenta.

En cambio, para Paul la Bola de Nieve fue el golpe más frío, más dramático y más intenso que había sufrido jamás la Tierra. Fue la peor catástrofe de la historia. Durante tal vez cien mil siglos, la Tierra era una bola blanca helada, desolada y cualquier cosa menos despoblada.

Para los microbios, la *Snowball* debió parecer el fin del mundo. Algunos sobrevivieron, por supuesto –tuvieron que hacerlo, de lo contrario no los podríamos ver hoy–. Tal vez buscaron el calor alrededor de los volcanes submarinos. Pudieron haber sobrevivido cerca de fuentes de agua caliente, o haber encontrado fisuras y grietas en el hielo marino por donde pudieran pasar los rayos del sol. Pero para muchos, tal vez la mayoría, la *Snowball* fue desastrosa.

Con el tiempo su imperio comenzó a desmoronarse. Los gases volcánicos se fueron acumulando en la atmósfera, atrapando el calor del sol y convirtiendo el aire en un horno. Después de millones de años de estasis, el hielo sucumbió finalmente, derritiéndose en una rápida explosión de apenas unos siglos. Las temperaturas ascendieron hasta los cuarenta grados. Fuertes huracanes inundaron la superficie con lluvia ácida. Los océanos burbujearon y espumearon, y las rocas se disolvían como sales de bicarbonato. La Tierra había salido del hielo para entrar en el fuego.

Hubo por lo menos un ciclo más de *Snowball*-infierno, y pudieron haber hasta cuatro. Pero al final de ellos, después de que la última Snowball y su horno correspondiente se apagaran finalmente, hace unos 600 millones de años, sucedió el momento más importante de la historia de la evolución. Las rocas que aparecieron justo después lucen fósiles que muestran los primeros retoños de la vida compleja. Del hielo y el fuego que le siguió surgió la complejidad que nos rodea hoy en día.

Ésta es la visión de Paul Hoffman, y está maravillado por ella. La mayoría de los demás geólogos están aterrorizados. Acepta esta historia, dicen, y tendrás que reconsiderar todo lo que creías saber sobre el funcionamiento del mundo. A los geólogos les enseñan desde muy jóvenes que la Tierra es un lugar caracterizado por la lentitud y la tranquilidad, donde el pasado se parece bastante al presente. Los cambios suceden muy lentamente, nada es terriblemente extremo. Cierto, en algunas ocasiones se han visto forzados a admitir que esta percepción se queda corta. La idea de que un asteroide vino del espacio para barrer a los dinosaurios de la superficie de la Tierra antes era despreciada, pero ahora está ampliamente aceptada. De acuerdo, dice el razonamiento, puede ocurrir la ocasional calamidad extraterrestre que sacuda el barco de la Tierra. Pero a grandes rasgos, la imagen geológica de la Tierra es una imagen asentada, segura y cómoda.

Comparemos ésto con la imagen de Paul de la Bola de Nieve. Un congelamiento global. Un planeta que se parecía más a Marte que a nuestro hogar. Hielo por todas partes. Y entonces un repentino cambio del frío más severo al calor más intenso que ha sufrido jamás la Tierra. Lo mires como lo mires, esta Snowball sobrepasa todos los límites de la decencia. Es lo más extremo y catastrófico que se puede concebir.

No es de extrañar, pues, que la Snowball se haya convertido en la más discutida teoría de las ciencias de la Tierra de la actualidad. Paul Hoffman, sin embargo, está convencido. Él es el gran promotor de la teoría. Mediante razonamientos, evidencias y fuerza de persuasión, está decidido a convencer a los escépticos.

Paul es un hombre obsesivo casado con una teoría extrema. Si se demuestra que está en lo cierto, habremos aprendido algo importante sobre dónde venimos. Pero hay un lado oscuro de la teoría de Paul. Ha descubierto un comportamiento en nuestro planeta que es extremadamente perturbador. Si su visión es correcta, la Tierra puede experimentar en su clima repentinos cambios que son más violentos y mortales de lo que nadie había imaginado jamás, de lo que se deduce que estas catástrofes podrían volver a ocurrir perfectamente.

2

El desierto protector

En otoño de 1994, Paul Hoffman volvió a Boston, casi treinta años después de ganar un trofeo en la maratón de esta misma ciudad. A pesar de que había continuado corriendo en su tiempo libre, Paul había pasado la mayor parte del tiempo pegado a sus armas de geólogo. Había adquirido el más esencial de los complementos de un geólogo, una barba. Su cabello era más desordenado que entonces. Espeso y blanco como el de una cabra, aparecía por sorpresa sobre una frente amplia que estaba marcada por demasiados días pasados bajo las inclemencias del tiempo. Ahora, con cincuenta y tres años, llevaba unas gafas redondas de metal y estaba considerado uno de los mejores geólogos de su generación. Había sido elegido miembro de la prestigiosa Academia Nacional de las Ciencias, había ganado incontables premios, y escrito trabajos académicos que se habían convertido en clásicos. No volvía a Boston como un don nadie para correr la maratón, sino como todo un profesor del departamento de Ciencias de la Tierra de la Universidad de Harvard.

Paul había llegado, pues, a la altura de la ciencia de alto nivel. Pero seguía sin estar satisfecho, sobre él había una nube de la que intentaba deshacerse a toda costa. Después de treinta años de trabajo de campo en el Ártico canadiense, fue despedido abruptamente tras iniciar una pelea con el jefe de la institución donde trabajaba, la Geological Survey of Canada, y pagó un alto precio para su trabajo científico. También un alto precio emocional. Se había sentido más a gusto trabajando en el lejano norte que en cualquier otro sitio en toda su vida, y ahora le habían prohibido volver allí. Cuando recibió el golpe, se sintió humillado y perdido. Ahora, dos años más tarde, llegaba a Harvard con más cosas que demostrar que en ninguna otra ocasión.

Por entonces, su alma mater, la Universidad McMaster, había contactado con él con ocasión de una encuesta a antiguos alumnos distinguidos. Le preguntaron por qué acto le gustaría que se le recordara, y Paul contestó sin dudar: «Por algo que todavía no he hecho».

A Paul le han fascinado los minerales desde que tenía nueve años. Junto a su escuela primaria en Toronto estaba el Museo Real de Ontario, y de niño solía pasar allí horas y horas. Los sábados por la mañana había en el museo clases de naturalistas de campo, y Paul se apuntó con entusiasmo. El primer año, la clase estudió las mariposas. El segundo año los fósiles. Pero el tercer año Paul se encontró estudiando los minerales. Eran perfectos. Encajaban perfectamente con los atávicos impulsos de un chico joven de adquirir brillantes y relucientes cristales de [hornblende], cuarzo y fluorita, acumularlos y examinarlos, intentar obtener un ejemplar de todos y cada uno.

Había multitud de ejemplares por descubrir en las rocas de alrededor de Toronto, y siempre existía la oportunidad de encontrar un nuevo cristal, uno extraño, una muestra mejor y más grande que la que Paul ya tenía. Y entonces el regateo comenzaría. ¿Qué has encontrado? ¿Qué tienes que yo no tenga? ¿Qué tengo yo que tú quieras? Tal vez te lo cambie.

La vida de Paul se convirtió en una búsqueda del tesoro. Al principio su madre le acompañaba junto con sus compañeros del club de mineralogia a sus yacimientos, pero a medida que fueron creciendo comenzaron a ir solos. Peinaban los registros públicos de Toronto en busca de minas viejas y abandonadas y emprendían excursiones para encontrarlas. O visitaban las minas en activo, donde convencían a los trabajadores para que les dejaran rebuscar en los escombros.

Una vez visitaron una mina de cuarzo donde una única gran caverna estaba atiborrada con cristales espectaculares, algunos lechosos, algunos transparentes como el agua, algunos del tamaño de su brazo, y todos brillantes como el hielo. De una mina en Cobalto, al norte de Ontario («la ciudad construida por la plata»), Paul trajo finas capas de plata autóctona incrustadas en sales de cobalto de color rosa brillante. En una mañana de búsqueda cuidadosa podías encontrar medio kilo de plata entre las rocas que habían sido desechadas. En el vertedero de una mina de uranio encontró cubos negros de uraninita entre rocas de calcita rosa y blanca; también pedazos de fluorita rosa en cuyo interior había espectaculares agujas de uranófano –silicato de calcio y uranio–. Los dos minerales de uranio eran radioactivos. Paul y sus amigos compraban contadores Geiger baratos de una tienda de suministro científico de Toronto. Apuntaban los contadores hacia sus hallazgos y se maravillaban de las crepitaciones *staccato* que emitían. No les asustaba la radiactividad. Mientras seas cuidadoso, mientras no untes el polvo radiactivo sobre tu tostada por la mañana, estarás a salvo.

Cada fin de semana, con buen tiempo, Paul se dirigía a otro yacimiento. Le encantaba estar al aire libre. Aficionado a coleccionar ávidamente minerales durante su adolescencia, no mostró interés alguno en quedar con chicas o seguir las modas. En su lugar, intercambiaba muestras con los minerólogos del museo y compartía anécdotas con los científicos de la Universidad de Toronto. Paul creyó que había encontrado su oficio en los minerales.

Pero en 1961, durante su primer año en la Universidad McMaster en Hamilton, resultaron ser una gran decepción. El estudio de minerales tenía lugar principalmente en un laboratorio, donde al parecer pasabas el día inclinándote sobre una mesa para medir las distancias entre puntos en una placa fotográfica. Paul quería estar al aire libre, de nuevo a la búsqueda del tesoro. Se trasladó del Departamento de Mineralogía al de Geología, que parecía la segunda mejor opción. ¿Había alguna oportunidad para el verano? Le enviaron al Departamento de Minas de Ontario en Toronto, donde el austero director, J. E. Thompson, le examinó y decidió enrolarlo. «Coge el tren nocturno al Miradero Sioux el diez de mayo», le dijo Thompson. «Trae un buen par de botas».

El Miradero Sioux era un pequeño pueblo rodeado de los lagos y densos bosques del norte de Ontario. Paul cogió tanto el tren como las botas y pronto se encontró a sí mismo en un viaje adentrándose en la vida salvaje. Las costas de los lagos eran preciosas, pero el interior era un peligroso lugar de arbustos densos y terreno pantanoso. Para llegar a los afloramientos ocultos entre los árboles tenía que utilizar una brújula y abrirse camino entre la maleza, contando los pasos para saber cuánto había recorrido. Los cuatro miembros de la expedición viajaban en dos canoas. Cada mañana recogían el campamento, colocaban sus tiendas y demás material en las canoas y remaban hacia otro afloramiento.

Fue un mal año de incendios forestales, y a veces el humo se volvía tan denso que los investigadores apenas podían respirar. Varias semanas después de comenzar el viaje, David Rogers, el líder de la expedición, notó un dolor punzante en el abdomen que rápidamente identificó como apendicitis. No tenía sentido esperar al avión semanal de provisiones. Paul se quedó con Rogers mientras los otros dos remaban hacia el norte durante toda la noche. Al final llegaron a una vía, y consiguieron que un tren se parara. Un tren intercontinental tarda mucho rato en frenarse, incluso después de que el conductor hubiera visto a los dos jóvenes agitando los brazos frenéticamente desde los arbustos, y hubiera accionado los frenos. El conductor y su preciada radio finalmente se pararon varios kilómetros más allá de la vía. Llamaron a un avión que recogió al paciente y se lo llevó a un hospital. Los geólogos son duros. Tres días después, sin apéndice, David Rogers estaba de vuelta en el campo con su canoa.

Ese verano, Paul se pasó más de cuatro meses yendo en canoa, escalando y cartografiando las rocas. Esto, le parecía, era vida. Había acampado antes, multitud de veces. Hasta había estado en el norte de Ontario con sus padres, de vacaciones. Pero esto era acampar por trabajo. Cada día era un nuevo afloramiento que explorar, cada día un nuevo grupo de rápidos que cruzar. Paul Hoffman estaba enganchado. La geología parecía ser exactamente lo que buscaba, y cuando llegó el verano siguiente, Paul estaba ansioso por más. Pero esta vez quería experimentar algo diferente. El Miradero Sioux era fantástico a su manera, pero no era el verdadero Norte. Paul anhelaba la soledad. Lo que quería de verdad era el Ártico.

Rasca un geólogo y, bajo su piel, casi seguro, encontrarás un romántico. Los geólogos son a menudo bruscos describiendo el paisaje en el que trabajan. Suelen ser pragmáticos sobre las rocas y en la manera en que se relacionan. Pero intenta preguntar por qué han decidido pasar sus vidas trabajando sobre este lugar concreto o aquel terreno en particular, y entonces las historias comienzan a diferir.

Cuando Paul tenía ocho años, justo antes de que comenzara su obsesión con los minerales, había escuchado una radionovela en la CBC sobre el último viaje al Ártico del explorador John Hornby, un excéntrico inglés que había vivido precariamente en los territorios del noroeste de Canadá a principios del siglo XX. Hornby era quijotesco, incluso para los extraordinarios estándares de la época y el lugar. Sus ojos eran de un azul penetrante, y se negaba –por superstición– a viajar con ningún hombre que tuviera los ojos marrones. A pesar de que su pelo y su barba eran salvajes, hablaba con un suave acento educado. Apenas medía metro y medio, pero su dureza era legendaria. Se cuenta que una vez trotó 80 kilómetros junto a un caballo. Otra vez, por una apuesta, corrió 160 kilómetros en veinticuatro horas.

Hornby solía fanfarronear de que todo lo que necesitaba para una expedición de cualquier magnitud, era un rifle, una red de pescar y un paquete de harina. Se arriesgaba absurdamente, aventurándose en los áridos terrenos una y otra vez sin apenas provisiones. Finalmente, en 1926, forzó la máquina demasiado. Había decidido pasar el invierno en el remoto valle del río Thelon, unos cientos de kilómetros al sur de Círculo Ártico. Con él fueron su sobrino de dieciocho años, Edgar Christian, y Harold Adlard, un hombre de Edmonton. A veces remando y a veces porteando, la expedición llevaba su canoa a través del Lago Great Slave y hacia el este al río Thelon, donde se construirían una cabaña de troncos donde pasar el invierno.[1]

La sincronización era crucial. A estas latitudes, el invierno podía ser extremadamente duro. Hacia noviembre el grueso hielo cubría los lagos y ríos, y la profunda nieve suavizaba la cabaña y sus alrededores. Además, había poca vida salvaje y pocas oportunidades para cazar. Pero Hornby, fiel a su método, llevaba pocas provisiones. Su plan se basaba en almacenar carne de los caribús migratorios cuando pasaran por el río Thelon hacia el sur para pasar el invierno. Si se le escapaban los caribús, todo estaría perdido.

Hornby, sin embargo, parecía no tener prisa. Dejó numerosas notas a lo largo de su ruta, metidas en latas y marcadas por montones de piedras. Entre ellas, una anunciaba laconicamente, «Viajando lentamente». «Muchas moscas». Y en otro, dejado alrededor del cinco de agosto: «Dado al mal tiempo y a la pereza, viajamos lentamente. Una gran migración de caribús ha pasado».[2] Para cuando la expedición de Hornby llegó al sitio donde pasarían el invierno alrededor de octubre, la mayoría de caribús ya se habían ido.

Los intentos del grupo por evitar el hambre se volvieron crecientemente desesperados. Conseguían atrapar un zorro allí, una liebre allá, a veces algunas escuálidas perdices blancas del Ártico. A principios de diciembre, Hornby se vio obligado a escarbar sangre congelada de los lugares de una antigua captura de un caribú. Christian escribía en su diario que era «un excelente aperitivo». Cada día montaban trampas y cada día las encontraban vacías. «No tenemos nada excepto este maldito frío», escribió Christian el 18 de febrero. Y el 23 de febrero, «este juego de estar sin comida es el infierno». Pronto partían huesos viejos para escurrir toda la sustancia, y arañaban los restos en busca de fragmentos de carne.

Por entonces los tres estaban demasiado débiles por el hambre como para escapar. Estaban a cientos de helados kilómetros de los humanos más cercanos, y en su pobre condición podían parecer miles. Edgar Christian se mantuvo conmovedoramente optimista en su diario. «Podemos aguantar hasta que los caribús vuelvan al norte y ¡vaya festín tendremos entonces!», escribió el 26 de marzo. Pero Hornby murió el 17 de abril, y Adlard el 3 de mayo. El propio Christian sucumbió a la hambruna a principios de junio, justo antes de que volvieran los caribús. Dos años después la Real Policía Montada de Canadá descubrió el diario de Christian y los tres cuerpos. Christian había tumbado a Hornby y Adlard uno junto a otro y los había tapado tan bien como pudo. Su cuerpo ya sin vida había caído de su cama sobre el suelo. El reloj de plata de su bolsillo se había parado a las 6,45.

Cuando Paul escuchó por la radio la dramatización del diario de Christian, esta historia extraordinaria le llegó al alma. Acababa de ver el retrato de John Mill del desafortunado explorador Robert Scott en la apasionante película de aventuras *Scott del Antártico*. Scott se había embarcado con un pequeño grupo de seguidores en una atrevida aventura al otro lado del mundo. Esperaba conquistar el Polo Sur para Inglaterra, pero su expedición también acabó de forma trágica. Cuando él y sus hombres llegaron al Polo en enero de 1909, se horrorizaron al ver allí una bandera noruega, cortesía de su eterno rival, Roald Amundsen. El aire en el Polo contenía minúsculos cristales de hielo, «polvo de diamantes», que dibuja brillantes anillos de luz en halos alrededor del sol. Pero el ánimo de Scott era oscuro. «¡Santo Dios!» escribió en su diario. «Éste es un sitio horrible y todavía más espantoso si trabajas en él sin la recompensa de ser los primeros».[3]

Lo peor estaba por llegar. En el viaje de vuelta, Scott y sus hombres acabaron sucumbiendo con el tiempo a las duras condiciones meteorológicas. Murió el primero; otro caminó hacia una muerte certera en medio de una tormenta de nieve. Finalmente, Scott y sus dos compañeros restantes murieron de hambre, atrapados en sus tiendas por otra tormenta, a menos de veinte kilómetros de un depósito de comida.[4]

Como en el caso del joven Edgar Christian, los aventureros polares dejaron diarios y cartas que Scott del Antártico citaba con soltura. El de Scott era particularmente cálido. «Si hubiéramos sobrevivido», decia el Scott de John Mills al final de la película, «tendría una historia que contar sobre la dureza, resistencia y valentía de mis compañeros que habría conmocionado el corazón de todos los ingleses».

Scott y Hornby representaban los héroes trágicos de los cuentos de hadas. Había algo en sus historias en que sacudía al joven Paul Hoffman. Los dos se mezclaron en su cabeza. Se imaginaba a Scott buscando caribús en vano mientras a su alrededor chocaban icebergs en los lagos canadienses. Su mente de ocho años retuvo tan sólo detalles nebulosos de los cuentos, pero el romance de los extremos helados del planeta se afianzó. Un día, decidió, iría él mismo al norte.

Así que en su primer año en la Universidad McMaster, comenzó a investigar a su alrededor. El Ártico, decía. ¿Cómo puedo llegar al Ártico? Para eso, al parecer, se tenía que dirigir al Geological Survey of Canada, una prestigiosa institución gubernamental que manda a los geólogos a investigar las rocas de los afloramientos más remotos e inaccesibles. Paul se dirigió a Ottawa a apuntarse. Dos meses más tarde había logrado una plaza en un campamento del Survey en el Lago Great Slave en los territorios del noroeste, a tan sólo un corto viaje en canoa del lugar donde John Hornby había sufrido aquel último y duro invierno.

Paul casi metió la pata. Tan sólo tres días después de llegar, estaba bromeando, practicando puntería y lanzamiento de disco con unas piedras de los alrededores. Más tarde, en un movimiento en falso, envió un disco de pizarra que atravesó el techo de la tienda de campaña del líder de la expedición. Afortunadamente, el propietario todavía no estaba en su residencia. Un veloz pero meticuloso trabajo de costura y un subrepticio cambio de tiendas permitieron a Paul seguir ahí durante el resto de temporada. Eso fue suficiente. El Ártico atraía a Paul como nada antes lo había hecho. Volvería casi cada año durante las siguientes tres décadas, hasta que su contacto con el Ártico –y con el Survey– se vio cortado amarga e inesperadamente.

En algunos sentidos, el atractivo del Ártico era inmediato y obvio. El trabajo de campo en el Ártico tenía tres cosas que le gustaban a Paul más que nada en el mundo. Su trabajo tenía un objetivo intelectual, implicaba un extenuante trabajo físico, y se llevaba a cabo en uno de los sitios más bonitos en los que Paul había estado jamás. Pero la vida salvaje, y en particular los insectos, habrían disminuido el entusiasmo de cualquiera. Cierto, había tres semanas en junio durante las que todavía se rompía el hielo en los lagos y era el cielo en la Tierra. Éstos eran los días cálidos, soleados y tranquilos en los que todo parecía posible. Pero entonces aparecían las moscas.

Antes venían los mosquitos. Son grandes y ruidosos y desesperadamente molestos. Insertan agujas hipodérmicas en tu piel, y cuando te pican, lo notas. Unas semanas después de los mosquitos aparecen las moscas negras, más pequeñas aunque también más obstinadas. Son expertas mineras. Excavan una cavidad en tu piel, inyectando primero un anestésico para evitar que lo notes. El anestésico que usan es un veneno nervioso. Si recibes unos cientos de picotazos en poco tiempo –una hora, más o menos– comienzas a notar los efectos de la toxina. Tienes náuseas, no puedes concentrarte y pierdes el control. Te esfuerzas por mantener un hilo de razonamiento en tu cabeza.

Pasa suficiente tiempo en el Ártico, y desarrollarás tu propia definición de un mal día de moscas. Según Paul, un mal día de moscas es cuando das un golpe al aire con el brazo y encuentras cien cadáveres en tu mano. En los malos días de moscas, los mosquitos chirrían y chillan alrededor de tu cabeza en una densa nube claustrofóbica. Las moscas negras se arrastran por toda tu piel y ropa, y en todas las grietas. Para evitar inhalarlas tienes que respirar a través de los dientes. Si pasas la mano por los cabellos, queda grasienta y con sangre. Al final de un mal día de moscas, vacías tus bolsillos de montones de moscas muertas y moribundas. Han trepado por tu muñeca, por tu cuello y bajado por tu cintura y tus botas. En los malos días de moscas te empapas del repelente de intensidad industrial Répex, el preferido por los exploradores. Repex no aleja a las moscas, pero evita que te piquen. Dura dos o tres horas. En los malos días de moscas no hace falta que te recuerden que te tienes que volver a untar de Répex.

En el Ártico canadiense, entre las pocas semanas buenas de junio y la vuelta del invierno a finales de agosto, cada día que no es helado o tremendamente ventoso es un mal día de moscas.

Y luego están los osos. La primera vez que Paul se encontró con un oso grizzly había estado caminando todo el día en una larga travesía, andando cuarenta o cincuenta kilómetros. Volvía hacia el campamento a las once de la noche, caminando rápidamente hacia el norte, en la dirección del sol poniente, con la visera de su gorra de béisbol bajada para protegerse de la cegadora luz del sol. De repente el oso apareció bajo el borde de la gorra, corriendo hacia él a toda velocidad. El animal, situado de espaldas al sol, estaba iluminado por los rayos de luz. Las puntas de su pelo brillaban como la plata, y salía espuma y saliva disparada de su boca en brillantes arcos. Todo lo que Paul veía era un halo de luz y espuma con forma de oso.

Hombre y oso se pararon y se observaron detenidamente. Paul recuerda haber pensado: «Quédate quieto. No te muevas. Si ataca, tírate hacia el lado derecho y protege tu mano diestra». La mano derecha es muy valiosa para Paul, es la mano que utiliza para dibujar, para trazar sus meticulosos mapas geológicos. Pero el oso no atacó. Paul hizo un ligero movimiento hacia la derecha y el oso salió disparado hacia la izquierda, donde sus dos oseznos le esperaban en un pequeño hoyo. Los cogió y se los llevó. Unos segundos más tarde, la visión de espuma y brillo había desaparecido.

Después de aquello, Paul siempre guardaba unas zapatillas deportivas junto a su saco de dormir mientras estaba en su tienda por la noche. Si notaba algo que daba golpes contra el costado de la tienda, le tiraba un zapato para sorprenderlo, y después salía de golpe para echarlo. No había mucho peligro si estabas despierto y podías asustar al oso. El verdadero problema era si un oso visitaba el campamento cuando no había nadie. Un oso negro o un grizzly podrían destrozar el campamento en busca de comida, y eso sería desastroso. Si destrozaba tu tienda, quedabas a merced de las moscas. Durante todo el día luchabas contra las moscas. Necesitabas un refugio durante la noche, o te volverías loco.

La única solución era disparar sobre aquellos osos que persistían en volver al campamento. Paul tuvo que abatir a tres a lo largo de los años –dos negros y un grizzly–. Lo odió cada vez. Le sorprendía cuánto daño se podía infligir con solo apretar el gatillo. El grizzly fue el peor. Cuando llegó al campamento, se dirigió furiosamente al helicóptero. Probablemente le habían molestado algunos graciosos idiotas y había salido a buscar venganza. Apenas era culpa del oso, pero el helicóptero era demasiado valioso como para ponerlo en peligro. Mientras Paul cargaba el rifle se sintió asqueado. Después, el propio helicóptero cargó el cuerpo del grizzly de nuevo hasta los arbustos.

Paul sabía que no podía permitirse que las moscas o los osos le afectaran psicológicamente, y logró impedirlo. Con el tiempo se acostumbró a ambos. Después de unas semanas de endurecimiento, descubrió que las nuevas picadas de insectos no dolían tanto. Y si alguna vez podías observar más allá del silbido y zumbido de las nubes de insectos que te rodeaban, el paisaje era vasto y espectacular. No había árboles que taparan el cielo, tan sólo kilómetro tras kilómetro de piedras redondeadas y la escasa vegetación ártica conocida como *muskeg*. El aire y la luz tenían una transparencia y pureza que Paul no había experimentado jamás. Durante el breve periodo de verano de su temporada de campo, cuando los vestigios del invierno se derretían brevemente, había charcas y estanques por doquier. El suelo chapoteaba bajo tus pies. El único ruido provenía de los pájaros que anidaban, defendiendo escandalosamente sus húmedos territorios y cuidando a sus crías. Incluso ellos callaban durante la noche, a pesar de que el sol de medianoche todavía brillaba. Durante todo el día el sol estaba bajo en el horizonte, y a medianoche llegaba a su punto más bajo. Entonces era cuando la luz viajaba más paralela al suelo, y las sombras eran dramáticas y alargadas.

La brevedad del verano y la permanente luz del día daban la sensación de que todo ocurría a cámara rápida. Los huevos eclosionaban en polluelos que crecían hasta ser pájaros que dejaban el nido en tan sólo cuestión de semanas. Aparecían flores en los pedazos de tierra entre las rocas y entre los esponjosos musgos y líquenes del *muskeg* tan sólo para desaparecer poco después. Verano tras verano, Paul volvió al Ártico, ahora como todo un geólogo del Survey. Caminaba hasta sus yacimientos, hacia mapas de sus territorios, apuntaba los tipos de roca y sus estructuras. Trabajaba entre dieciséis y dieciocho horas al día. No había ningún signo que indicara que ningún humano hubiera estado jamás allí. Paul se sentía el dueño del paisaje.

Las rocas en las que trabajaba eran de las más antiguas del mundo. Provenían de un periodo que los geólogos llaman Precámbrico, porque condujo al Cámbrico –que trajo consigo uno de los cambios más significativos de la historia de la Tierra. Poner nombre a periodos de tiempo por lo que viene después es un peculiar hábito geológico. Más peculiar que nunca en este caso, ya que el Precámbrico no es un periodo cualquiera. Duró cuetro mil millones de años, cubriendo casi el 90 por ciento de toda la historia de la Tierra.

Y sin embargo, los geólogos siempre lo han considerado la Edad Negra de la Tierra. Puede que sucedieran muchas cosas, pero pocas quedaron grabadas para la posteridad. Las rocas del Precámbrico son como los libros de historia de la Edad Media en Europa –un vacío–. ¿Qué faltaba? Los fósiles. Los geólogos dependen de los fósiles. Una roca puede parecerse mucho a otra, y para descubrir exactamente cuándo se formó es necesario observar las criaturas que están atrapadas en su interior. El Cámbrico, hace aproximadamente 550 millones de años, es el tiempo en el que aparecen los primeros fósiles de verdad. Si observas una sección de una roca de principios del Cámbrico, comienzas a ver verdaderas criaturas con piernas y dientes y armadura, y ves los cambios de los fósiles con el paso del tiempo. En rocas más recientes, los dinosaurios aparecen y después se esfuman, dejando sitio a los fósiles de mamíferos, peces y pájaros. Cada uno tiene su propio tiempo y temporada, y cada uno fecha la piedra que lo alberga. Los fósiles proporcionan una escala de tiempo prefabricada. Son como relojes congelados en la piedra. Cada porción de tiempo que viene después del Cámbrico puede ser dividida en periodos y eones, según las criaturas que vivieron entonces.[5]

Pero no hay fósiles de los que hablar antes del Cámbrico. Y las pocas algas y las sencillas criaturas unicelulares del Mundo del Limo que imprimían sus formas en la roca permanecieron más o menos igual durante miles de millones de años. Por esta razón, las rocas del Precámbrico sencillamente se fusionan en una larga e indiferenciable masa. Ésta fue la Edad Negra geológica porque sencillamente no había forma de distinguir un periodo de otro.

Fíjate en una escala geológica estándar, el póster colgado de la pared de todo geólogo, y verás el Precámbrico apretado en un minúsculo y al parecer poco importante cuadro abajo de todo. «Este periodo colapsado contiene casi toda la historia de la Tierra», debería decir la leyenda, «y sin embargo no sabemos casi nada acerca de él».

A Paul le fascinaba el Precámbrico. Estaba seguro de que este largo y misterioso periodo debía contener importantes secretos sobre el funcionamiento del mundo, y se moría de ganas de desentrañarlos.

El primer proyecto en el que se embarcó Paul fue intentar descubrir si los continentes se comportaban de la misma manera en el Precámbrico y ahora. A escalas de tiempo geológicas nada se mantiene inmóvil, ni siquiera los continentes. A lo largo de millones de años, los continentes se mueven por la faz de la Tierra, algunos chocando y lanzando montañas hacia el aire, y otros separandose y creando fosas marinas. Paul quería saber si esto había sido cierto incluso en el Precámbrico. Y si lo era, ¿bailaban los continentes un minué o un bugui-bugui? ¿Estaban sus movimientos cuidadosamente orquestados o eran saltos y choques aleatorios?

Con el tiempo, Paul comenzó a deducir cómo se movieron durante el Precámbrico las placas que más tarde serían Norteamérica. De manera bastante decepcionante, parecían tan aleatorias como en tiempos más recientes. Claramente bailaban el bugui-bugui, y no un minué. Sin embargo, juntó sus resultados en mapas geológicos de toda Norteamérica y comenzó a investigar cómo se había formado el continente. Descubrió que la mayoría de la formación tuvo lugar en una corta y apresurada explosión de actividad alrededor de dos mil millones de años atrás, cuando siete pequeñas placas se juntaron y encajaron. Después de ocho arduos años de investigación sobre este tema, Paul publicó una síntesis completa, que tituló: «Placas Unidas de América».[6] El investigador necesitaba dos cualidades: cuidadosa atención a los detalles y el tipo de mente que puede sintetizar incontables hechos arcanos en una única imagen global. Nadie más en el mundo la podría haber escrito.

La vida le complacía, incluso alejado de las rocas, durante los largos inviernos canadienses en los que Paul se veía forzado a volver al sur para analizar sus datos y esperaba impaciente su partida. Todavía corría, y tenía una nueva obsesión que añadir a su vida: la música. De adolescente, la atención de Paul estaba concentrada en la música clásica moderna, pero en su segundo año en la universidad descubrió la música afroamericana: el jazz moderno y el blues de preguerra; Ornette Coleman, John Coltrane, Eric Dolphy. Coleccionó discos vorazmente a lo largo de los años setenta. Pronto llegó a tener mil discos, luego dos mil, y más. Sus opiniones eran característicamente definitivas. ¿Miles Davis y John Coltrane? Sobrevalorados. ¿Charlie Parker y Dizzie Gillespie? Fabulosos. Eran verdaderos músicos, aquellos que merecen el crédito que jamás consiguen del todo. Y Louis Armstrong. ¡Su cuidado con las notas! ¡Su extraordinaria maestría musical! A la gente le disgustaba la apariencia de Armstrong sobre el escenario. Les recordaban al Tío Tom. Pero Armstrong sabía lo que hacía. Cada nota, cada ritmo preciso hasta la perfección. Billie Holiday, una cantante con verdadera alma. Ella Fitzgerald. Sí, tenía una voz fantástica. Sí, gran técnica. Pero nunca fue convincente como artista musical. Nunca llegó a conectar emocionalmente.

Paul comenzó a dirigir un programa de radio que se emitía en directo los miércoles por la noche de nueve a once. Radiaba una mezcla ecléctica de jazz, blues, gospel, country y western, todos de su colección particular de discos. Hablaba sobre la historia de la música, la personalidad de los músicos, los méritos de las diferentes grabaciones. Hablaba sobre cómo escuchar música, qué apreciar, qué no apreciar. Su programa desarrolló un seguimiento de culto, y a Paul le encantaba.

También, para su propia sorpresa, comenzó a compartir su vida con una mujer que conocía desde hacía años. La había conocido en los años sesenta en casa de su mentor en el Survey, un geólogo llamado John McGlynn, y su mujer, Lillian. Erica Westbrook era una amiga de la familia McGlynn. A menudo estaba en su casa cuando Paul la visitaba. Entonces no se había fijado particularmente en ella, ni ella en él: ella era una adolescente desdeñosa y Paul un atareado estudiante de universidad.

Pero las cosas eran diferentes en 1976, cuando Erica ofreció realquilar su casa de Ottawa durante el verano mientras él estaba lejos, en el Ártico. Paul acababa de cumplir los treinta y cinco. Ni siquiera había tenido una novia. Su estilo de vida no lo permitía. Pasaba demasiado tiempo haciendo trabajo de campo, y cuando no estaba en el lejano Norte, vivía para el atletismo y la música. Él era, siempre había pensado, demasiado introvertido para tener tiempo y atención para una familia. Erica era alta, casi cinco centímetros más alta que el propio Paul. Tenía pelo largo, negro y espeso, una sonrisa generosa, y la costumbre de hacer divertidas miradas de soslayo. Esta vez, encontró a Paul interesante. Apostó con una amiga cuál de las dos conseguiría seducir a Paul y ganó.

Sin embargo, Paul no veía ningún futuro a la relación. Su atención siguió concentrada en la geología del Norte. La respuesta de Erica fue drástica. Se subió en un avión rumbo a Yellowknife y pasó una dura y acalorada semana en los territorios del noroeste, en el lugar de trabajo de campo de Paul, en su propio territorio. Se pasaron una semana discutiendo apasionadamente. Ella quería la relación. Ella quería a Paul. De nuevo, ganó.

No iba a ser fácil. Erica era sociable y afectuosa. Trabajaba de enfermera de cuidados paliativos. Tenía un don de gentes. Paul estaba irremediablemente concentrado en su trabajo. La resolución de Erica estuvo a punto de venirse abajo en una ocasión. Acababa de remitir una tormenta de nieve en Ottawa y el techo del garaje había caído sobre el coche de Paul. El precioso coche de Paul. Un Lotus Elan rojo brillante que había comprado para compensarse a sí mismo al no poder correr por culpa de una lesión. Cuando Erica vio el coche aquella mañana, se dio cuenta de algo que la volvió loca. Paul ya se había marchado al Survey. Tuvo que pasar caminando junto al garaje, y pese a que con toda seguridad había visto el techo, no había dicho nada al respecto. El Lotus era su coche, y sin embargo se lo había dejado todo a ella. Ni siquiera lo había mencionado. Erica volvió corriendo a la casa y marcó el número de su suegra.

Dorothy Medhurst, la madre de Paul, había sido siempre una mujer formidable. Paul la describe como un torbellino. Todos los demás la describen con mucho respeto, casi con admiración. Es alta, fuerte y apasionada. Es una artista. Es intransigente. A sus ochenta y ocho años de edad, vive en una cabaña aislada a unos cincuenta kilómetros de Toronto. La cabaña no tiene ni electricidad ni teléfono ni agua corriente. Dorothy prefiere vivir así. Todos sus hijos fueron educados para que pensaran por sí mismos, para que se embarcaran en proyectos, para que estuvieran al aire libre y no volvieran a casa hasta que las farolas se encendieran. Cuando Paul lloraba siendo un bebé, Dorothy colocaba su cuna bajo un árbol. «Si vas a llorar», le decía, «vete a llorar a los mosquitos». Paul todavía puede dibujar en su mente la figura de las ramas de aquel árbol. El hogar donde creció Paul no era ni mimoso ni cariñoso. No había muebles blandos. Los suelos de madera estaban decorados con las líneas de campos para juegos de pelota. Las paredes estaban repletas de dibujos. Paul llamaba a sus padres por sus nombres de pila. No juzgabas a la gente por sus parentescos sino por sus talentos, y por cómo sabían usarlos.

Incluso de adulta, a Erica le daba bastante miedo Dorothy. Pero sin embargo, aquel dia nevado en Ottawa, marcó el número y le contó todas sus frustraciones. Dorothy la escuchó pensativamente. Cuando Erica terminó, ella le dijo esto: «Estoy de acuerdo. No es un comportamiento normal. Pero ahora tienes que decidir si estás dispuesta a aguantarlo. Porque no va a cambiar». Y fue un consejo excelente. Erica supo de inmediato que Dorothy tenía razón. Paul no iba a cambiar. Había sabido desde el principio que era obsesivo y nervioso. Ésas eran sus cualidades así como sus debilidades. Eran la fuente de su carisma y la razón por la que le venían ganas de gritarle. Si Erica quería alguna parte de Paul, se dio cuenta de que se tendría que quedar con todo. Y se lo quedó.

Erica ejercía una fuerte influencia sobre Paul. Él buscaba su consejo, y ella le ayudaba a controlar su ferocidad. Si hubiera estado con él aquel 6 de julio de 1989, Paul probablemente seguiría en el Survey, y probablemente jamás habría oído hablar del *Earth*. Pero ella no estaba allí. Estaba fuera, y cuando Paul decidió lanzarse, no había nadie para hacerle desistir de su propósito.

Había recibido un informe que le había enfurecido. Ken Babcock, el nuevo jefe del Survey, lo había enviado a todos los empleados. Babcock era un cargo político, y no estaba acostumbredo al ambiente académico y a las libertades que se tomaban los investigadores del Survey. Criticó todo aquello que se había hecho antes de que él llegara. Esto no es una universidad, dijo, es un servicio a los clientes del gobierno y la industria. Los investigadores pensaron que hablaba como un burócrata, no como un científico. En el informe, les dijo que «volvieran a lo esencial». Deberían concentrarse en las necesidades prácticas del gobierno y la industria en vez de en la esotérica investigación académica.

El informe, titulado «La búsqueda de la excelencia», enfureció a varios de los científicos. Se indignaron por la implicación de que su trabajo, por el mero hecho de estar motivado por la curiosidad académica, era deficiente. ¿Cómo se atrevía Babcock a sugerir que su trabajo era irrelevante sencillamente porque no daba resultados inmediatos? Muchos de ellos despreciaban a Babcock y sus métodos burocráticos. Creían que convertir al Survey en una especie de consultoría destrozaría su buena reputación. Pero todos mantuvieron las formas, excepto Paul. No lo pudo evitar. Escribió un memorando a todos sus colegas, tomando partido en todos los temas tratados por Babock. Eso podría haber sido correcto, si no fuera porque su debilidad por el sarcasmo le hizo añadir una caústica nota al final. «La búsqueda de la excelencia en el GSC», declaró Paul, «debería comenzar desde arriba».

El memo de Paul acabó llegando a la redacción del periódico local, el *Ottawa Citizen*. El reportaje del *Citizen* fue inmediato y jocoso. «Importante científico del Survey censura al jefe», señalaba el titular. «Estalla la controversia en la agencia de élite del gobierno».[7] Paul rechazó, muy apropiadamente, ser entrevistado por el periódico. Babcock, sin embargo, concedió una entrevista, en la que remarcó con un tono bastante áspero que en el sector privado el memo de Paul habría sido razón suficiente para despedirle. «Verdaderamente es uno de nuestros mejores geólogos», le dijo Babcock al *Citizen*, que a su vez se lo contó al resto de habitantes de Canadá. «Sospecho que su conocimiento del mundo de la política y la dirección está menos desarrollado.»

En privado, Babcock estaba furioso. Había sido atacado personalmente por un subordinado y ahora todo el mundo lo sabía. Su halago envenenado a Paul en el periódico indicaba claramente que quería echarlo, pero Babcock no le despidió –no podía–. A cambio, durante los siguientes años, Paul sintió que se estaba volviendo inexistente. Sus peticiones de fondos eran denegadas, y se olvidaban de él para asignar cualquier tipo de privilegios. Llegaron a negarle un permiso no retribuido para que fuera un semestre a dar clases a Estados Unidos. A nadie le niegan un permiso no retribuido. El mismo Paul había pasado fuera muchos semestres sin ningún tipo de dificultad. Comenzó a darse cuenta de que tendría que dejar el Survey, pero de lo que al principio no se dio cuenta es de que eso también significaría abandonar el Ártico. Comprendió que fuese donde fuese en Canadá, sería incapaz de conseguir financiación para acabar ningún trabajo que hubiera comenzado bajo el paraguas del Survey. El memo de Paul le costó más de lo que jamás se hubiera imaginado.

Hoy lo puede explicar. «Me fui igual que llegué», declara, «incendiado de entusiasmo».[8] Pero en su momento se sintió humillado, aturdido y dolido. Lo que más le dolió fue que le echaran de su querido Ártico. Deseaba volver y acabar el trabajo que había comenzado allí. Quería volver, haciendo mapas del terreno, caminando a través del inhóspito paisaje de los terrenos áridos, un lugar que le parecía su hogar más que cualquier otro sitio de la Tierra. Por segunda vez en su vida, Paul se alejaba de algo valioso para él. Lo hizo con la posibilidad de la gloria olímpica, y ahora hacía lo mismo con el Ártico. Esta vez, como antes, reaccionó del único modo que supo hacerlo. Si no podía volver ahí, encontraría algo mejor. Encontraría un nuevo problema que resolver, una nueva ruta hacia la gloria. Encontraría algo por lo que sería recordado.

¿Pero dónde debía ir? La Universidad de Harvard le ofreció un refugio por su base académica, y se trasladó allí con satisfacción. Sin embargo, necesitaba un nuevo sitio de trabajo de campo, uno que tuviera rocas expuestas de la época correcta, el Precámbrico. Debería ser fácil, logísticamente, llegar hasta las rocas y, no obstante, era importante que no hubieran sido demasiado estudiadas; no tenía sentido ir a un sitio ya peinado por otros geólogos. Paul necesitaba un lugar virgen, donde una gran historia estuviera esperando a ser desenterrada.

Ponderó una o dos posibilidades. Kashmir, tal vez, en el norte de India. O puede que China funcionara. Entonces encontró la opción perfecta: Suráfrica Occidental acababa de convertirse en Namibia, al conseguir la independencia de Suráfrica dos años antes, sin indicios del presagiado derramamiento de sangre. Durante décadas antes de la independencia, apenas ningún geólogo había visitado aquel país, debido a la ocupación militar de las Fuerzas de Defensa de Suráfrica. Pero la nueva Namibia independiente comenzaba a abrirse al mundo exterior. Y la mayoría del país estaba ocupado por un vasto desierto, lleno de rocas precámbricas a la vista. Eran más jóvenes que las rocas sobre las que Paul había trabajado antes. En vez de dos mil millones de años, tenían más bien seis o siete centenares de millones de años. Eso las colocaba más cerca del final del Precámbrico, más cerca de aquel extraño punto en el tiempo en el que los fósiles habían aparecido de repente. Tal vez entrañarían alguna pista sobre por qué la vida había saltado de pronto del simple mundo del limo primordial a la complejidad que vemos ahora a nuestro alrededor.

Paul tenía otras razones para sentirse atraído por Namibia. El hermano de su padre, *Izzy*, había vivido y trabajado allí. Algunas veces durante la juventud de Paul, *Izzy* había visitado Toronto con multitud de historias que contar, y los jóvenes ojos de Paul habían brillaban de entusiasmo. Namibia llevaba décadas en la lista de Paul. Además, se trataba de África. Después de la geología, las otras obsesiones de Paul eran el jazz y el atletismo. África había producido maestros en ambos campos. Namibia tenía todas las de ganar.

Paul tuvo que comenzar desde cero en Namibia. Ni siquiera sabía dónde estarían las mejores rocas, o en qué sitios debería concentrarse. Estudió larga y detenidamente fotografías aéreas del terreno, e intentó identificar posibles afloramientos, buscando aquellos a los que se pudiera llegar en todoterreno, o tras una caminata relativamente corta desde un posible campamento; algunos, también, en los que las rocas estuvieran ligeramente inclinadas, de manera que pudiera andar de capa en capa, arriba y abajo, adelante y atrás en la escala de tiempo geológica, sin tener que escalar la pared vertical de un acantilado. Sin embargo, el equilibrio era delicado. Si esta inclinación había sido acompañada por demasiadas tensiones y pliegues de la corteza terrestre, las capas de roca serían demasiado complejas para ser interpretadas.

En junio de 1993, provisto de una lista de yacimientos que visitar, Paul viajó a Namibia. El contraste con Canadá era absoluto. Afortunadamente no había moscas en el desierto. Pero tampoco había sombras inclinadas y alargadas. El sol en Namibia brillaba ferozmente sobre su cabeza. Las oscuras rocas absorbían la luz del sol matutino, y durante el resto del día desprendían el calor. A mediodía, cuando Paul llevaba horas caminando y midiendo y buscaba un lugar donde descansar, no había ni una sombra a la vista. No había sol de medianoche. Verano o invierno, los días era frustrantemente cortos, y una impenetrable oscuridad tomaba el desierto implacablemente a las 5,45.

También había más gente que en cualquier otro lugar donde Paul hubiera trabajado. Incluso en el desierto, conduciendo por un camino era fácil encontrar de repente una aldea de cabañas de barro redondas apiñadas alrededor de un molino de viento que bombeaba agua del pozo local. Paul rápidamente aprendió a llevar un «impuesto de paso» con él. El asiento delantero de su todoterreno iba siempre repleto de bolsas de azúcar y tabaco para los habitantes del lugar. Aprendió sus primeras palabras en afrikaans, cómo decir «por favor» y «gracias» y pedir direcciones. Alrededor de aquellas aldeas era fácil perderse. La hierba del suelo había desaparecido por culpa del ganado y únicamente quedaba barro seco, marcado con incontables rastros de animales y carros y, ocasionalmente, las ruedas de algún vehículo como el polvoriento Toyota blanco de Paul. Todos querían ayudar. Cuando Paul daba las gracias, los aldeanos contestaban «¡No hay de qué!» en un tono armonioso y alegre. Si no había nadie a quien preguntarle el camino, Paul tenía que ir adelante y atrás hasta que encontraba el camino que parecía dirigirse en la dirección correcta. A veces las pistas desaparecían completamente, y Paul tenía que seguir por estrechas torrenteras, haciendo que su vehículo se tambaleara sobre las rocas, tres ruedas sobre el suelo, una en el aire.

Nunca había trabajado con un vehículo. En Canadá, todo se hacía mediante aviones y helicópteros, botes y botas. En África tuvo que aprender a cruzar el lecho de un río seco sin que se le quedaran las ruedas girando inútilmente en la arena blanda. El truco, descubrió, era dejar escapar el aire de las ruedas hasta que estuvieran infladas a medias y les fuera más fácil agarrarse a la superficie blanda, y jamás, jamás, apretar el freno en medio de la arena.

Con el tiempo, los recuerdos de Canadá comenzaron a desvanecerse, y Paul se encontró a sí mismo apreciando la dura aridez del paisaje africano: los anchos valles, los estrechos y tortuosos cañones y las desdeñosas gacelas que se apartaban del camino del Toyota. A pesar de que jamás se desviaría de sus tareas geológicas para hacer nada parecido al turismo, aprendió a disfrutar de la fauna africana en libertad. A veces, mientras conducía, veía avestruces con sus cortas colas botando mientras saltaban a través de los arbustos; jirafas, con sus ojos de terciopelo negro y sus pestañas absurdamente largas («los ojos más bonitos del mundo»); gruñones jabalíes, babuinos, garzas, avutardas y loros africanos cuyos monótonos «waaah, waaah» parecían el lamento de un niño. Un rayo amarillo cruzaba el aire cuando un pájaro tejedor enmascarado del sur emergía de su colgante saco de hierba seca y barro. Sobre el suelo, ascendían las torres de los nidos de termitas, con sus torretas, tubos y espiras diabólicas, todo del color rojo intenso del oxidado suelo namibio.

Y había rocas y rocas y más rocas, todas tentadoras y aún sin estudiar. Al norte de Windhoek había la gran intrusión de granito rosa del Brandberg, la montaña más alta de Namibia, rodeada de cerros de color chocolate. Éstos eran los restos de un penacho de roca caliente que había ascendido a la superfície 133 millones de años atrás, cuando Suramérica y África todavía estaban juntas. El penacho había lanzado lava sobre las planícies de ambos continentes, ayudando a separarlos y a crear el Océano Atlántico meridional. Incluso el suelo de los alrededores era oscuro como el magma, apenas cubierto por una pálida barba rubia de hierba. No había arbustos ni árboles, únicamente plantas *Welwitschia mirabilis*, con una dura raíz de la que salían dos hojas planas. Cada planta es milagrosamente longeva. Sus hojas crecen lenta y constantemente, haciendo una espiral alrededor de la otra durante centenares, tal vez miles, de años.

Más al norte, los yacimientos del Precámbrico emergían de debajo de las inundaciones volcánicas. Cuando estas rocas se formaron, hace más de 600 millones de años, Namibia estaba cubierta por un mar poco profundo que dejó atrás piedras areniscas y arcillosas, carbonatos rosas y esquisto gris oscuro. Observando estas rocas de cerca, Paul descubrió las huellas de antiguos estromatolitos que vivieron en las costas Precámbricas; encontró dunas de arena, playas y lagos, todo petrificado a la espera de su cuaderno y su martillo. Y donde el antiguo lecho marino se inclinaba hacia el mar al oeste, áridas colinas de roca se extendían kilómetro tras kilómetro, sus capas en algunos lugares magníficamente retorcidas y encorvadas en vastos pliegues que empequeñecían el minúsculo Toyota mientras sepenteaba por el suelo de los cañones.

Paul estaba anonadado. Tanta riqueza geológica y, sin embargo, casi nada había sido estudiado. Sin duda encontraría algo importante en estos yacimientos, alguna nueva e intrigante pista sobre la historia de la Tierra.

Quería seguir estudiando los choques y movimientos de continentes, como había ido haciendo en Canadá. Estaba acostumbrado a trabajar solo o con algunos estudiantes de prácticas, pero para su primera temporada de trabajo de campo en Namibia se llevó consigo a otro experto en el Precámbrico, Tony Prave, un investigador de Nueva York. Tony un italoamericano divertido, un geólogo de casi cuarenta años que trabaja duro y se mantiene alejado de la atención del público (y por lo tanto, en general, alejado del peligro). Con su melena espesa y oscura, y su cara bronceada podría ser confundido con un nativo americano. Su acento, sin embargo, era de puro mafioso de Hollywood. Tenía una amplia y calurosa sonrisa y unos ojos ligeramente recelosos.

Tony había pasado la mayoría de su carrera trabajando en el Valle de la Muerte en California. Llegó a saberse de memoria todas las rocas del Precámbrico que había allí. Pero a pesar de que le encantaba el Valle de la Muerte, no dejó de aprovechar la oportunidad de ir a Namibia con Paul, que era un famoso geólogo de campo. Ésta era, creyó Tony, la mejor oportunidad de toda su vida profesional. A lo largo de aquella temporada, Paul, Tony y dos estudiantes graduados fueron de campamento en campamento y de afloramiento en afloramiento en el lejano desierto del Namib. Hicieron mapas, escalaron, caminaron y estudiaron, subiendo torrenteras y bajando valles, ponderando, interpretando y aprendiendo a entender la historia más profunda de Namibia.

Paul llamaba cariñosamente «Pravey» a Toni. Se llevaban muy bien, ambos eran tozudos, tenían argumentos sólidos y les apasionaban las rocas. Tony encontraba los métodos de Paul exasperantes. En los yacimientos, la mente de Paul era como una trampa de acero. «¿Por qué? ¿Por qué? ¿Qué significa?», preguntaba Paul, como disparando, cuando Tony le comentaba alguna observación, y, más tarde, cuando se dirigían a un nuevo afloramiento seguía: «¿Qué predices? Vamos hacia allí ahora. ¿Qué nos encontraremos, Pravey?». De vuelta al campamento, permanecían despiertos hablando hasta las once o las doce. Al contrario que en el Ártico, donde se podía estudiar las rocas a cualquier hora, Namibia forzaba a abandonarlas durante las largas noches, en las que se sentaban alrededor de la hoguera, bebiendo whisky e intercambiando opiniones. No parecía importar que a veces no estuvieran de acuerdo, que Paul adorase en béisbol y Tony lo odiara. Simplemente les encantaba estar juntos, y Tony disfrutaba de la cálida aprobación de Paul.

Con el tiempo, inevitablemente, aparecieron los problemas. A Paul nunca le ha resultado fácil la amistad; era carismático, pero también introvertido y vehemente. De niño, sus relaciones con sus compañeros coleccionistas de minerales, lejos de ser cálidas, eran escuetas. De la misma manera, a pesar de formar parte de un equipo de atletismo, corría solo. Por otra parte, apenas se habla con muchos de los científicos con los que ha trabajado, gente como Tony. Tony y Paul ya no colaboran ni hacer trabajo de campo juntos, ni siquiera son amigos.

El problema comenzó hacia el final de la temporada, cuando Tony comenzó a estar en desacuerdo con la interpretación de Paul de las rocas namibias. El tema de la discordancia era una antigua discusión geológica: cuándo exactamente habían chocado África y Suramérica. Durante el Precámbrico, un estrecho océano separaba estas bestias continentales –pero no chocarían hasta algún momento en el Cámbrico–. Pero, sin embargo, Tony estaba convencido de que África, a pesar de todo, empezaba a notar la colisión, y que, como respuesta, sus rocas habían comenzado a doblarse y torcerse. Paul, en cambio, sostenía que no había ningún signo en los yacimientos de Namibia que indicara el inminente choque.

Esta discordancia comenzó a amargar su relación, y para cuando volvieron a Namibia la siguiente temporada, el afecto entre ellos había desaparecido. Ahora, en la charla alrededor de la hoguera, Paul era sarcástico con lo que llamaba «la hipótesis Pravey». «Oh, ¿Así que qué dice el gran Pravey que pasará mañana?», recuerda Tony que le preguntaba. «¿Qué predice la gran hipótesis?».

«Paul es muy competitivo», dice Tony ahora. «Es una de esas personas que si tú das tres pasos, él tiene que dar cuatro. Si tú has hecho un mapa de diez kilómetros cuadrados, él tiene que hacerlo de once. Siempre tiene que ser un poco mejor, un poco más fuerte». Tony había comenzado a ver la cara áspera de su competitividad, y no le gustaba.

La gota que colmó el vaso llegó cuando Paul volvió de un día de trabajo trazando un mapa de un estrecho cañón. Llegó triunfante. «La hipótesis Pravey ha muerto», declaró cuando llegó al campamento. Decía que había recogido evidencias que refutaban sin lugar a dudas la interpretación de Tony. Al día siguiente Tony fue corriendo hacia el lugar, ahora apodado por Paul «el Cañón de la Contienda». Y ahí, entre las rocas que Paul había clasificado, había un revoltijo de líneas de falla. Las capas de roca habían sido desfiguradas, mucho después después de haberse formado. No las podías utilizar para probar o refutar nada.

Tony se volvió rojo de furia. Volvió a toda prisa al campamento, y se enfrentó cara a cara con Paul. Se miraban fijamente a los ojos. Tony insultó a Paul. Paul le devolvió los insultos. Comenzaron a chillar, con saliva saltando de furia de sus bocas y haciendo arcos en el aire. Los dos estudiantes que les acompañaban los miraban horrorizados. Entonces una de ellos decidió intervenir. Era pequeña pero con carácter, y se metió entre Paul y Tony: «¡Deberías avergonzaros de vosotros mismos!», les dijo a ambos. «¡Basta!»

Su intervención funcionó. Los gritos cesaron, y Paul se fue hacia su silla, donde se sentó en silencio, mirando al vacío de la oscuridad. El campamento estuvo tranquilo aquella noche, y poco después Tony se fue de Namibia.

Las relaciones entre geólogos son intensas. Dada su naturaleza, la geología implica viajar con tus colegas a lugares remotos, trabajar durante largas horas en condiciones duras y precarias, vivir apretados y lejos de todos durante semanas, con muy poco contacto con el mundo exterior. Es como la tripulación de un submarino, o los exploradores antárticos. Es lanzar a gente obsesiva y terca en un lugar del que es difícil marcharse. Sus personalidades se magnifican. Se unen o se rompen. Paul en particular ha tenido multitud de peleas como la que tuvo con Tony. Peleas de pie, gritándose a la cara. Reacciona furiosamente cuando se le discute, y no se guarda nada. Explota de rabia un momento, y diez minutos más tarde actúa como si nada hubiera pasado. Pero aquellos que reciben sus improperios tardan más en olvidar. Su reputación como geólogo brillante ha sido mitigada a lo largo de los años por la reputación de tener un carácter imposible. Aquellos que todavía trabajan con él son los pocos que saben cómo tratarle. Puede ser maleducado, sarcástico y desagradable. No se toma las cosas en serio. A menudo hace que la gente se sienta pequeña y él es consciente de ello, incluso hace bromas al respecto. «Todo el mundo se merece mi opinión», dice. Y entonces «Cielos, soy horrible. No sé cómo reaccionaría ante mí mismo».

Y, sin embargo, cuando le dice un cumplido a alguien, éste se sienten bien. Se siente especial. Hay algo en Paul que hace que quieras tener su aprobación. He conocido antiguos estudiantes suyos que son ahora reconocidos geólogos, catedráticos con grandes carreras en las mejores universidades. Tienen todo esto, pero todavía les importa enormemente lo que Paul piensa y dice. Si les preguntas por qué, se encongen de hombros. «No lo sé», dicen. Tony habla de la época anterior a su pelea con Paul como su «luna de miel», y la de después como su «divorcio». Incluso ahora, años después, tiene un aspecto de dolor frustrado cuando habla sobre ésta. Incluso ahora, dice ésto de Paul: «Ese hombre es tan carismático que si hubiera nacido dos mil años antes podría haber sido Jesús».

Paul le quitó importancia a su pelea con Tony. Volvió a Namibia la siguiente temporada y la siguiente, con una hornada fresca de estudiantes para que le ayudaran a hacer los mapas y medir e interpretar. Sin embargo, después de aquel primer momento de excitación, los yacimientos resultaron ser decepcionantes. Quería medir el momento exacto de los movimientos de continentes, pero las rocas de Namibia resultaron ser inservibles para ningún tipo de datación precisa. Aun así, Paul no podía deshacerse de la impresión de que estas rocas entrañaban algún secreto importante. Sintió que estaba a la caza de una gran presa, ¿pero cuál?

Entonces algo comenzó a inquietarle.

Fuese donde fuese por Namibia, Paul encontraba signos de hielo antiguo. Caminaba por una torrentera y de repente se encontraba un bloque en medio de la gris roca sedimentaria. La roca sedimentaria se forma a partir de un antiguo estrato marino. Con el tiempo, en el océano, se va acumulando una fina lluvia de sedimento en el estrato y se acaba convirtiendo en roca. Pero un bloque debía venir de la costa. Algo tuvo que transportarlo al océano y tirarlo por la borda. No había barcos en el Precámbrico y, sin lugar a dudas, ninguna criatura capaz de transportar nada parecido. El responsable tuvo que ser un iceberg. El bloque tuvo que caer de un iceberg que se derretía en la superficie.

Y eso no era todo. A medida que Paul se fijaba más, veía aparecer una mezcla de rocas en la roca sedimentaria. Ahora no era un solo canto rodado, sino incontables piedras y guijarros, de todas las formas, colores y tamaños; rotos y redondeados; rosas, marrones, blancos y grises; granito, cuarcita y carbonato. Esta absurda mezcla se había metido de alguna manera en el fino sedimento gris. Como el canto rodado, estas rocas eran intrusos. Algo las había recogido de los barrancos y montañas de Namibia y las había arrastrado hacia la costa y hasta el sedimento marino. La mezcla de rocas multicoloreadas se extendía en todas direcciones a lo largo de centenares de kilómetros. Sólo había un agente capaz de transportar tantos tipos diferentes de rocas a una distancia tan larga: el hielo.

Paul reconoció los signos de éste de inmediato. El hogar de la cabaña canadiense de su madre estaba situado entre dos piedras pálidas llenas de guijarros provenientes del hielo. Paul las había visto cada fin de semana y durante todo el verano cuando era niño.

También había sabido durante años que estas rocas se pueden encontrar por todo el mundo. Se pueden encontrar en América, en Asia, en Europa –de hecho en todos y cada uno de los continentes–. Y todas provienen exactamente del mismo momento: el misterioso final del Precámbrico, justo antes de que los verdaderos fósiles aparecieran, justo antes de que la vida se volviera compleja y todo cambiara sobre la faz de la Tierra. Paul había sabido todo esto cuando trabajaba en Canadá, pero nunca había pensado demasiado en ello. Su mente había estado completamente ocupada en su trabajo sobre el movimiento de los continentes.

Ahora, sin embargo, encarado por todos lados con las rocas namibias, Paul empezó a preguntarse por qué estaban allí. Por qué se encontraban por todas partes. Esperaría encontrar hielo en los polos Norte y Sur, pero encontrar signos del hielo en todos los continentes parecía extraordinario. Y las rocas de hielo de Namibia tenían un misterio añadido. Aparecían en medio de rocas que claramente se habían formado en aguas calientes y tropicales. ¿Qué hacía el hielo en los trópicos? ¿Y por qué apareció allí en aquel momento crucial de la historia de la vida? ¿Era una coincidencia? A medida que investigaba y pensaba sobre las rocas glaciales de Namibia, estas dudas intrigaron a Paul cada vez más. Seguía sintiéndose perseguido por la idea de que Namibia guardaba algún secreto extraordinario, esperando ser descubierto. ¿Podrían estas extrañas rocas ser la clave? Olvidó el movimiento de los antiguos continentes. Ahora lo único que le importaba era el hielo.

Lo que Paul todavía no sabía era que las rocas de hielo no traían más que problemas. Durante décadas habían estado copando la imaginación de los geólogos sin revelar sus secretos. Siempre había una razón por la que el hielo en muchos de estos sitios tenía que ser imposible. Hasta entonces, todos aquellos que habían intentado explicar las rocas de hielo habían fracasado. En el camino, sin embargo, habían descubierto pistas que serían vitales para demostrar la teoría de la *Snowball*.

3

El principio

«La exploración polar es a la vez la manera más limpia y más solita-
ria de pasar un mal rato que se ha ideado jamás».[1] Así la describió
Apsley Cherry-Garrard, uno de los compañeros de Scott en la fraca-
sada expedición polar. No era únicamente el frío, ni el peligro, sino
el enorme esfuerzo físico de caminar por la nieve día tras día, arrastrando tras de sí todo en un trineo. Henry *Birdie* Bowers, uno de los
hombres más fuertes y duros de Scott, lo llamó el trabajo que más le
había partido la espalda de los muchos que había encontrado. «Jamás»,
decía, «he tirado tan fuerte, ni he aplastado tanto mis entrañas contra mi columna vertebral como cuando tiro con todas mis fuerzas de
la banda de lona que hay alrededor de mi desafortunada tripa».[2]

Estos dolorosos esfuerzos no eran exclusivos de los aventureros.
Si eras un geólogo en los años cuarenta con la necesidad de estudiar rocas en lugares helados, era esencial tirar de los trineos. No
había helicópteros ni motos de nieve. Para llegar a yacimientos remotos sin estudiar, tenías que cargar todo tu equipo –tiendas, comida,
aparatos de cocina, combustible– atarte al trineo y tirar de él.

Para Brian Harland, un profesor de geología de la Universidad
de Cambridge, el esfuerzo valía la pena. Brian es famoso por sus
precisas investigaciones del pasado de la Tierra. Confeccionó la definitiva «escala Harland», un mapa de rectángulos coloreados que divi-
de el tiempo geológico en sus diferentes periodos, cada uno con su
fecha y duración, y que adorna las paredes de departamentos de geología por todo el mundo.

Pero también se le conoce por su geología Ártica. Desde el principio de su carrera, se sintió atraído por las rocas del remoto Ártico, convencido de que encontraría extraordinarios secretos geológicos escondidos bajo el hielo. Y estaba en lo cierto. Rastreando las escasas rocas del lejano Norte, Brian descubrió las primeras trazas de una glaciación global. Fue el abuelo de la teoría *Snowball Earth*.

El trabajo de campo de Brian, sin embargo, jamás fue fácil. En agosto de 1949 dirigía una expedición sobre los campos helados de Svalbard, un archipiélago helado varios centenares de kilómetros al norte de Noruega y al este de Groenlandia. Él y sus cuatro compañeros habían estado fuera de la base durante días, cargando todas sus provisiones con ellos. Ahora volvían por una inclinada cuesta. Si arrastrar el trineo sobre el plano ya es complicado, hacerlo cuesta arriba puede parecer imposible. Sin embargo, Brian había decretado que en la cima de la colina podrían pararse y acampar; habría comida, bebidas calientes y descanso. Los cinco geólogos se abrocharon pesadamente y comenzaron la larga y dura subida. Sus cabezas estaban bajas, su atención concentrada en llegar a la cima de la colina. No tenían ni idea de lo que estaba a punto de sucederles.

Ésta era la segunda visita de Brian a Svalbard. Once años antes, en 1938, había estado allí como joven estudiante de posgrado para tomar parte en una breve expedición de estudiantes. Las rocas de Svalbard le intrigaron de inmediato. Eran de las más antiguas del mundo, y muchas de ellas se había formado en el Precámbrico, aquella larga Edad Negra de la Tierra. Brian se dio cuenta de que estas rocas podían proporcionar una ventana que iluminara este tiempo antiguo y misterioso. Pero también estaban en lugares remotos e inaccesibles, cubiertas en su mayoría por una gruesa manta de hielo. Únicamente en algunos sitios aparecían sobre la nieve fallas y picos negros y cónicos. A Brian le habían intrigado estos yacimientos. Había logrado ver algunos grandes acantilados con fallas y pliegues gigantes. ¿De dónde venían los pliegues? ¿Cómo se habían formado las montañas? ¿Qué podían revelar sobre el funcionamiento de la Tierra?

En la expedición del 38, hubo pocas oportunidades para saberlo, puesto que ésta tenía otras prioridades y Brian era el único geólogo en un grupo de geógrafos. Había formaciones de hielo que estudiar, mapas que hacer, y no había suficiente tiempo para todo. Y entonces sobrevino la Segunda Guerra Mundial. Pero ahora Brian había vuelto, con treinta y dos años, convertido en todo un académico de Cambridge dirigiendo su propio programa. Esta vez él mismo podía decidir dónde ir y qué estudiar. La geología de las islas era un espacio en blanco, y él lo iba a rellenar. Quería entender cada afloramiento, cada capa de la prehistoria de la Tierra.

Esta era la primera expedición que Brian lideraba, y notaba agudamente la responsabilidad. Era un hombre delgado de rasgos apretados y disposición nerviosa. Había, decían algunos, hecho demasiados planes. La mayor parte del tiempo previo a la expedición se la pasó preocupándose por los detalles. Tenía soluciones para todos los problemas. En cuanto a las muestras, libretas, fotografías, toda la parafernalia de una expedición geológica, el sistema de numeración de Brian era complejo, consistente y legendario. Todo tenía su propio código numérico o alfabético. Cada pieza del equipo encajaba suavemente en el plan general.

La comida de la expedición se escogió según su contenido calórico en vez de por el sabor. Había margarina, queso procesado, azúcar, avena, galletas, chocolate y una mezcla grasienta de carne llamada «pemmican», los mismos productos que habían alimentado a los exploradores antárticos como Scott y Shackleton tan sólo unas décadas antes. Esta simple, eficiente e igualitaria dieta había satisfecho plenamente el carácter pragmático de Brian en la expedición del 38, y no veía ninguna razón para cambiarla. (En los siguientes años accedería a complementar las sosas raciones con especias, golosinas y otros extras, pero nunca estuvo de acuerdo.)

Sin embargo, había aprendido una lección importante. En 1938, todos habían pasado hambre. Las raciones fueron diseñadas para expediciones antárticas con perros de tiro. Arrastrar los trineos requería mucha más energía de la que proporcionaban estas raciones, y nunca había suficiente para comer. Cuando estás constantemente hambriento, mantener el calor corporal se vuelve cada vez más difícil. Por la noche sueñas con fantásticos manjares. Fantaseas sobre festines medievales y tiendas de golosinas y enormes postres. Y cuando te despiertas, tienes que obligarte a ti mismo a atarte a un trineo cargado hasta arriba mientras tu estómago se queja y tus extremidades se notan débiles y cansadas. La comida de la expedición de Brian del 49 podría ser sosa, pero se aseguró de que hubiera de sobras.

El lema de Brian –un legado, tal vez, de su educación cuáquera– era justicia, orden y eficiencia. Ya había instaurado las normas que gobernarían sus expediciones durante los siguientes cuarenta años. No se permitía acumular comida. Las raciones se dividían, y tu parte te pertenecía hasta la medianoche. Cualquier cosa que no te hubieras comido entonces, iba a parar a la despensa común. Además estaba estrictamente prohibido llevar golosinas escondidas en la mochila. Lo que comía un miembro de la expedición lo comían todos. Podías romper estas normas si querías, pero sólo furtivamente y con el consiguiente sentido de culpa. Pocos lo intentaban. Brian era escrupulosamente honesto, y de alguna manera su actitud se contagiaba.[3]

También juzgaba a la gente por su dedicación al proyecto en el que se trabajaba. Formar parte de sus expediciones significaba abandonar todo tipo de estatus o sentido del derecho. Su sistema de valores era digno del rey Eduardo. ¿Te ofrecerías voluntario, estarías dispuesto, te habías esforzado para prepararte lo suficiente? (Cuando conocí a Brian, años después, tuve que mostrarle todas mis credenciales académicas antes de que me hablara. Quería saber sobre mi graduación, mi doctorado y cuánta investigación había hecho. Cuando finalmente estuvo satisfecho con lo que le mostré y creyó que merecía su tiempo, fue generoso con él).

Brian creía que el trabajo de una persona debería hablar por sí solo, y aborrecía el hecho de promocionarse a sí mismo. Tomemos los nombres de los accidentes geológicos. En aquellos primeros años de exploración de Svalbard, muchos investigadores alegremente ponían su propio nombre y el de sus amigos a los lugares que descubrían. Para inmortalizarse a sí mismos, escogían magníficas montañas, gigantescos ríos helados o enormes estructuras. Pero a pesar de que Brian se convirtió en la primera autoridad internacional sobre Svalbard, es complicado encontrar su nombre en los mapas. Si buscas bien acabarás encontrando una pequeña mancha junto al pico helado, que luce el nombre de «Harlandisen». Los estudiantes de Brian lo consideran ridículo. Un isen es un trozo de hielo sin forma, a menudo encontrado entre lugares más interesantes. Sin embargo, Brian se avergüenza del homenaje. Pregúntale cómo se le puso el nombre, se sonrojará y responderá por lo bajo que los noruegos insistieron.

Los estudiantes de Brian le amaban. Todos seguían sus códigos estrictamente y con lealtad. En su expedición del 49 había llevado consigo a once estudiantes de Cambridge, divididos en varios equipos de trabajo para lograr más eficiencia. Varios grupos habían investigado ya las regiones costeras, siguiendo la costa llena de fiordos en barcos balleneros de cinco metros de eslora, a los que Brian había bautizado como *Fe* y *Caridad*. Los demás iban en el barco más grande, un arenero de seis metros llamado *Caridad*. («Es una referencia bíblica», dice Brian. «Sabes, "Fe, esperanza y caridad, y la mayor de ellas es la caridad"»). Brian había comprado el bote por diecisiete libras. Era un barco fantástico, grande, ancho y sólido como una roca, con suficiente espacio para una tonelada de material. Había llevado al tercer equipo hasta la punta de Billefjorden, al noroeste de la isla principal. Desde allí Brian lideraría un pequeño grupo de cuatro estudiantes, la «Expedición del Norte», hacia el territorio desconocido de Ny Friesland. El plan era sencillamente hacer mapas de las rocas y comenzar a entender qué había allí fuera. A pesar de que estas rocas se habían formado en la época de la Snowball, Brian todavía sabía muy poco sobre ellas.

Los primeros días fueron buenos. Con buen tiempo, el equipo esquió, tiró de los trineos, midió ángulos, inspeccionó el paisaje y tomó fotografías que cuidadosamente numeraba. A su alrededor los picos oscuros de las montañas y los acantilados rocosos se asomaban entre una cobertura de hielo. La nieve cubría todos los agujeros de las rocas. Y por todas las torrenteras y junto a todos los acantilados bajaban los grandes glaciares de Svalbard.

Los glaciares son gigantescas masas de hielo, con una textura que es una extraña mezcla entre hielo y roca. Son sólidos, como los cubos de hielo del congelador, y se forman a partir de nieve de la misma forma que la roca se forma de arena o barro. Si el barro cae continuamente sobre un lecho marino, sus granos se comprimirán y con el tiempo se solidificarán hasta formar una roca. La nieve hace lo mismo. Los cristales de nieve individuales son preciosas filigranas de seis lados. Pero si se apilan a lo largo del tiempo, estos cristales empiezan a amalgamarse. Se aprietan los unos contra los otros. Sus delicados brazos se parten y se unen con los demás. Atrapan bolsas de aire, se funden en una sustancia gris llamada «neviza», y con el tiempo se solidifican en hielo duro y blanco. Y entonces el hielo empieza a moverse. Como agua que baja cuesta abajo, pero con un paso magistral y glacial. Los glaciares no se limitan a llenar los valles; los crean. El hielo que fluye puede ser lento pero es inexorable, y un glaciar puede excavar la roca sólida.

Para los exploradores polares los glaciares son fantásticas autopistas; pero encierran peligros. Cuando el hielo fluye, se parte en profundas fisuras y grietas. La nieve cubre entonces estas grietas y las esconde a los menos precavidos. Rompe uno de estos puentes de nieve y te encontrarás precipitándote hacia el corazón azul del glaciar. A menudo se puede evitar este peligro, ya que los puentes de nieve se suelen delatar como pequeñas depresiones de la superficie completamente plana del glaciar. A menudo, pero no siempre.

Alrededor de una semana después de comenzar la expedición, el equipo de Brian bajaba por el Glaciar Harkenbreen para investigar las paredes de roca a ambos lados del hielo cuando el buen tiempo los abandonó de repente. Descendieron nubes negras, hasta el punto de que apenas podían ver por dónde iban. Siguieron tirando de sus trineos, pero el mal tiempo había hecho que las ganas de estudiar las rocas menguaran, y Brian comenzó a ponerse nervioso. Con tan sólo comida para dos días, decidió volver por una ruta nueva. Si podían llegar al ancho glaciar Vetaranen, al este, el camino sería fácil incluso con nubes.

Para asegurarse, Brian decidió adelantarse al grupo. Con él se llevó a uno de los estudiantes, Chris Basher. Chris sólo tenía veinte años, pero estaba en forma y era un montañero experimentado. (También era un gran atleta. Cinco años más tarde sería uno de las dos liebres que impulsaron a Roger Bannister a conseguir la primera marca de la milla por debajo de los cuatro minutos. Dos años más tarde, conseguiría su propia gloria al ganar el oro olímpico en tres mil metros obstáculos). Dejando a los otros tres atrás, Brian y Chris encontraron un glaciar afluente que serpenteaba montaña arriba hacia el este, en dirección al Vetaranen. Escalaron por la inclinada pendiente de hielo, siempre comprobando las hendiduras de la nieve que indicaban que había una grieta. Pero la superficie parecía segura.

De vuelta con el resto del equipo, Brian dirigió la operación. El camino hacia adelante era peligrosamente inclinado, pero una vez hubieran superado la pendiente todo sería más fácil. Llevarían un trineo cada vez, comenzando por el más pesado de los dos, el Nansen. Los trineos Nansen son un gran invento, y todavía los usan hoy en día los exploradores polares. Sus partes de madera están atadas con tiras de cuero para que sea suficientemente ligero y flexible para reptar entre las irregularidades del hielo. Con una longitud de casi cuatro metros, son una buena protección contra las grietas. Incluso si rompes un puente de nieve, el trineo suele abarcar el agujero y actuar como ancla de seguridad, permitiéndote escalar de nuevo hacia la superficie.

Los cinco geólogos ataron sus arneses al pesado Nansen y comenzaron a subir con dificultad por el glaciar. Paso, tirón. Paso, tirón. Casi habían llegado al final de la pendiente.

Entonces el suelo despareció bajo sus pies.

El trineo y las dos personas que estaban más próximas a él cayeron inmediatamente en una enorme caverna de hielo. Uno, dos, tres, les siguieron los demás, tirados hacia atrás por sus arneses hacia un enorme agujero en el suelo. El hombre que caminaba delante cayó el último, con el esquí clavándose en la superficie y saliendo disparado de su pie mientras él caía. Segundos más tarde, los cinco se encontraron milagrosamente vivos, desparramados a doce metros bajo la superficie. La mala suerte hizo que cayeran a través de un ancho y grueso puente de nieve, tan ancho como para que el trineo no pudiera protegerles, y tan grueso como para que fuera invisible desde la superficie. Pero la buena suerte hizo que el puente cayera con ellos, de manera que los cinco cayeron sobre un blando cojín de nieve. Y todavía hubo más buena suerte: a pesar de que la grieta tenía cientos de metros de profundidad, todo el equipo y el trineo habían caído en un saliente del hielo. Tan sólo hubo una baja. Brian notó dolor en su tobillo derecho y descubrió que no se podía apoyar sobre él. (Jamás quiso considerarlo una lesión grave. Más tarde escribió que parecía estar «ligeramente roto.»)[4]

Dentro de la grieta la temperatura es varios grados inferior a la de la superficie. Rápidamente los pelos de tu nariz y tus pestañas se cubren de una fina escarcha. Dejas de notar la cara, y aparecen manchas blancas en aquellas zonas que empiezan a helarse. La única luz entra débilmente por el agujero en la nieve muy por encima de ti, o como un brillo azul de las paredes de la caverna. Durante las siguientes ocho horas, Brian se vio obligado a quedarse inmóvil mientras los cuatro estudiantes, ilesos, comenzaban la operación de rescate. En primer lugar caminaron por el saliente hasta que encontraron un lugar menos inclinado que les condujera a la superficie. Entonces bajaron por le glaciar hasta donde esperaba el otro trineo con material, incluidas cuerdas, gracias a la meticulosa preparación del material de emergencia de Brian. Pieza a pieza, los estudiantes izaron todo el material hacia la superficie. Hicieron lo que pudieron para izar también a Brian, pero resultó imposible. Dado que las paredes de la caverna se curvaban alejándose de la cuerda colgante, Brian no podía llegar hasta ellas para estabilizarse, y giraba y se movía sin control. Con el tiempo le volvieron a bajar. Se puso los esquíes y subió lenta y dolorosamente por donde los demás habían subido.

Fuera, la nube todavía era baja y espesa, pesada con la amenaza de nieve. Brian y el equipo acamparon, comieron medias raciones, y consideraron detenidamente sus posibilidades. Estaban a por lo menos dos días del punto de abastecimiento más cercano, y a cuatro o cinco días de la base. La ruta que conocían consistía en una pronunciada bajada y otra larga y dura subida arrastrando el trineo. Pero por lo menos era suficientemente segura, y decidieron seguirla. A pesar del tobillo roto, Brian no tenía ninguna intención de dejarse llevar sobre el trineo. Cada mañana se ataba los esquíes y comenzaba un largo y solitario camino sobre la nieve. Su tobillo derecho estaba inservible. Tenía que usar el palo de esquiar para orientar el esquí en la dirección correcta. Detrás suyo los estudiantes acababan su desayuno, empaquetaban el material, y arrastraban los trineos por el camino marcado por Brian. Alrededor de mediodía le atrapaban y paraban para comer. Luego desaparecían en la distancia, dejando atrás a Brian, que avanzaba penosamente sobre el camino abierto por ellos. Para cuando él llegaba al campamento, ya habían preparado la comida, levantado las tiendas, y podía caer directamente en su saco de dormir.

Después de cinco días finalmente llegaron a la base. El *Caridad* le llevó de vuelta a la ciudad principal de Svalbard, Longyearbyen, donde le mandaron directamente al hospital. Su tobillo roto le había proporcionado finalmente un «baño caliente y excelentes cuidados», que, escribió más tarde, provocaron la «envidia de otros», dado que tenían que volver a las privaciones del trabajo de campo.

Uno de los otros grupos de la expedición, al parecer, también había caído bajo los peligros del viaje Ártico. Como más tarde dijo Brian, la *Esperanza* nunca se perdió. El barco y la tripulación tuvieron que ser rescatados del medio de un fiordo por una lancha neumática. Pero Brian había sabido desde el principio que Svalbard no dejaría que se conocieran sus secretos con tanta facilidad. Sus planes de contingencia habían sido efectivos. Sus estudiantes estaban deseosos de más aventuras. Y los diversos equipos ni tan sólo habían rascado la superficie de los datos disponibles en el archipiélago. Para cuando Brian llegó de vuelta a Cambridge, ya comenzaba a planear su siguiente viaje. Sin embargo, todavía insiste que no le atraía el romance del lugar. Lo que le empujaba de nuevo a Svalbard, decían, eran las historias. Quería comprender el mensaje de las rocas. Todavía no sabía que las rocas de Svalbard guardaban un secreto mucho más extraordinario de lo que se imaginaba. También desconocía los problemas que le causaría aquel secreto.

Brian quedó muy satisfecho con la organización de la primera empresa, pero durante sus siguientes expediciones a Svalbard siguió probando nuevas mejoras. Comenzó a reunir su propio material, comprando un nuevo juego de trineos Nansen para distribuirlo entre los diferentes equipos de campo. A pesar de que el Nansen no había protegido a su grupo de la caverna de hielo, los puentes de hielo de aquel tamaño eran poco comunes, y en todos los demás aspectos de la expedición los trineos habían sido excelentes. Incluso tuvo ocasión de comprar varios trineos de esta marca que habían formado parte del decorado de la película *Scott del Antártico*, el film que estaba a punto de capturar la joven imaginación de Paul Hoffmann al otro lado del Atlántico, en Canadá.

Brian también comenzó a darse cuenta de que la autosuficiencia y el depender exclusivamente de ellos mismos eran las claves para operar en Svalbard. Cualquier otra dependencia conllevaba el riesgo del fracaso. Los materiales que se tenían que transportar al norte cada temporada se podían perder durante el traslado. Confiar en alguien para el transporte por mar significaba pasarse días esperando junto al muelle. Con el tiempo, Brian estableció una base en Svalbard, donde podía guardar el equipo durante el invierno. Abrió tiendas mecánicas y eléctricas allí. Compraba botes de motor cubiertos que podían navegar con seguridad alrededor de la costa hasta en el mar más agitado. Sus expediciones parecían incursiones de guerrilla. Cada verano sus grupos geológicos hormigueban por todo el hielo de Svalbard. Montaban estaciones de seguimiento y medían los yacimientos; escalaban acantilados, recogían muestras y, sin prisa pero sin pausa, rellenaban el vacío mapa de la historia geológica de Svalbard.

Y a medida que Brian volvía a las islas una y otra vez, una característica particular de las rocas comenzó a incomodarle. En muchos de los yacimientos que sobresalían de la capa de hielo de Ny Friesland, una extraña banda roja resaltaba entre los amarillos pálidos, marrones y grises de su alrededor. De cerca, la banda era una caótica mezcla de bloques rojizos y rocas, de todas las formas y tamaños, ligadas con un fondo de sedimentos.

Brian había conocido esta característica toda su vida. Había crecido en Scarborough, en la costa de North Yorkshire en Inglaterra, y de niño coleccionaba las extrañas rocas que adornaban los precipicios –los famosos «cantos de barro»–. Los cantos rodados que adornaban los acantilados de la costa de Yorkshire eran un claro signo de que el hielo había actuado. Habían llegado directamente de Escandinavia, donde los glaciares los habían arrastrado fuera de tierra firme y los había depositado en el Mar del Norte.

Los glaciares no levitan tranquilamente sobre la superficie de la montaña; se aferran a ella. Un glaciar rasca y purga el lecho de rocas con los bloques que arrastra. Precipita todavía más rocas por delante de su frente de hielo. La superficie de un glaciar puede estar llena de escombros caídos de los acantilados que lo flanquean y que se mueven con el lento avance del hielo. Con el tiempo, el glaciar se derrama en el mar. Tal vez se rompa en trozos de iceberg que con el tiempo se funden y entregan su carga de rocas al lecho marino como «bloques caídos» individuales. Tal vez simplemente deje caer su carga de rocas un poco más allá de la costa. Los glaciares también depositan estas mezclas de roca en tierra, pero suelen ser erosionadas por el viento y la lluvia, y la mayoría de las rocas realmente antiguas que han sobrevivido en el mundo se formaron en el protegido entorno de un mar poco profundo.

Eso es exactamente lo que sucedió para que se creara la misteriosa banda roja de Brian Harland, y estaba impresionado por ella. ¿Por qué se preocupaba por signos de desechos de glaciares en el gélido Svalbard? Porque ya sabía que en el Precámbrico, Svalbard era mucho más cálido de lo que es hoy en día. Estaba seguro de que cuando las rocas del antiguo Svalbard se formaron, las condiciones eran, sin lugar a dudas, tropicales.

Debían serlo, creía, porque todas las rocas de los yacimientos que estudiaba eran tropicales. Había rocas carbonatadas, pálidas rocas grises y amarillas hechas del mismo material que las conchas marinas. Estas rocas, sin embargo, se formaron antes de que las conchas ni tan sólo existieran. Al contrario que los yesos y piedras calizas generadas en épocas más recientes, estas rocas de carbonato no tenían nada que ver con las conchas aplastadas de las criaturas marinas. En su lugar, se habían creado mediante un proceso puramente químico en el agua marina del Precámbrico, y entonces se precipitaron al estrato marino donde se compactaron en la roca.

Y éste es el argumento más importante: este proceso únicamente ocurre en los mares cálidos. El agua fría se aferra a su carbonato; sólo el agua caliente lo libera. Y ésa es la razón por la cual las soleadas islas del Mar Caribe se sustentan sobre plataformas de carbonato. Los encontraras bajo el Gran Arrecife de coral australiano, y por todas las islas de Indonesia, así como a ambos lados de la helada banda roja de Brian.

Y eso no es todo. En los carbonatos bajo su banda rojiza Brian encontró oolitos, un extraño tipo de roca formada por minúsculas esferas que están pegadas entre sí como si fueran caviar petrificado. Esta inusual textura es sumamente característica de los climas tropicales. Hace seiscientos millones de años, las islas de Svalbard habían sido cálidas. Encontrar signos de hielo entre las rocas de carbonato oolítico era tan extraño como ver un glaciar avanzar por las Barbados.

Brian comenzó a investigar más allá. ¿Qué tal en la Noruega septentrional? Ahí también encontró rocas carbonatadas precámbricas interrumpidas por una capa de rocas glaciales. ¿Groenlandia? Lo mismo. Entonces comenzó a investigar los trabajos publicados, señalando los lugares de la Tierra donde los geólogos habían encontrado rocas glaciales en el Precámbrico, el misterioso periodo geológico que carecía de fósiles esclarecedores. Estaban por todas partes. Todos y cada uno de los continentes tenía claras marcas de hielo antiguo.

Y entonces Brian escuchó un susurro en su cabeza. Tal vez el hielo era global. Tal vez había estado en todo el mundo. Al principio su interés principal era puramente geológico. Si el hielo realmente había estado por todas partes, las rocas glaciales que había dejado a su paso podrían ser una señal precámbrica global. Podría ser una manera de emparejar periodos de las rocas alrededor de todo el mundo, iluminando la otrora misteriosa Edad Oscura de la Tierra.[5]

Entonces Brian se dio cuenta de algo más, algo mucho más importante. El hielo apareció justo antes de uno de los periodos más dramáticos de la historia de la Tierra: la gran explosión evolutiva que creó la vida compleja. Tal vez el hielo era el catalizador. Podría explicar por qué la Tierra avanzó de la Edad Oscura a la Edad de la Iluminación. Brian sabía que los biólogos no podían explicar este progreso. Sencillamente no había teorías que tuvieran sentido. Y se dio cuenta de que tal vez ahora él tenía la respuesta. Un cambio climático tan drástico como el que él planteaba –sin duda aquello sería suficiente para sacudir la Tierra de su idilio con el limo, y arrancar los verdaderos inicios de la biodiversidad–. Excitado, Brian recopiló sus teorías sobre esta «Gran Glaciación Infracámbrica» y se puso de inmediato a escribirlas.

Brian Harland no era la primera persona que había propuesto la idea de una era glacial global. Un investigador suizo llamado Louis Agassiz lo había hecho casi cien años antes. Agassiz sugirió que el hielo había corrido por doquier alrededor de veinte mil años atrás, mucho después que el Precámbrico. En esto tenía parte de razón, el hielo en efecto sobrepasó entonces sus límites polares. Pero la era glacial de Agassiz no era ni de lejos tan extensa como él había imaginado.[6]

A Agassiz se le ocurrió la idea del hielo prehistórico en los años 1830, mientras estudiaba la geología de los Alpes. Creía que partes del valle del Rhone habían sido esculpidas por el hielo en su proceso de derretimiento, y encontró cantos rodados mucho más allá de los límites de los glaciares alpinos. Entonces comenzó a descubrir que en otras partes del mundo también había signos de grandes extensiones de hielo. Escocia, por ejemplo, lucía valles tallados similares a los de Suiza, pero allí no quedaban glaciares. Compilando todas las evidencias, Agassiz propuso que había habido una poderosa era glacial con bloques de hielo que abarcaban desde el Polo Norte hasta el Mediterráneo. Entonces se volvió todavía más ambicioso. El hielo, declaró, había estado en todas partes. Llegó a anunciar que había encontrado marcas glaciales en la selva del Amazonas.

Agassiz fue el primer paladín de esta teoría del hielo. Al final consiguió convencer a los escépticos de que el hielo podía, en cualquier momento, avanzar mucho más allá de sus actuales límites polares. Gracias en gran parte a él, ahora sabemos que el tamaño de los casquetes polares oscila en escalas de tiempo de unos cien mil años. Cuando se estiran y alcanzan su máximo tamaño, el mundo entra en una era glacial. La más reciente, que acabó hace tan sólo once mil años, es también la más famosa, la época de los lanudos mamuts, mastodontes y tigres de dientes de sable. Y el hielo que se bate en retirada deja tras de sí un «interglacial», el tiempo cálido entre eras glaciales que vivimos hoy. A pesar de que los investigadores todavía discuten sobre las causas de las eras glaciales, la mayoría cree que se debe a los sutiles cambios de la cantidad de calor que llega a la Tierra a medida que su órbita oscila alrededor del Sol.

Pero las glaciaciones de Agassiz no eran ni de lejos tan extremas como la *Snowball*. Durante la última de estas eras glaciales, el extremo más meridional de la capa de hielo que cubría Norteamérica sólo llegaba hasta Nueva York. Otra capa de hielo cubrió Escandinavia y el norte de Gran Bretaña, pero apenas llegó a entrar en la Europa continental, y mucho menos en el Mediterráneo. Se desprendió hielo de la Antártida hacia el Océano del Sur, y llegó hasta Nueva Zelanda, pero no fue más lejos. El hielo ni se acercó al ecuador. De no ser por el ocasional iceberg, la mayoría de los océanos estaban libres de hielo. ¿Glaciación global? Ni por asomo.

Agassiz tenía una razón religiosa para sobreestimar la magnitud de su era de hielo. Creía que podía proporcionar pruebas concretas de que un Dios providencial intervenía en los procesos de la Tierra. Dios, creía Agassiz, había introducido el hielo deliberadamente para barrer de la faz de la Tierra todas las criaturas anteriores y dejar un escenario vacío y agradable para que fuera ocupado por su especie elegida: la humanidad.

Esta parte de la teoría de Agassiz se tambaleó hacia 1850, cuando se demostró mediante fósiles que la mayoría de las especies habían sobrevivido a la glaciación, y que el hielo no podía haber sido global. Los muchos críticos de Agassiz habían temido las implicaciones de su dramática bola de nieve, y estaban encantados por este progreso. La Tierra era todavía, al fin y al cabo, un lugar civilizado y tranquilo. Su clima podía oscilar con el tiempo, volviéndose más cálido a veces, un poco más frío otras. Pero nada realmente malo ni extremo había ocurrido.

Durante los cien años siguientes, varias personas se fijaron en las mucho más antiguas rocas glaciales del Precámbrico. Los geólogos las habían comentado de pasada. Sir Douglas Mawson, el famoso explorador antártico que tenía bastantes conocimientos sobre el hielo, había identificado indicios de ellas en el sur de Australia, y sabía muy bien que se hallaban por todo el planeta. «En efecto», dijo en una carta a la Real Sociedad Geológica de Australia en 1948, «las glaciaciones del periodo Precámbrico fueron probablemente las más severas de toda la historia de la Tierra; de hecho, el mundo debió haber experimentado su mayor glaciación.»

Sin embargo, nadie le apoyó. Después del ridículo de Agassiz, ¿quién querría declarar que el hielo pudo haber sido global? ¿Quién propondría una idea tan arriesgada y se expondría así al inevitable ridículo? Alguien, tal vez, al que le gustara nadar contra corriente, que se tomase las cosas por lo que eran, y que confiara en sí mismo, sin importarle cómo le veían los demás y capaz de establecer sus propias normas sobre la posición social.

Brian Harland estaba cada vez más convencido de que el Precámbrico fue una época de hielo global, mucho más dramática que las ridículas glaciaciones posteriores. Para 1963 había preparado todos sus argumentos y partió hacia un congreso internacional en Newcastle, en el norte de Inglaterra. Estaba preparado para mostrar su idea al mundo.[7] Pero, al parecer, había escogido un momento muy poco adecuado para luchar por las rocas glaciales. De repente, estaba a punto de pasarse de moda.

Esto se debió principalmente a los esfuerzos de John Crowell, un geólogo de la Universidad de California, en Santa Barbara. A John le gustaba viajar a Inglaterra, y a pesar de que vivía en California, se había alistado en la marina británica durante la Segunda Guerra Mundial. Su trabajo era la geología, pero se formó en el campo de la meteorología para ayudar en el esfuerzo bélico. Fue uno de los tres científicos que calcularon la altura de las olas que experimentarían las tropas en el desembarco de Normandía. Ahora, de camino a aquella conferencia en Newcastle, tenía un trabajo que presentar que había nacido indirectamente de aquellas experiencias en Londres.[8] Había acumulado evidencias de que la mayoría de las llamadas rocas glaciales del mundo no tenían nada que ver con el hielo.

A través de su trabajo en el Almirantazgo, a John le había fascinado el comportamiento del mar un poco más allá de la costa. En particular, comenzó a investigar una formación de cañones submarinos cercanos a la costa de California. La mayoría de los geólogos asumen que estos cañones se formaron en tierra firme, y posteriormente fueron cubiertos por el agua. Pero John descubrió que el propio mundo submarino era un lugar muy violento, y que los cañones habían sido esculpidos por masivos corrimientos de lodo.

El suelo de los cañones contenían una mezcla de rocas, arena y piedras que había sido transportada sobre la espalda del lodo en movimiento. John se dio cuenta de que esto se parecía mucho a lo que supuestamente eran signos de un antiguo glaciar. Para él, las rocas mezcladas que se habían llamado «glaciales» durante décadas no eran ni más ni menos que el efecto de los corrimientos de lodo submarinos. ¿Cómo explicar la ubicuidad de estas rocas? Fácil. Hay corrimientos de lodo en todas partes.

La idea de John se hizo popular rápidamente. Había escrito algunos trabajos a finales de los años cincuenta, y muchos investigadores estaban asimilando sus ideas. Las modas vienen y van, en geología como en muchas otras disciplinas. Los corrimientos de lodo de John eran la nueva sensación –las rocas glaciales, ridículamente pasadas de moda–. Cuando Brian intentó hablar sobre su glaciación global en Newcastle, sus colegas no le prestaron atención. ¿No conocía los nuevos hallazgos? ¿Por qué seguía defendiendo una interpretación que había sido claramente superada?

En el autobús de vuelta del centro de conferencias, Brian se encontró sentado junto a John Crowell. Le contó a John todo sobre sus rocas glaciales de Svalbard, y sobre la idea de la gran glaciación infracámbrica. La respuesta de John fue amablemente, casi insoportablemente, enfurecedora. No están hechas por el hielo, le dijo John. Te voy a decir algo. ¿Por qué no busco financiación para ir yo mismo a Svalbard? Entonces podré comprobar como se han formado en realidad tus rocas.

A Brian le rechinaron los dientes. Conocía sus rocas. También sabía lo que hacía. No necesitaba que nadie más fuese allí y comprobara sus resultados.

En realidad, no es demasiado difícil distinguir la rocas glaciales de aquellas creadas por corrimientos de lodo. Cuando el hielo se mueve, las rocas que transporta a menudo presentan marcas de líneas apuntando todas en la misma dirección. Puedes distinguir a partir del tipo de roca si provienen de largas distancias o si se formaron cerca de la costa. En el sedimento se puede encontrar algunas rocas que aparecen solas y que han distorsionado levemente las lineas del lodo de su alrededor. Dichos objetos claramente cayeron sobre el estrato marino desde un iceberg que se derretía en la superficie. Brian sabía qué indicios debía buscar, y sabía que estaba ante los efectos del hielo. Pero nadie le creía, y la nueva teoría de John Crowell se mantuvo.

Durante las siguientes décadas, Brian publicó multitud de descripciones detalladas que demostraban que las mezclas de rocas precámbricas alrededor del mundo habían sido creadas por el hielo.[9] John Crowell, mientras tanto, viajaba a los cinco continentes, examinando las rocas, clasificándolas (a pesar de que, irónicamente, jamás fue a Svalbard). Al final, John y el resto del mundo cedieron. Brian, el hombre perpetuamente adelantado a su tiempo, resultó estar en lo cierto al fin y al cabo. «Estaba dispuesto a correr el riesgo», dijo John entonces, bastante arrepentido. «Y resultó que estaba más en lo cierto que nosotros los escépticos.»

Pero aquello todavía no era suficiente para los demás geólogos. Había más peligro para Brian acechando en el horizonte, en la forma de una antigua teoría: la deriva continental.

A principios de los sesenta, la geología estaba siendo sacudida hasta la médula. Antes, la mayoría de la gente creía que los continentes estaban fijados en su lugar. Después, casi todos creían que se habían movido. Comparado con esto, cualquier preocupación sobre el hielo parecía secundaria. Para los geólogos, el seguro y cómodo suelo bajo sus pies se estaba moviendo. Todos hablaban de ello.

La tectónica de placas, como se conoce la teoría, era la nueva manifestación de una idea antigua. A principios del siglo xx, el meteorólogo Alfred Wegener ya había planteado la controvertida hipótesis de que los continentes se movían por la superficie de la Tierra.

Wegener era un hombre dotado de una intensa curiosidad hacia el mundo que le rodeaba. A pesar de que su trabajo era estudiar la atmósfera, le era difícil resistirse a cualquier misterio geológico que se le cruzara en su camino. El planeta, creía Wegener, le tentaba con sus secretos. Después de un viaje al Ártico, escribió sobre las luces boreales, y cómo se maravilló por ellas. «Sobre nosotros... una poderosa sinfonía de luz sonaba en el más profundo silencio sobre nuestras cabezas, como mofándose de nuestros esfuerzos: ¡Ven aquí arriba e investigame! ¡Dime qué soy!»[10]

Astrónomo, geólogo y aventurero a tiempo parcial, participó en varias expediciones a las regiones polares, y llegó a interesarse por los globos aerostáticos. (A la edad de veintiséis años estableció un récord mundial junto a su hermano al volar sin interrupción durante cincuenta y dos horas.) A pesar de que había hecho importantes descubrimientos sobre la física de la atmósfera, así como del caprichoso comportamiento de los continentes, sus solicitudes de cátedra fueron rechazadas repetidamente, principalmente porque se negaba a confinar su investigación a una única área académica.[11] Lo quería saber todo enseguida.

A Wegener se le ocurrió la idea de la deriva continental alrededor de la Navidad de 1910. Observaba un mapamundi cuando le sorprendió la precisión con la que encajaban las costas de África y Suramérica. Parecían dos piezas de un rompecabezas. De repente se planteó si tal vez habían sido alguna vez parte del mismo continente, y se habían separado después. Intrigado, comenzó a encontrar más pruebas alrededor del mundo de que continentes remotos habían estado antaño conectados. Había antiguas planicies inundadas de lava en África y Suramérica que encajaban como las dos mitades de una mancha de café. Había fósiles animales del mismo tipo y mezclas a ambos lados del Atlántico. En un lugar tras otro, la geología o los fósiles encajaban sin lugar a duda los dos continentes que hoy están separados. Concluyó que los continentes se movían.

La idea era atrevida e intrigante –y fue ampliamente ridiculizada–. La mayoría del mundo geológico la rechazó. Les habían enseñado desde que nacieron que la superficie de la Tierra estaba firmemente fijada en su lugar, y la alternativa de Wegener les incomodaba de manera extrema. A Wegener no le ayudó proponer un ridículo mecanismo para explicar cómo se movían los continentes; erróneamente creyó que se movían a través de la sólida corteza de la Tierra como un buque rompehielo, a velocidades vertiginosas. Tampoco le ayudó que fuera un meteorólogo en vez de un «verdadero» geólogo, pese a que presentara pruebas geológicas que apoyaran sus afirmaciones.[12]

Pero Wegener no se rindió. Insistió y siguió acumulando pruebas, dedicando incansable energía y determinación a demostrar su propuesta. Pero antes de que pudiera convencer al mundo, su curiosidad le mató.

Murió durante una expedición a Groenlandia en 1930. El objetivo era establecer una estación en la cima del casquete de hielo, donde unos pocos investigadores pasarían el duro invierno groenlandés. Durante meses de aislamiento y oscuridad, lo estudiarían todo: el viento, la meteorología, las estrellas, las auroras, la nieve y el hielo. Pero la expedición encontró problemas desde el principio. Persistentes bloques de hielo flotante alejaron el buque de Wegener de la costa de Groenlandia durante treinta y ocho angustiosos días. Para cuando consiguieron atravesarlo y llegar a tierra, ya había pasado la mitad del verano. A pesar de que envió a su equipo avanzado para que estableciera la estación central, conocida como Mid-Ice, ya estaba preocupado de que no hubiera suficiente tiempo para abastecerla de cara al duro invierno polar que les esperaba.[13]

Con el tiempo, pero ya a final de temporada, el propio Wegener se dirigió a la estación central. Se llevó consigo a un equipo de groenlandeses contratados y quince trineos de perros llenos de provisiones. Las condiciones eran durísimas, y después de 160 kilómetros de tormenta y frío intenso, las personas contratadas se rebelaron. Wegener siguió adelante con tan sólo dos compañeros. Para cuando los tres llegaron a la estación de Mid-Ice, las temperaturas habían descendido hasta los cincuenta grados bajo cero, uno de sus compañeros estaba gravemente helado y no les quedaban suministros que entregar.

La situación era desesperada. La estación Mid-Ice apenas tenía suficiente comida y combustible para mantener a sus dos habituales ocupantes durante el invierno. Era imposible que los tres recién llegados pudieran quedarse. Wegener celebró su quincuagésimo cumpleaños el 31 de octubre y, llevando al groenlandés Rasmus Willumsen con él, partió de nuevo sobre el hielo.

Los detalles de lo que pasó a continuación son meros esbozos, recogidos de las pocas pistas que Wegener dejó tras de sí. A unos 250 kilómetros de la base, parece que abandonó su propio trineo y comenzó a esquiar junto al de Willumsen. Siempre había esquiado rápido. «El viaje jamás debe pararse», le decía a menudo a los compañeros de sus expediciones anteriores. «El paso natural de los perros es la velocidad normal a la que todos deben adaptarse.» Bonitas palabras para un joven, pero no para un hombre de cincuenta años, a media luz y con un frío penetrante, sobre una superficie en la que se habían formado ondas de duro hielo modeladas por el viento. En algún momento de esta escapada desesperada por su vida, Wegener sufrió un ataque al corazón y murió. Su cuerpo fue encontrado cuidadosamente enterrado en la nieve, la tumba marcada por una cruz hecha con sus esquíes. De su diario, como del de Willumsen, jamás se supo nada.

Wegener conocía los riesgos que entrañaba su ciencia. «Pase lo que pase», escribía antes de la expedición, «la causa no debe sufrir las consecuencias. Es aquello sagrado que nos une a todos. Debe ser mantenida a flote bajo toda circunstancia, por muy grande que deba ser el sacrificio. Ésta es, si le gusta llamarla así, mi religión expedicionaria. Garantiza, sobre todo, expediciones sin remordimientos».

El gobierno alemán ofreció enviar un buque de guerra para recoger el cuerpo de Wegener y oficiarle un funeral de estado. Su mujer se opuso, de manera que su cuerpo todavía yace en las profundidades del casquete de hielo de Groenlandia.[14] Algún día tal vez llegará hasta el mar, atrapado dentro de un iceberg. Si es así, cuando el hielo se funda, el cuerpo de Wegener se depositará sobre el lecho marino como una roca sedimentaria geológica.

Con la muerte de Wegener, la teoría de la deriva continental perdió a su mayor defensor y la idea hizo aguas. Pero unos pocos científicos mantuvieron encendida la llama para él y para su idea. Y para todo apasionado por la geología y el Ártico, Alfred Wegener se convirtió en el héroe perfecto.

A Brian Harland siempre le había interesado mucho la deriva continental, aunque dice que es por la idea, no por el hombre. La teoría fue propuesta en 1912, cinco años antes de que naciera Brian, y la conoció cuando todavía era un escolar. Encantado, dio una charla sobre ella a toda su escuela. Para entonces, la mayoría de los geólogos descartaban la teoría, y Brian no impresionó a sus profesores. En Cambridge, la deriva continental le ocasionó todavía más problemas. Cambridge era uno de los principales focos de rechazo de la teoría, y cuando Brian la mencionaba, nadie quería saber nada.

Pero a Brian no le molestaba en exceso. Creía que los hechos contarían su propia historia, y para él todo parecía apuntar hacia la deriva continental. La región oriental de Groenlandia, por ejemplo, tenía rocas que se parecían mucho a las del este de Svalbard, varios centenares de kilómetros más lejos. Pero entre ellas, al oeste de Svalbard, las rocas eran completamente diferentes, a pesar de que eran obviamente del mismo periodo. Brian estaba convencido de que Svalbard occidental había sido un pedazo de continente que había vagado hacia el norte y se había incrustado entre los otros dos sitios. Estaba convencido de que Wegener estaba en lo cierto.

Con el tiempo, todos acabaron por dar la razón a Brian. La mayoría de las rocas del mundo contienen minúsculas partículas magnéticas de hierro que actúan como brújulas, apuntando hacia el norte magnético. Pero al contrario que éstas, sus partículas no pueden girar libremente. Cuando la roca se solidifica, se congelan en su lugar, y si los continentes no se han movido desde entonces, todas las partículas magnéticas todavía deberían apuntar hacia el norte. Pero a principios de los años sesenta, la nueva ciencia del magnetismo lítico comenzó a revelar una sorpresa. Las rocas de los diferentes continentes tenían «brújulas» que apuntaban hacia «nortes» diferentes. La única explicación posible era que los continentes habían cambiado de posición desde que las rocas se habían formado.

Entonces los físicos se interesaron, y de pronto todos parecían tener nueva evidencia de que los continentes se habían movido. Para ser exactos, cabe decir que la nueva teoría de placas tectónicas era diferente a la de Wegener. La deriva continental sugería que los propios continentes se movían. Ahora sabemos que toda la superficie de la Tierra está dividida en placas que se mueven, algunas de las cuales llevan continentes sobre sus espaldas. Pero la idea de Wegener fue, en esencia, verificada.

Resulta irónico que está confirmación pusiera un obstáculo más ante la rueda de la *Snowball* de Brian. Si los continentes realmente se movían, había un manera mucho más sencilla de explicar las rocas de hielo de Brian que la idea de la glaciación global. Todo el mundo sabía que los polos están fríos y el ecuador caliente. Cada continente podía haberse movido hacia las regiones polares para recoger el hielo y más tarde alejarse.

Por supuesto, Brian ya había pensado en eso. Era un campeón de la deriva continental. Como había aclarado en sus trabajos sobre las rocas de hielo, ya habían intentado encajar todos los continentes en un grupo alrededor del polo. Pero sencillamente no era posible, pusiera como pusiera este rompecabezas geológico, no podía meter todos los continentes en las regiones polares. Siempre quedaban algunos al sol.

Pero la tectónica de placas estaba en boca de todos, y para muchos geólogos, los continentes en movimiento lo podían explicar todo. Brian se dio cuenta de que únicamente tenía una opción. Debía demostrar que por lo menos uno de los continentes se hallaba cerca del ecuador cuando se formó el hielo.

Esto, creyó, sería la prueba definitiva de que hubo una glaciación global, dado que es extremadamente difícil que se congele el ecuador sin congelarse todo lo demás. Los rayos de nuestro sol nos llegan sin trabas, en obstinadas líneas paralelas. En el ecuador llegan a la Tierra más o menos perpendicularmente. En los polos siempre llegan con un ángulo pequeño. Ilumina una linterna directamente sobre una hoja de papel, y verás un círculo definido. Ahora inclina la linterna y el círculo crecerá y se transformará en una elipse –la misma cantidad de luz repartida en una área mayor–. Lo mismo pasa con nuestro planeta esférico. La luz del sol en el ecuador, donde cae directamente sobre nuestras cabezas, es furiosamente intensa. Pero si te mueves hacia los polos, se dispersa.

La clave de nuestra geometría celestial es ésta: es fácil congelar los océanos polares o hacer glaciares en Alaska o la Antártida, incluso a nivel del mar sin la ayuda del ligero aire de montaña, pero si te acercas a los trópicos se vuelve más difícil encontrar hielo. Si las temperaturas habían bajado lo suficiente como para congelar el ecuador, necesariamente todo lo demás tuvo que congelarse también.

Para ver si el ecuador realmente se había congelado, Brian decidió adoptar la misma técnica que había sido utilizada para demostrar las teorías de Wegener: el magnetismo de las rocas. Muchas rocas tienen su propio certificado magnético de nacimiento, ya que adoptan la forma local del campo magnético de la Tierra. Éste tiene una forma clásica y característica. Clava un alambre encima de una naranja, dóblalo y clava la otra punta por debajo. Esto te dará una idea de cómo es el campo magnético de la Tierra. Sale disparado verticalmente de los polos y pasa horizontalmente por el ecuador. Si te sitúas en el norte magnético, el campo pasará por tu pie, por ejemplo, y saldrá por tu cabeza. Si estás en el ecuador, el campo pasará a través de ti horizontalmente, a través de tus caderas, cintura y hombros.

Cuando son jóvenes y blandas, las rocas todavía son impresionables; pueden quedarse con la imagen del campo magnético de la Tierra. Las partículas magnéticas que contienen se alinean con el campo magnético. A medida que la roca se comprime y se endurece, estas partículas se fijan en su lugar, y la dirección en la que apuntan indica dónde nacieron. Si su campo es vertical, proceden de los polos. Si es horizontal, proceden del ecuador. El magnetismo de las rocas es muy débil, mucho más que cualquier imán que pegas a tu nevera. Pero es posible medirlo.

Brian decidió intentar descubrir si sus muestras de rocas de Svalbard y el este de Noruega tenían campos magnéticos horizontales. Construyó un nuevo instrumento, tan sensible que podía detectar los temblores magnéticos causados por un ascensor a una distancia de 45 metros. Al principio se emocionó. Las rocas de Svalbard mostraban un campo magnético horizontal, exactamente lo que se espera de las rocas formadas cerca del ecuador.

Pero Brian no podía estar seguro del todo. El débil campo magnético de las rocas podía haberse alterado durante los cientos de millones de años que habían pasado desde que estas rocas se formaron. En los años sesenta, el estudio del magnetismo de las rocas estaba aún en su niñez. No había sofisticadas técnicas que descartaran esta posibilidad. Si el campo había sido alterado después de que las rocas se formaran, era imposible para Brian detectarlo.

Entonces el proyecto sufrió un golpe tremendo. Las autoridades de la universidad construyeron un aparcamiento delante del laboratorio. Cualquier intento de estudiar el magnetismo de las rocas sería en vano. Brian ya estaba trabajando al límite de la tecnología disponible. Los imanes líticos eran tan débiles, y los instrumentos para medirlos tan bastos, que cualquier cambio en el campo de su alrededor podía invalidar los resultados. Y ahora el campo magnético del laboratorio de Brian cambiaba cada vez que un coche entraba o salía.

Había publicado sus descubrimientos,[15] pero siempre supo que no había demostrado lo que quería. Sin embargo, continuó investigando la geología de Svalbard, organizando más de cuarenta expediciones en total. Con el tiempo, recopiló sus hallazgos en un galardonado libro, la guía geológica definitiva del archipiélago, que contenía 500.000 palabras y tardó cinco años en escribir.[16]

Brian nunca ha dejado de trabajar –no es de los que se jubilan–. Incluso en 1990, con setenta y tres años, todavía estudiaba las rocas de Svalbard durante el día, y dormía durante la noche en una tienda plantada en la costa. Gracias a su nuevo estado de especie protegida, los osos polares habían proliferado, de manera que el campamento estaba rodeado por un cable que disparaba un dispositivo con cartuchos de fogueo para asustar a los merodeadores. Pero Brian era especialmente escéptico respecto a esta amenaza. El cable, creía, no era más que un incordio –se disparaba a menudo por culpa de la gente patosa, pero jamás por los osos–. Su última expedición la realizó en 1992, pero no ha dejado de trabajar en las rocas de Svalbard de su colección. Ahora, a los 85 años de edad, todavía va a su oficina de Cambridge cada día.

A pesar de que Brian nunca consiguió demostrar su gran glaciación infracámbrica, siempre ha estado obstinadamente convencido de que estaba en lo cierto. Para hacer resurgir la idea, sin embargo, harían falta muchas más pruebas. Eso requeriría un científico extraordinario, alguien con vista para los problemas que hace tiempo se salieron de lo común, y que fuera también un experto mundial en magnetismo.

4
Momentos
magnéticos

Joe Kirschvink adora los imanes. Se podría decir que le atraen irresistiblemente, de hecho, ése es exactamente el tipo de broma fácil que haría Joe. Incluso ahora, al borde de los cincuenta años, le encanta hacer el payaso, con sus brillantes ojos redondos, y cejas que periódicamente se disparan hacia la frente. Es de constitución compacta, y bulle con energía e ideas. Su desordenado pelo y cuidado bigote son del color de la arena mojada.

Joe es profesor en el Instituto de Tecnología de California, situado entre las villas de Pasadena al sur de California. Los profesores de Caltech no se dan por vencidos fácilmente. Es una de las instituciones académicas más competitivas del mundo, poblada por algunos de los científicos más dotados. Trabajan largas horas, saben cómo venderse a sí mismos, esconden sus progresos celosamente y se aseguran de ir por delante. No es habitual cruzarte con un profesor de Caltech como Joe, que constantemente describe sus ideas como «locas», y te invita a llamarle loco. «Sinceramente», dice, «no me importa».

En realidad, Joe Kirschvink es uno de los cerebros más brillantes de Caltech. Su mejor cualidad es su capacidad para observar problemas antiguos de una forma completamente nueva. Le encantan los temas que los demás científicos evitan, aquellos que tienen un aura de misterio a su alrededor. Joe a menudo trabaja lejos de donde está situada la atención científica, pero acostumbra a hacer descubrimientos que atraen toda la atención hacia él. Y entonces continúa con otra cosa. Su lema podría ser «nunca descartes nada, nunca des nada por supuesto». En su clase de introducción a la geología, hace que cada estudiante escriba un informe «chiflado», en el que tienen que tener en cuenta una hipótesis extraña, a poder ser una que haya sido ridiculizada por la comunidad científica, y entonces describir cómo demostrarían rigurosamente su veracidad. Ejercicio que, por otra parte, encanta a los estudiantes.

Joe comenzó a experimentar con imanes cuando su padre estropeó el microondas de la familia con una explosiva pelota de golf. (Le habían dicho que las pelotas de golf calientes volaban más lejos e intentaba calentarla rápidamente.) Joe pudo jugar con los restos del aparato. Más tarde, cuando era estudiante en Caltech, utilizó su genio con los imanes en una tradición llamada «stacks». En algún momento de su último año, los estudiantes deben crear un elaborado cerrojo para sus puertas y retar a los novatos a entrar en sus habitaciones. El de Joe es legendario. Desde fuera, la puerta no tenía nada, tan sólo había algunos imanes y algunas pistas escritas. Pero en el interior, Joe había colocado una serie de interruptores magnéticos que debían ser accionados exactamente en el orden correcto para abrir la puerta. Desde fuera, los confiados cerrajeros debían mover un imán por diferentes puntos de la puerta en blanco usando únicamente las pistas escritas como guía. Cada movimiento erróneo era castigado con un potente trompetazo de *La marcha de las valquirias*. La cerradura demostró ser demasiado astuta incluso para los estudiantes de Caltech. Nadie consiguió abrir la puerta y reclamar los diez litros de helado que esperaban dentro.

Por entonces, a mediados de los años setenta, Joe comenzó a experimentar con imanes naturales. Durante un viaje a Australia se enteró de que se habían descubierto bacterias que buscaban el norte en Massachusetts. Estas criaturas habían adquirido un agudo recurso evolutivo. Las bacterias encuentran su comida en el fondo de las charcas y estanques, de manera que tienen un incentivo para saber en qué dirección está el fondo. En el hemisferio norte, las líneas del campo magnético de la Tierra se inclinan hacia abajo, de manera que para las bacterias «norte» es igual a «abajo» e igual a «comida». Para encontrar comida, sencillamente alinean sus imanes internos con las líneas inclinadas del campo de la Tierra y resbalan hacia abajo, como los bomberos por una barra.

Joe estaba en Australia cuando se enteró de estas extrañas bacterias magnéticas. Sabía que en el hemisferio sur, las líneas del campo magnético de la Tierra apuntaban en dirección contraria, de manera que ahí el «norte» estaba «arriba». ¿Qué pasaría, se preguntó, con las bacterias australes? De inmediato, salió corriendo a la búsqueda de posibles charcas donde encontrar bacterias. Usando una lupa y el imán que siempre llevaba encima, descubrió que las bacterias australianas nadaban siempre hacia el sur. Sus imanes internos estaban girados respecto a los de sus primas septentrionales.[1]

A los australianos les encantó. Joe se encontró a sí mismo sin esperarlo en la portada del *Canberra Times*, aguantando en la mano un vaso de precipitados lleno de fango bacteriano del sistema de alcantarillas de Fyshwick. Echó al Ayatolá Jomeini de los titulares. Sus bacterias que buscaban el sur se hicieron famosas, Joe las mostró ante un grupo de la Universidad de Canberra para que los geólogos pudieran ver cómo nadaban hacia adelante y hacia atrás cada vez que daba la vuelta al imán que aguantaba por debajo. Un chismoso, mirando por encima de su hombro, preguntó si les gustaba la cerveza. Joe dejó caer una gota de Foster's a un lado del vaso, y entonces giró el imán para que aquel lado fuera el «sur». Las bacterias galoparon hacia el líquido amarillento, pero tan pronto como lo probaron dieron media vuelta. Al parecer a las bacterias australianas no les gusta la cerveza. Más tarde, Joe hizo la misma prueba a las bacterias de su ciudad natal, Phoenix, Arizona. Las bacterias americanas no pensaron en dar la vuelta al encontrarse la Foster's. Nadaron directamente en la cerveza, y rápidamente murieron. «Murieron felices», dice Joe. Las bacterias americanas, a diferencia de las australianas, no saben decir basta cuando han bebido suficiente.

Joe simplemente bromeaba con la cerveza, pero estos experimentos eran, en el fondo, serios. Le intrigaba cómo el campo magnético de la Tierra podía afectar a las criaturas de su superficie. En Princeton, durante sus estudios de posgrado, descubrió minúsculos y puros imanes en los cerebros de abejas y palomas y demostró –para el asombro de todos– que los utilizaban para orientarse.[2] Este fue un caso típico de descubrimiento de la base científica de ideas que anteriormente habían sido ridiculizadas. Los aficionados a las palomas sabían desde hacía tiempo que no debían sacar sus pájaros durante una tormenta magnética. Los apicultores estaban convencidos de que sus abejas tenían un sentido innato de la dirección. Nadie más les creía. Joe puso la ciencia donde antes sólo había mitos. Sus hallazgos, hechos cuando todavía era un estudiante, se pueden encontrar hasta en el más serio de los libros de texto.

Joe también encontró imanes en los cerebros de peces, ballenas e incluso humanos.[3] Gracias a Joe, sabemos que todos llevamos minúsculos imanes incorporados en nuestras cabezas. Estos imanes incluso podrían ayudar a los humanos a orientarse, a pesar de que Joe nunca consiguió demostrar que utilicemos nuestros imanes de la forma en que las abejas y las palomas utilizan los suyos.

La obsesión de Joe con los imanes incluso se extiende a los nombres de sus hijos. Su mujer, Atsuko, es japonesa, y sus hijos se llaman Jiseki, que significa «magnetita» en japonés, y Koseko, «mineral». Jiseki vino primero, en 1984. Siendo el primer hijo, y con un linaje que ascendía, a través de Atsuko, hasta la familia imperial japonesa, el niño debía tener un nombre distintivo y con sentido –uno que fuera aprobado por los monjes del templo en Japón–. Esta aprobación se basaba en gran medida en el aspecto del nombre escrito. Una noche, después de muchas sugerencias infructuosas, Joe le preguntó a su mujer cómo se veía «magnetita». Ella escribió Jiseki. El nombre tenía una forma curiosa, como dos rayos cayendo junto a dos piedras, una encima de otra. Atsuko llamó a su madre en Japón, quien inmediatamente llevó el nombre al templo. Pasó todas las pruebas que el monje le puso.

Koseki, «mineral», apareció dos años más tarde. A pesar de que su nombre no pasó tantas pruebas del templo, era perfectamente aceptable, y todos estuvieron de acuerdo en que era la continuación lógica. ¿Y si hubiera habido un tercer hijo? Esto es lo que Joe dice sobre el que habría sido el siguiente nombre: «Además de con magnetita y minerales, también trabajo con meteoritos. La palabra japonesa para meteorito es *inseki*. Era el momento de parar».

Ahora Joe vive en Pasadena, pero Atsuko y los dos chicos viven al otro lado del Pacífico, en Japón. Joe va allí tres meses al año. Atsuko era muy infeliz en California, y Joe me contó con tristeza que ésta era la única manera que parecía funcionar: «He descubierto que si dos personas pasan el cien por cien de su tiempo juntos, y sólo son felices en un veinticinco por ciento, la vida es miserable. Pero si pasan un veinticinco por ciento de su tiempo juntos y son felices al cien por cien, la vida es mucho mejor».

Tal vez ésa es la razón por la que Joe es tan cercano a sus alumnos. Los trata como si fueran su familia. Les da responsabilidades, pero lo suaviza con apoyo incondicional. Saben que lo daría todo por ellos, y le quieren por eso. Dicen que es «generoso», «modesto» y «brillante». Todos tienen alguna «anécdota de Joe» que contar. Aquí hay una muestra. Joe, dicen, habla dos idiomas: «inglés» y «extranjero». Viaja por todo el mundo haciendo trabajo de campo, y después de cada nuevo viaje, su «extranjero» se vuelve más extraño. En una gasolinera de Baja California, Joe quería dar las gracias al anciano mexicano que le había puesto la gasolina y lavado el parabrisas. Joe acababa de volver de recoger muestras en Rusia y, confundido por un momento sobre qué rama de «extranjero» utilizar, dijo, «spasibo», que es «gracias» en ruso. Al mexicano se le iluminó la cara. «pozhalsta», dijo. «de nada». El mexicano resultó ser un inmigrante ruso. Sólo le podía haber pasado a Joe.

Todas las ideas de investigación de Joe incluyen los imanes de algún tipo, y habitualmente hay controversia de por medio. Pero esos son los únicos puntos en común. Allí donde haya imanes, sea biología, geología, química o astronomía, encontrarás a Joe. Sugirió que los animales podrían utilizar los campos magnéticos para notar terremotos inminentes. Incluso ha trabajado sobre la evidencia de vida extraterrestre en un meteorito procedente de Marte. (Este último trabajo se hizo en un laboratorio ultralimpio para evitar cualquier contaminación terrestre. En la puerta hay un signo que dice: «Esta es la puerta al planeta MARTE. Sólo aquellos de corazón, mente y cuerpo puros pueden entrar aquí.»)

Sin embargo, Joe no busca la controversia sin sentido. Sencillamente le gusta meterse en áreas en las que su poco común manera de pensar pueda aclarar disputas y resolver misterios. Es como un niño curioso y energético, empujado por el viento a seguir ahora esta idea, ahora aquella otra, cualquiera que atraiga su atención. Esto tiene una parte negativa. Joe mantiene que hace las cosas por diversión, no para obtener reconocimiento, y eso está bien. No demasiados comités de premios aprecian a los investigadores que trabajan en tantos campos diferentes y de manera tan salvajemente imaginativa. Los estudiantes de Joe murmuran sobre este tema furiosamente, convencidos de que no le han tenido en cuenta para la concesión de premios que sin lugar a duda creen que merece. Pero sus críticos dirían que abarca demasiado; trata demasiadas áreas diferentes, y no las investiga con suficiente profundidad.

Cuando la idea de una glaciación global atrajo la atención de Joe Kirschvink en los años ochenta, utilizó su mayor habilidad y acto seguido cayó ante su mayor debilidad. Realizó el que probablemente sea el avance mayor y más imaginativo que ha hecho nadie sobre la teoría. Sin sus hallazgos, la idea de la Snowball probablemente habría sucumbido. Pero entonces vino la debilidad: no siguió adelante. Se le ocurrieron ideas, creó una imagen global, y luego siguió hacia donde el viento le llevaba.

La saga personal de Joe con la *Snowball* comenzó un día de 1986 cuando recibió un manuscrito de una importante publicación geológica. El trabajo trataba sobre un tema que caía dentro del área magnética en la que Joe era experto, y el periódico quería saber si debían publicarlo. No es sorprendente que, dado que el mundo de los fanáticos de los imanes es pequeño, conociera a los investigadores que lo habían escrito. George Williams, entonces de la compañía minera Broken Hill cerca de Adelaida, Australia, y Brian Embleton de Sydney, habían estado estudiando un pequeño yacimiento en el sur de Australia, que estaba lleno de piedras caídas de icebergs, y los demás signos de una congelación profunda. Los investigadores querían saber dónde habían nacido las rocas glaciales: ¿cerca de los polos, como cabe esperar, o cerca del ecuador?

Recordemos que el campo magnético congelado en la roca en su nacimiento nos dice mucho sobre su lugar de origen. Si el campo es vertical, la roca nació cerca de los polos. Si es horizontal, entonces procede del ecuador. Y según el trabajo que Joe tenía sobre su mesa, las rocas glaciales del sur de Australia no podrían tener un campo más horizontal. Este lugar, afirmaban los investigadores, había estado cubierto de hielo a escasos grados del ecuador.

A Joe no le impresionó. Este trabajo tenía las mismas limitaciones que el trabajo de Brian Harland. Para que las conclusiones fueran válidas, los investigadores debían demostrar que el campo había sido congelado en las rocas en el momento de su nacimiento, algo que Brian nunca había conseguido. Había varias maneras de que el campo original hubiera sido borrado y reemplazado por otro. Calentando rocas a suficiente temperatura hace que pierdan su memoria magnética –como dejar una tarjeta de crédito sobre un radiador–. El agua que fluye por los poros también puede depositar nuevos minerales magnéticos en el interior, que adoptan la dirección del campo del lugar donde se asientan en el interior de la roca. Por cualquiera de estas razones, Williams y Embleton podrían estar leyendo un certificado de nacimiento falso.

A medida que Joe leía el trabajo, se dio cuenta de que había formas de encontrar la prueba necesaria. El tiempo y las técnicas habían avanzado desde los días de Brian Harland, y ahora había formas de comprobar si el campo había sido reemplazado. En el trabajo que estaba leyendo, Williams y Embleton no habían utilizado dichas técnicas. Joe recomendó que no se publicara.[4]

Pero había algo en este manuscrito que picó la vivaz curiosidad de Joe. ¿Podría haber habido realmente hielo en el ecuador? Joe creía que ya conocía una razón infalible por la que la Tierra no se podría haber congelado hasta tal extremo. La nieve y el hielo son cegadores. Reflejan la luz del sol. Una Tierra blanca y brillante mandaría los rayos del sol de nuevo hacía el espacio. De manera que si la Tierra alguna vez entraba en ese estado, creía Joe, era imposible que saliese de él.

Todo eso había sido sugerido en los años sesenta. Mientras Brian Harland investigaba las rocas de Svalbard, un joven climatólogo ruso, Mikhail Budyko, jugaba con esta idea: ¿qué pasaría si se dejara que el hielo se esparciera libremente por la Tierra? Budyko preparó un sencillo modelo en el que el hielo comenzaba en los polos, pero podía crecer a voluntad, y dejó que el modelo evolucionara.

El resultado le horrorizó. El hielo blanco de los polos de su modelo reflejaba la luz del sol, haciendo que la Tierra fuera un poco más fría. Como las temperaturas eran más bajas, creció más el hielo, que reflejaba más la luz del sol, y así en adelante. El hielo del modelo de Budyko creció y se expandió hasta que fue imparable. Cuando el hielo alcanzó los trópicos, hubo un punto de inflexión y toda la Tierra se congeló.

Ésta era la «catástrofe de hielo». Después, no podía haber vuelta atrás. Si la Tierra alguna vez se hubiera congelado así, su blanca y brillante superficie habría reflejado la luz del sol de nuevo hacia el espacio. Y eso, creía Budyko, hubiera sido un desastre. El planeta se hubiera enfriado catastróficamente, y el hielo jamás se hubiera vuelto a fundir. De una catástrofe de hielo, decidió, no hay manera de escapar. La Tierra se vería condenada a girar por el espacio, gélida y sin vida.

Obviamente esto no sucedió. De manera igualmente obvia, arguyó Budyko, la Tierra no se congeló jamás completamente. Budyko, y el resto del mundo, concluyeron que esta catástrofe de hielo jamás pudo suceder. Parecía haber dado una razón más por la cual la Snowball no pudo haber sucedido.

Dos décadas más tarde, en los años ochenta, Joe Kirschvink lo sabía todo sobre la catástrofe de hielo de Budyko. Todo el mundo lo sabía. Y también conocía su corolario: la Tierra no se puede congelar. Si los geólogos obtenían una Tierra blanca como resultado de sus modelos, sencillamente tiraban aquellos resultados a la basura.

Sabiendo esto, ¿qué decir sobre las nuevas pruebas del trabajo de Williams y Embleton? Tal vez, creyó Joe, debería investigar un poco más. Un geólogo australiano al que Joe conocía resultó ir de viaje a la zona de Williams y Embleton en el sur de Australia, y Joe le dio una brújula. «Recójeme una muestra o dos», dijo Joe. «Nada espectacular, muestras pequeñas. Pero comprueba su orientación cuando las saques del yacimiento.»

El interior de Australia tiene muchos aspectos. Está el famoso centro rojo donde se encuentran Uluru y Alice Springs, así como la extraña ciudad minera de Coober Pedy, el mayor productor mundial de preciosos ópalos. El calor del verano es tan intenso que la mitad de su magra población vive bajo tierra en unas «excavaciones» de barro, y el escenario postapocalíptico es la inspiración de productores cinematográficos. Pero también hay una vida salvaje menos dura, varios cientos de kilómetros al sur de Coober Pedy, de camino hacia Adelaida y hacia la civilización. Ahí están los Flinder Ranges con sus valles polvorientos y filas y filas de montañas redondas. Es un territorio más suave que el centro rojo y sus colores son más pálidos. Y ha desempeñado muchos papeles en la historia de la *Snowball.*

El principal camino hacia los Flinders serpentea por un valle estrecho, al pie de una puntiaguda montaña llamada el Pico del Demonio. De ahí, del Paso Pichi Richi, proceden las muestras de Joe. Para llegar hasta el afloramiento, se tiene que escalar una verja metálica hasta un terreno desnudo y rocoso manchado de trozos de hierba seca. La temporada para ir allí es en invierno, ya que durante el verano austral el calor sería insoportable. Incluso en marzo, la temperatura rápidamente alcanza los 35 grados o más. Por lo menos, podemos contar con la compasiva sombra bajo los eucaliptos con la corteza arrancada a tiras y troncos blancos desnudos, y el ocasional roble del desierto con las cáscaras negras de sus frutos todavía colgando de las ramas desnudas.

A través de los árboles, una ladera baja hasta el suelo de un torrente seco, apenas adornada por trozos de hierba amarilla, a cuyos pies hay una mezcla de rocas de color de barro con un extraño toque rosado. Las rocas son todavía más raras vistas de cerca. Todas están repletas de rítmicas líneas negras, como si hubieran sido pintadas en cuidadosas paralelas.

Las líneas, sin embargo, son anteriores a los artistas por centenares de millones de años. Son los últimos restos de antiguas mareas. Anteriormente, esta zona estaba cubierta por el agua, justo delante de un estuario. La marea inundaba la tierra firme, llevando consigo un polvo de fina arena. A medida que la marea retrocedía, la arena volvía hacia el mar y era depositada exactamente sobre Pichi Richi. Dentro y fuera, retroceso e inundación, a medida que la arena aterrizaba periódicamente sobre el barro, se fueron formado los dibujos rítmicos. Al final se solidificaron, convirtiendose en grupos de líneas oscuras y regulares contra un fondo de arenisca rojiza. Dichas rocas se llaman «ritmitas de mareas», y son poco comunes. Un par de buenas olas pueden destruir el dibujo antes de que se solidifique del todo. Pero de alguna manera el lecho marino de los alrededores estaba protegido de las olas, y las capas sobrevivieron.

George Williams, el investigador cuyo trabajo despertó la curiosidad de Joe, ya había usado las ritmitas para determinar exactamente la duración de los días cuando la Tierra era joven. No siempre los días han durado un poco más de veinticuatro horas, como sucede ahora. Desde el torbellino de su juventud, la Tierra ha ido reduciendo la velocidad sobre su eje y los días se han ido volviendo más largos. Esos cortos días están congelados en los dibujos rítmicos de las rocas de Pichi Richi. A partir de los ciclos mensuales de mareas que midió allí, Williams dedujo el número de días en un mes Precámbrico, y el número de meses en un año. Cuando las ritmitas todavía eran lodo y arena, hace poco más de 600 millones de años, un año duraba trece meses, y un día duraba menos de veintidós horas.[6]

Pero para la historia de la Snowball, las ritmitas tienen un papel más importante que interpretar: sus claras líneas indican cómo se deformó la roca durante su formación. Joe pensaba utilizar estos pliegues como la prueba definitiva sobre si el campo magnético de la roca provenía de su lugar de nacimiento.

Imagina un bloque de algo flexible –una goma de borrar, por ejemplo–. Ahora coge un lápiz y dibuja líneas horizontales a lo largo del costado de la goma, de manera que, visto de lado, parezca un pastel formado por varias capas. Si doblas la goma formado un arco, las líneas también se doblan, siguiendo la curva del arco. Sin embargo, si primero doblas la goma, y luego dibujas las líneas horizontales, las líneas no seguirán en absoluto la forma del arco. Lo cortarán. Una prueba de pliegues funciona igual. Si el campo magnético de la roca se formó antes de plegarse, las líneas de campo seguirán la curva. Pero si fueron sobreimpresas más tarde durante la vida de la roca, cortarán la curva, ignorando completamente su forma.

De manera que Joe cogió un bloque de roca de Pichi Richi cuyas oscuras líneas de marea se habían doblado claramente formando un arco, y comenzó a investigar. ¿Seguían las líneas del campo magnético una curva, demostrando que eran originales, o cortaban a través de ellas, demostrando que habían sido superpuestas?

Un estudiante de posgrado hizo las laboriosas mediciones y entregó los resultados a Joe, quien quedó estupefacto. Las líneas parecían seguir la curva. Ésto cambiaba la situación dramáticamente. Probablemente el campo ecuatorial plano realmente provenía de la misma época que el hielo.

Y entonces tuvo otra idea.

Durante un viaje de trabajo de campo a Canadá, se había dado cuenta de que entre las capas de rocas precámbricas había gruesas capas rojas de rocas férreas. Eso planteaba un misterio. Las rocas de hierro provienen de una época muy anterior en la historia de la Tierra, cuando el oxígeno apareció por primera vez en la atmósfera. Antes de que hubiera oxígeno, los mares estaban llenos de hierro disuelto que provenía del interior de la Tierra, saliendo de volcanes submarinos y chimeneas marinas profundas. Pero cuando el aire se llenó de oxígeno, el hierro del océano literalmente se oxidó. Se convirtió en óxido de hierro sólido y se depositó sobre el lecho marino para formar las capas de roca de hierro que se pueden ver hoy en día. Todo tiene sentido. Pero entonces las rocas de hierro se pararon. Dado que el aire estaba lleno de oxígeno, el hierro disuelto jamás alcanzaba tanta concentración como antes, y ya no hubo más capas de roca de hierro.

Y así hasta una extraña irregularidad hace unos pocos millones de años, aquella que produjo las rocas que Joe vio en Canadá. Aparecen por otros lugares del mundo, y siempre en el mismo periodo geológico –justo hacia el final del Precámbrico, justo antes de que surgieran los primeros animales complejos del limo, justo alrededor de la época de las misteriosas rocas glaciales–. Y luego, poco después, desaparecen de nuevo. El Precámbrico tardío es la única época, además de los inicios de la Tierra, en la que aparecen las rocas de hierro en toda la historia de nuestro planeta. La pregunta es por qué.

Joe se dio cuenta de que tal vez tenía la respuesta. Tal vez el hielo era la causa. Si los océanos se habían congelado, tal vez el agua marina había sido separada del aire lo suficiente como para que se acumulara mucho hierro disuelto de los volcanes submarinos. Si el hielo se fundió entonces y expuso todo este hierro al aire, entonces –¡boom!– se oxidaría de nuevo, y un nuevo grupo de rocas de hierro nacería.

Todo comenzaba a tener sentido. El magnetismo de Pichi Richi parecía indicar que había hielo en el ecuador. Ése es el lugar más caliente de la Tierra. Si el ecuador se congela, todo lo demás también debe congelarse. Y ahora las rocas de hielo proporcionaban evidencia independiente de que los océanos se habían congelado al mismo tiempo. Cuatro años antes de que Paul fuera a Namibia por primera vez, Joe estaba, de repente, ante la idea de una congelación completa.

Estaba intrigado, pero también confuso. Quería creer en una congelación global, pero ¿qué hacer sobre la evidencia contraria de la catástrofe de hielo de Budyko? La Tierra no pudo haberse congelado, de lo contrario, habría permanecido congelada para siempre. Y sin embargo, Joe había visto las pruebas del hielo ecuatorial con sus propios ojos, y medido con sus propios instrumentos. En la ciencia, como en la vida, cuando la teoría choca con la práctica, habitualmente la teoría está equivocada. Pero por mucho que lo intentaba, Joe no daba con la explicación. El hielo comenzó a perseguirle en sueños. Se encontraba a sí mismo dando vueltas por la noche, despertándose en medio del sudor, pensando, «¿la Tierra realmente hizo esto?».

Y entonces lo encontró de repente. Descubrió una forma de salir de la catástrofe de hielo. Los derretidores de la bola de nieve, los evasores de la catástrofe de hielo, eran los volcanes. Antes, como ahora, la Tierra estaba llena de volcanes, que periódicamente escupían roca fundida y calor. La *Snowball* no pudo pararlos. Podían entrar en erupción perfectamente, incluso bajo el hielo, de la misma manera que lo hacen hoy en día en Islandia.

La lava de estos volcanes no habría sido suficiente, por sí misma, para fundir la *Snowball*. Pero cuando los volcanes expulsan la lava, también sale gas. Grandes chorros de gas salen de los costados de los volcanes activos. Una erupción puede lanzar a la atmósfera grandes nubes de gas. Burbujas de gas ascienden desde los volcanes submarinos hasta la superficie. Y uno de los principales gases que salen del corazón de un volcán es también un villano del mundo actual: el dióxido de carbono.

El dióxido de carbono, CO_2, es el gas que nos amenaza a todos con el calentamiento global. Cada molécula de dióxido de carbono atrapa un poco de calor. Cuanto más CO_2 tengas en la atmósfera, más calor atrapas. El efecto es como el de un invernadero. El dióxido de carbono deja pasar la luz del sol, pero evita que el calor del cuerpo de la Tierra escape, proporcionando una manera muy efectiva y confortable de calentar un planeta.

Y Joe, de repente, se dio cuenta de lo siguiente. Cada erupción volcánica expulsaría un poco más de CO_2 a la atmósfera, y gradualmente se iría construyendo el invernadero. El dióxido de carbono se acumularía en el aire, y envolvería la Tierra en una manta de calor. Esta manta atraparía más y más calor, y después de millones de años el calor finalmente derretiría la *Snowball*.

Esta idea es más astuta de lo que parece. En condiciones normales, el dióxido de carbono no se acumula de esta manera en el aire. Los volcanes entran en erupción siempre, pero la Tierra tiene una especie de termostato incorporado operado por la lluvia, que lava el exceso de CO_2. Cuando la lluvia cae a través del aire captura CO_2 y, como resultado, se vuelve ligeramente ácida. La lluvia ácida cae sobre las rocas y reacciona químicamente con ellas, pasándoles su carga de CO_2. A través de este mecanismo, el exceso de CO_2 se saca del aire y se atrapa dentro de una nueva matriz rocosa. Durante millones de años, la Tierra se mantiene más o menos equilibrada, nunca demasiado fría ni demasiado caliente.

Pero si el planeta se congela y sus rocas se cubren de hielo, el termostato de CO_2 se apaga. Ahora hay mucho que dar pero nada que tomar. Los volcanes siguen expulsando dióxido de carbono, pero las rocas cubiertas de hielo no pueden reabsorberlo. Sin mantenerlo a raya, el efecto invernadero del CO_2 crece y crece hasta que es diez veces, incluso cien veces más intenso del que tenemos hoy. Con nuestros ridículos esfuerzos para contaminar nuestra atmósfera quemando petróleo y carbón, tal vez doblemos la cantidad de dióxido de carbono. A lo largo de millones de años los volcanes desbocados pueden haber disparado los niveles de CO_2 mucho más lejos que la imaginación más salvaje de cualquier compañía petrolífera. La atmósfera de la Tierra se habría convertido en un horno.

Las consecuencias del derretimiento habrían sido el infierno sobre la Tierra. Dante, dice Joe, habría estado orgulloso de ello. Durante decenas de miles de años –hasta que el exceso de dióxido de carbono fue finalmente atrapado de nuevo en las rocas, y el horno se apagó– cualquier criatura del limo que hubiera sobrevivido a la congelación se habría quedado chamuscada. Éstas eran las condiciones necesarias, tal vez, para eliminar a todos excepto a unos pocos, y preparar el escenario para la aparición de un nuevo tipo de vida.

La idea de Joe era ingeniosa. ¿Pero qué hizo con ella? ¿Embarcarse en una ronda de conferencias y presentaciones presentándosela a sus colegas? ¿Publicar la idea en alguna revista científica de fama mundial? No exactamente. A pesar de que el mundo académico se basa en las presentaciones, conferencias y las publicaciones, Joe apenas hizo nada. El estudiante que había hecho las mediciones del pliegue de Pichi Richi presentó los resultados en un único congreso académico,[7] pero jamás los escribió. Joe recogió sus pensamientos sobre la *Snowball* en un minúsculo trabajo de dos páginas, en el que planteó su idea sobre los volcanes en apenas un par de insignificantes frases.[8] El trabajo tardó cuatro años en salir a la luz en un confuso libro, una vasta monografía leída únicamente por los más entregados.

Joe todavía no puede explicarse por qué no cogió su brillante idea y corrió con ella. Años más tarde, cuando leyó el trabajo de Paul Hoffman, se disgustó. «Maldición. ¿Por qué no pensé en eso?». Pero para entonces ya se había movido hacia otros campos, empujado por sus estudiantes de posgrado hacia sus propias áreas de interés. Tal vez sencillamente no tenía suficiente confianza en su congelación profunda. Era otra idea «chiflada» entre las demás.

Sin embargo, Joe había conseguido demostrar antes que nadie que había habido hielo en el ecuador. Había divisado una descongelación global, una salida al mayor problema que presentaba la idea. De alguna manera, había reunido las partes de la historia. Lo que se necesitaba ahora eran pruebas de que estaba en lo cierto. ¿Quedaba algún rastro sobre la Tierra de su superinvernadero global? ¿Podía alguien realmente descubrir lo que le había pasado a la vida en los océanos durante la glaciación global, y durante su caliente continuación?

Mientras, Joe aportó otra parte fundamental para la idea. Brian Harland había llamado esta glaciación global la gran glaciación infracámbrica. Joe estaba hecho de un material más espontáneo. Recordaba cómo de niño se había mudado de Arizona a Seattle, donde había soportado tres miserables inviernos congelados. Al principio, la nieve húmeda de Seattle le divirtió, pero rápidamente aprendió a apretarla alrededor de una roca para hacer una bola de nieve que tuviera un impacto máximo. ¿Qué era la gran glaciación infracámbrica de Harland alrededor de un planeta rocoso? John rebautizó la glaciación con el nombre que ha llevado desde entonces: *Snowball Earth*.

También hizo una cosa más, algo que demostraría ser crucial. En una conferencia en Washington, D.C., en 1989, Joe estuvo charlando con Paul Hoffman durante la cena. Por entonces, Paul todavía trabajaba en Canadá. Ni siquiera había encontrado las rocas de hielo de Namibia. Pero mientras comían, Joe le contó a Paul su última alocada teoría. Esa noche plantó una semilla en la mente de Paul, y cuando éste encontró pistas cruciales en las rocas de hielo de Namibia, la semilla germinó.

5

Eureka

Desde el momento en que Paul Hoffman se obsesionó por las rocas de hielo de Namibia, sintió que con el tiempo le podrían revelar algún detalle de la historia de la Tierra. A lo largo de los años noventa fue cada año a estudiarlas. Era donde quería estar, animado con un nuevo proyecto, y era tan feliz en África como lo había sido en el Ártico canadiense.

Cada temporada iba más entusiasmado de afloramiento en afloramiento, consiguiendo que su trabajo de campo valiera la pena en cada momento. Los días de descanso no existían. Los días que no dedicaba a los afloramientos, los empleaba en viajar de uno a otro. Algunos días escalaba montañas, trepaba entre las rocas o descendía entre barrancos y torrenteras, con paso rápido pero firme. A lo largo de la escalada iba haciendo su trabajo; anotaba qué tipos de roca yacían allí, la composición de la roca, si provenía de un delta, un río, de los lechos oceánicos, y cómo eso afectaba a las rocas de su alrededor. Ponía una fina capa de plástico de Mylar transparente sobre una fotografía aérea y anotaba encima los tipos de roca con un lápiz afilado. Hacía alguna parada en determinado tramo para medir las rocas, sacaba una regla plegable de carpintero y medía el grosor metro a metro. Apuntaba todas sus peculiaridades en su cuaderno amarillo resistente al agua (para no mancharlo de sudor −no llueve en el desierto de Namibia durante la estación seca−). Desarrolló su propia taquigrafía de pulcros jeroglíficos para la piedra arenisca y la piedra arcillosa, la diamictita y el carbonato, y las diferencias de dureza entre ellas.

En la geología de campo estándar lo primero que se debe hacer en un nuevo yacimiento de campo es trazar un dibujo detallado de todo el terreno geológico. Ningún descubrimiento geológico recibe el menor reconocimiento entre los expertos a menos que puedan entender y describir perfectamente el entorno donde fue hallado.

En algunas ocasiones, Paul cogía muestras; llevaba siempre un martillo de geólogo y rompía algunos pedazos de la roca. Hay algo en el hecho de llevar en la mano un martillo de geólogo que hace que quieras destrozar rocas. Sostén uno en tu mano y te verás empujado a dar un buen golpe a cualquier cosa que se cruce en tu camino. A pesar de ello, esculpir a mano una muestra que tenga el tamaño exacto de tu bolsillo requiere bastante destreza, y Paul es bueno, realmente bueno en eso. Si fracasara en su carrera geológica podría ganarse la vida como escultor de piedras decorativas.

Por ejemplo, cuando quiere una muestra de una estructura en particular, o algo que muestre exactamente cómo es el contacto entre dos rocas diferentes, sostiene en una mano un pedazo de roca difícil de manejar y la va esculpiendo como quien no quiere la cosa. Tac, smac, smac, y los pedazos inservibles van cayendo de forma prodigiosa, mientras que los trozos aprovechables se mantienen intactos. Al parecer el truco está en escoger la muestra adecuada, y entonces golpear en el lugar preciso, con el ángulo apropiado y con la cantidad de fuerza correcta, utilizando las propias imperfecciones de la piedra para romperla. Cuando se tiene que coger una muestra y hay alguien con él no puede resistirse a mostrarle su habilidad. Es enloquecedor verle, y es también curiosamente inspirador. Deseas escaparte furtivamente y practicar, quieres hacerlo tan bien como él.

Cada día Paul dedicaba a las afloraciones todo el tiempo que podía, a veces incluso demasiado. Muchas veces tenía que correr hacia el campamento antes de que empezara la dura noche de Namibia. La superficie de las rocas era áspera, como papel de lija, si hubiera caído sobre ellas su piel se habría hecho trizas. Las noches eran frías y oscuras. La temporada de trabajo de campo de Paul abarcaba el invierno Namibio; mientras que los días aún eran calurosos, incluso durante las noches las temperaturas descendían rápidamente hasta llegar a los cero grados. Una vez en el campamento, lo primera era construir una hoguera dentro de un hoyo en la arena, y entonces acurrucarse a su alrededor amontonados sobre las neveras portátiles que les servían de sillas.

La preparación de la cena se hacía a la luz de una linterna frontal. Pelaba y cortaba los alimentos en una mesa plegable y usaba una llamativa hoja de plástico para untar. (Realmente era muy vistosa, piensa en algo muy vistoso de color rosa y flores púrpura, que impactaba incluso a la luz de la linterna.) Habitualmente tenía vegetales frescos en la nevera, como pimienta o judías, aunque podían tener las puntas un poco raídas si hacía algunas semanas desde el último abastecimiento. Los cocinaba en una cazuela sobre el fuego con cebollas, ajo y latas de pescado, quizás también champiñones, cangrejo, gambas o atún. Entonces podían elegir entre arroz, pasta o patatas. Erica, la esposa de Paul se quedó estupefacta la única vez que le vio cocinar en el Ártico canadiense, puesto que en casa, Paul era un desastre en las tareas domésticas. Incluso en el campo, el mejor cocinero de entre sus estudiantes cedía ante sus extravagancias. Paul echaba pepino al estofado. Una vez un estudiante experto en cocina italiana le pilló añadiendo jengibre a una salsa para espaguetis. Después de un día duro en el campo podrías comerte cualquier cosa, podrías mojar en la comida un negruzco pan de molde mientras bebes a sorbos una cerveza namibia como si fuera la mejor cerveza del mundo. Y luego, en la oscuridad, lavas cuidadosamente tu plato con la escasa ración de agua permitida. Paul tenía sus propios utensilios en Namibia, su bol de plástico rojo y una enorme taza de café blanca, con el borde negro. Siempre bromeaba con sus pertenencias, pero nadie excepto él las tocaba.

El agua era un bien escaso. En Namibia hay cientos de kilómetros de costa, pero ni un solo río que mantenga su caudal todo el año. Está repleto de riachuelos, en los que corre el agua fugazmente durante la estación húmeda, cuando hace demasiado calor para trabajar. Pero cuando Paul llegó a Namibia todos los ríos estaban secos, tenía que transportar el agua en barriles gigantes de plástico en la parte trasera del Toyota. El agua era lo que limitaba la jornada, marcaba el tiempo que podían estar en el campo antes de ir otra vez al pueblo a por un nuevo abastecimiento. Ésta se destinaba estrictamente a beber y cocinar. Lavar estaba prohibido. Incluso te sientes obligado a tragarte el agua que usas para lavarte los dientes en lugar de malgastarla escupiéndola. No obstante, la falta de agua es una bendición. Namibia está repleta de vida salvaje, pero la mayoría rehuye las regiones más áridas; leones, guepardos, rinocerontes y leopardos, todos ellos dependen del agua para sobrevivir.

A pesar de todo el desierto también tiene peligros. Una tarde Paul estaba conduciendo a lo largo del cauce del río Ugab, que estaba completamente seco. La luz del sol empezaba a desvanecerse y Paul encendió los faros de la camioneta. Empezó a preocuparse. En Namibia la oscuridad lo cubría todo rápidamente, y en muy poco tiempo sería demasiado tarde para montar un campamento decente. Paul serpenteo rápidamente cañón abajo conduciendo sobre el lecho arenoso del río, esquivando las rocas y las ramas, que yacían allí debido a una antigua riada. A la luz de los faros pudo distinguir un tronco oscuro y grueso, aproximadamente de unos tres metros tumbado en la arena. No había por qué preocuparse, el Toyota podía sortearlo. Sin embargo, en el último momento Paul se desvió bruscamente para evitarlo, y aún así acabó chocando contra él. Parecía que el tronco se hubiera movido a su paso.

Estaba muy intrigado. Retrocedió muy despacio, y se asomó para intentar ver la escena con los faros traseros. El tronco había desaparecido. No, se estaba levantando y se dirigía rápidamente hacia el vehículo. Su altura era aproximadamente de metro y medio, justo para alcanzar la ventanilla abierta del Toyota. Paul pudo distinguir que tenía curiosos anillos amarillos a lo largo de su cuerpo. Era una serpiente cebra, una cobra escupidora. Había desplegado su cuello negro, que hacía que aún tuviera un aspecto más fiero, y a través del retrovisor parecía preocupantemente grande. Paul recuerda que le dieron ganas de reír. Era igual que la escena del Tiranosaurius Rex de *Parque Jurásico,* cuando éste se reflejaba en el retrovisor sobre una advertencia que decía: «Los objetos reflejados en el espejo están más cerca de lo que parece».

No obstante, Paul sabía también que la serpiente cebra era mortalmente peligrosa –la toxina de su veneno podría paralizar sus músculos y cortarle la respiración en un instante–. No tenía nada parecido a un antídoto y de todas formas, el antídoto se debía conservar en frío y tampoco tenía nevera. Sin respiración artificial inmediata se ahogaría. Si alguien le practicara el boca a boca durante todo el camino de vuelta a través de los cañones tortuosos, en la oscuridad, a lo largo de los caminos hacia la aldea más cercana, para seguir desde allí hacia algún pueblo que quizá tuviera hospital, entonces podría sobrevivir sin demasiadas secuelas cerebrales. Además, la serpiente cebra ni siquiera necesita morderte, por algo la llaman también «cobra escupidora». Normalmente son bastante tímidas, pero si las provocan pueden escupir su veneno citotóxico a una distancia de dos o más metros. A ésta claramente la habían provocado, así que Paul subió la ventanilla inmediatamente.

El libro sobre serpientes que estaba en la guantera del acompañante del Toyota de Paul contenía imágenes espeluznantes. Junto a las descripciones de las serpientes del sur de África, podías ver los efectos que producía su veneno a los humanos: brazos, piernas y manos gangrenadas, unidas a cuerpos con expresiones de dolor y desesperanza; extremidades y torsos punzados rodeados de piel negruzca, azul, amarilla, hinchada, escarada y enrojecida. «No leas el libro de las serpientes», advierte Paul a cada recién llegado, a los que realizan su primer trabajo de campo y a los ingenuos estudiantes graduados. «Sólo te provocará pesadillas». Todos hacen lo mismo, inmediatamente abren el libro y lo escudriñan ávidamente.

La primera vez que vas a Namibia te advierten que nunca desenrolles tu saco de dormir hasta un minuto antes de acostarte. Cada mañana cuando te levantas, debes enrollarlo y atarlo con fuerza. Todos conocen la historia del estudiante imprudente que dejó su saco sin enrollar en el campamento de Khorixas, y también de la serpiente cebra que se deslizó durante el día y le esperó, hasta que él se retiró a su tienda. Pudo sobrevivir gracias a que estaban muy cerca del pueblo. Cuando estás acampando al aire libre, en zonas remotas de los desiertos de Namibia, no necesitas oír por segunda vez esta historia.

Paul renunció a preocuparse por las serpientes de Namibia. Decía que eran tímidas, era poco corriente encontrárselas y, llegado el caso, estarían más que felices evitándole. Durante los años que pasó trabajando en Namibia, sólo tuvo un encuentro con otra serpiente peligrosa –una Mamba negra, la más agresiva y mortal de todas las del horrible libro de Paul–. A pesar de esto, Paul ni siquiera llegó a verla, el geólogo que la había molestado hurgando en su roca no tuvo tiempo ni de chillar antes de que la serpiente hubiera desaparecido.

Gracias a la escasez del agua hay poco más de lo que preocuparse. Excepto de los elefantes del desierto. Son capaces de excavar en busca de agua. Usando sus colmillos para hacer hoyos y pozos pueden sobrevivir en zonas del desierto levemente menos áridas –el río Huab, por ejemplo, hacia la costa namibia, donde el agua es relativamente accesible–. A pesar de que el río está completamente seco, las aguas subterráneas no yacen a demasiada profundidad, y los alrededores están extrañamente verdes. Las azucenas ocres de África que emergen de entre la arena están rodeadas por inesperados matojos de hierba verde. Hay también punzantes arbustos de euforbia, árboles mopane y acacias retorcidas.

Los elefantes del Huab no tienen por qué ser un problema. Paul ha acampado allí a menudo. A diferencia de los osos canadienses, puedes alejar a los elefantes que se acercan al campamento. El lecho del río es un magnífico enclave para acampar, pero también es un lugar de paso de elefantes, que prefieren seguir la ruta más corta y más fácil durante sus viajes nocturnos. Si plantas el campamento en la parte exterior de una curva generalmente pasan sin decir nada. Incluso en el caso de que deambularan por los alrededores de un campamento durante la noche tienden a ser respetuosos y no molestar. A la mañana siguiente te levantas y ves las huellas que han dejado en la arena –óvalos irregulares del tamaño de una ensaladera o de unas botas de nieve de la talla XXL–. Los elefantes no molestan a Paul más de lo que lo hacen las serpientes, o de lo que lo hicieron las moscas y los osos en Canadá. Aunque son peligrosos, explica Paul, suelen ser muy tímidos. Pero se enfadan mucho si los provocas, Tal como descubrí rápidamente al ir al Huab.

Los colmillos fueron lo primero que vi –cortos, blancos y temibles–. Entonces, el resto de su silueta va cogiendo forma enmarcado por unas polvorientas hojas de acacia. En la frente arrugada, y de semblante preocupado se ven unos ojillos minúsculos. Las orejas desplegadas haciendo que la cabeza parezca monstruosa. Éstas, recordé vagamente, son la señal universal de alerta de los elefantes. «Orejas hacia atrás: bueno. Orejas hacia adelante: muy malo». Me quedé congelada.

Los elefantes africanos son criaturas gigantescas, pesan más de seis toneladas y miden más de tres metros de alto. Son fabulosos, vistos desde la ventanilla de la camioneta. Pero entre sus colmillos y yo había una distancia de apenas cincuenta metros de fina arena, flanqueada por arbustos espinosos. No había encontrado ni un rastro de mis compañeros en las dos horas de dura caminata. El campamento estaba todavía más lejos y desconocía la dirección en que debía caminar. Yo estaba perdida y sola. Y tenía, desde ese momento, un gran problema.

Me encontraba en esa situación en parte por mi culpa, pero no del todo. Paul Hoffman me había invitado para ver el afloramiento en el que estaba trabajando en Namibia, y yo había confiado en que me devolvería sana y salva. Unas horas antes había estado explicando cuál sería el plan de la tarde. Cinco de nosotros se embutirían en un coche y rastrearían el lecho seco del río Huab, mientras que los cuatro restantes iríamos caminando hasta ellos a través de una cuenca arenosa, cubierta de matojos espinosos y ocasionales arboledas de acacias. Todos sabíamos dónde nos dirigíamos. Paul señaló un atractivo yacimiento de roca roja que se podía divisar en la silueta de la montaña varios valles más abajo.

Estaba frustrada, aunque no excesivamente preocupada cuando me di cuenta de que, como siempre, Paul había desaparecido sin avisar a nadie entre los arbustos, empezando la caminata solo unos minutos antes, sin comprobar quién le estaba siguiendo. Sus dos molestos asistentes de campo, más acostumbrados que yo a este hábito de Paul, habían cogido sus mochilas y se habían esfumado detrás de él. Apresuradamente cogí mi cámara y eché a correr sin dejar ni un momento de llamarlos. No había señal de ellos. Retrocedí hasta el coche para realizar el último viaje hacia el campamento, pero el vehículo ya no estaba allí.

Por supuesto, también podría haber vuelto al campamento –a tan solo unos treinta minutos– y pasar la tarde sin hacer nada de provecho. Pero desde donde estaba podía ver perfectamente el yacimiento. Todo estaba quieto, no se movía ni siquiera el aire. No pude resistirme. Era la oportunidad de demostrar a Paul lo bien que podía apañármelas sola en la montaña. (¿Por qué querría demostrárselo? La verdad es que no lo sé. Paul provoca esa reacción en la gente.)

Hacía un día espléndido. A pesar de que la temporada de lluvia había terminado hacía bastante tiempo, aún había trozos de hierba verde, coronada con un brillo allí donde se empezaban a secar las puntas. Entre la hierba y unos retorcidos zarzos negros había zonas desnudas sólo de arena, salpicada con musgo color mostaza. Incluso me invadió el placer cuando pisé un excremento de elefante –bolas de hierba seca y fango que entretejían una red entre los espinosos y duros matojos del valle del río–. «Los mejores caminos son los que hacen los elefantes», nos había contado Paul, y es verdad que los senderos que trazan son fáciles de seguir, amplios, arenosos y sin obstáculos. Las posibilidades de que me cruzara con un elefante eran remotas, pero como mínimo podría utilizar sus caminos, orientándome hacia el dentado yacimiento de rocas en la ladera de la montaña.

Después de más de una hora de dura caminata, finalmente llegué al lecho seco del río Huab. Allí mismo, en la arena, había dos marcas de vehículo, pero incluso a mis inexpertos ojos les parecían antiguas. No había ni rastro de pisadas humanas. La vía de los elefantes cortaba diagonalmente a través del río, dirigiéndose al yacimiento. Lo seguí.

En aquel momento estaba cansada, acalorada y cada vez más desanimada. Pero entonces, a lo lejos, distinguí una inconfundible forma marrón –un elefante– corriendo a grandes zancadas a través de la arena. Encantada, me quedé mirando cómo cruzaba el río y empezaba a ascender por una lejana cuesta. Lo perseguí tan de cerca como me atreví, viendo maravillada cómo encontró regocijo debajo de un árbol enorme y movía las orejas perezosamente. Entonces continué la marcha mientras planeaba cómo alardearía de lo que había visto delante del grupo.

Mi entusiasmo no duró demasiado. El afloramiento no parecía estar más cerca que antes y yo seguía sin ver ni un rastro humano. El alivio que experimenté al oír unos chillidos de «¡oy, oy!» desapareció cuando me di cuenta de que no eran voces humanas sino babuinos, chillando advertencias desde allá arriba, en la ladera. A lo lejos, vi otro elefante cruzando el río, rastreando con la trompa en la arena. En ese momento mi relación más cercana con el mundo salvaje parecía decepcionante. Empezaba a refrescar, la tarde empezaba a dibujarse. De repente todo parecía agitarse. Con malestar creciente, esperé a que el elefante quedara fuera de mi vista, y entonces proseguí el camino cautelosamente a lo largo del lecho del río.

Fue entonces cuando oí el rugido. El quintaesencial sonido del león. El típico ruido que haces en el zoo para asustar a los niños. Intenté concentrarme. Es rarísimo encontrar leones en el Huab. A diferencia de los elefantes necesitan agua en la superfície para sobrevivir, y este sitio está más que seco. Son comunes en el parque nacional de Etosha, muy lejos del noroeste, por lo que tendría que tener muy mala suerte para encontrarme uno por aquí. Quizá sólo lo había imaginado.

En el momento preciso, volví a oír el rugido, desde la densa maleza y directamente hacia mí. Esa vegetación yacía justo al lado de la escarpa que me llevaría directo al yacimiento, y si quería encontrar a mis compañeros tendría que pasar por él. Intenté conformarme y continué la marcha a grandes trancos, agarrándome a cualquier cosa que me llevara a la camioneta, con mis compañeros, o simplemente a un lugar seguro. A lo largo de la escarpa que subía por los alrededores del yacimiento, sin correr ni reír, rastreé con la mirada las zonas que todavía estaban iluminadas por los rayos del sol buscando algún signo de vida humana. Allí no había nadie.

Me invadió el pánico.

De repente, todas las direcciones me parecían igual de desconocidas. Me sentía como un paisano en el territorio de los geólogos. Tontamente había centrado mi atención en llegar al yacimiento sin fijarme demasiado en el paisaje por el que iba pasando. Girando la vista hacia atrás no había marcas en el suelo que pudiera reconocer. Ciegamente, me sumergí de nuevo entre la maleza, luchando violentamente contra las ramas espinosas cuando intentaba atravesarla. Pasaron unos diez minutos antes de que intentara forzarme a parar y pensar claramente. Tenía que encontrar el campamento antes de que cayera la noche. Pero, ¿cómo?

Hansel y Gretel. Aunque no había dejado piedrecillas blancas como marcadores lo único que debía hacer era seguir mis pisadas de vuelta. Inmersa en la maleza había estado andando principalmente sobre una hierba primaveral, por lo que no había demasiadas pisadas que seguir. Después llegaría a la escarpa de nuevo, y hasta allí había caminado por arena. Resolví seguir mis pisadas de vuelta exactamente por el camino por el que había venido, sin dilaciones ni atajos. Entonces empecé a calmarme. A los pies de la escarpa encontré las primeras pisadas nítidas. Respiré profundamente, entonces me dirigí a lo largo del camino de los elefantes.

No había peligro. Entonces un enorme y enfadado elefante apareció, bloqueando mi paso, a unos escasos cincuenta metros delante de mí. Con las orejas desplegadas, indicaba claramente que quería que saliera del camino. A pesar de ello me vinieron unas ganas tremendas de hacerle una fotografía. Al final me resistí. Estas bestias se asustan con facilidad. Tres meses antes un namibio había muerto pisado por un elefante justo al norte de aquí, cuando sorprendió a una elefante e intentó salir corriendo para escapar. Encaramarte a un árbol no sirve de nada. No hacer gestos bruscos. Desaparecer del camino lentamente y con mucho cuidado.

Detrás de mí no había salida alguna, era donde el elefante se estaba dirigiendo y yo no tenía la menor intención de acercarme más a él. Me di la vuelta y me metí de lleno en el lecho del río, entonces empecé a cruzarlo. La gigantesca cabeza se giró también. En medio de la arena me sentía todavía más vulnerable. Si se decidía a atacarme, ¿que haría entonces? No pienses, sólo camina.

Alcancé la otra orilla y giré en dirección al campamento. El elefante dudó hasta que, finalmente, decidió también seguir su camino. Se paró, echó un vistazo y continuó de nuevo, esta vez sólo curioseando. La poderosa criatura y yo caminábamos una delante de la otra, por las orillas opuestas del río, volviendo la cabeza de vez en cuando, cada uno vigilando los movimientos del otro con atención. No tengo ni idea de cuánto tiempo caminé antes de que se despejara mi mente. Por aquel entonces oí gritos humanos y encontré el verdadero yacimiento —el que había pasado inadvertidamente horas antes—. Estaba exhausta. Ahora que el miedo había desaparecido, estaba furiosa. Paul sabía perfectamente que yo era una principiante, que no tenía ni idea sobre dónde nos dirigíamos. ¿Cómo había podido abandonarme de aquel modo? ¿Cómo podía estar tan centrado en sí mismo y tan ajeno a todo lo demás?

Paul me recibió con una alegre sonrisa. Me dijo que aún quedaba tiempo para ver las rocas, pero entonces yo no estaba de humor para verlas. ¿Por qué se había ido sin comprobar quién le estaba siguiendo? ¿Por qué no se había parado cuando se dio cuenta de que no estaba con su grupo? Plantéale el problema a Paul, critícale cara a cara y verán cómo se enfurece. Me respondió que cómo me atrevía a culparle a él, que era mi responsabilidad, no la suya. Yo debería haberle hecho saber que le estaba siguiendo. (Pero esos eran sus planes, no los míos. ¿A quién más se supone que podría haber seguido? ¿De qué otra forma podría haber llegado al yacimiento?)

Me fui ofendida a mirar las rocas. Eran preciosas, un delicado color rosado, y podía ver cómo relucían en ellas los últimos rayos de sol. Intenté calmarme. ¿Cómo debía sentirme? Ya sabes cómo es Paul. Se lo hace a todo el mundo. No es nada personal. Durante el camino de vuelta, Paul estaba envuelto en sonrisas de nuevo. Me felicitó por haber conseguido la mejor historia de fuego de campamento y me dijo que me enseñaría, mientras caminábamos de vuelta, una calavera de babuino que había encontrado por el camino. Él estaba encantador y yo más calmada. Y había tenido ya una primera muestra de la extraña mezcla agridulce de lo que significa trabajar con Paul Hoffman.

En Namibia, Paul veía rocas glaciales donde quiera que fuera. Él las buscaba, y ellas le intrigaban y le confundían. Las rocas se habían formado en un mar poco profundo del precámbrico y a pesar de que cada yacimiento era diferente, todos contenían señales distintivas del hielo antiguo. Algunas contenían cantos rodados aislados que habían caído desde la parte saliente de un iceberg que flotaba en la superficie. Otras contenían una extraña mezcla de rocas y piedras que habían sido arrastradas desde las cercanías a los glaciales y se precipitaron hacia el mar. Ocasionalmente esta mezcla de rocas presentaban marcas en los puntos donde el hielo las hacía arañar el suelo.

Algunos de estos sedimentos tenían cientos de metros de grosor, mientras que otros eran tan finos como la piel. Otros estaban cubiertos por una misteriosa capa de roca carbonada, que adquiría en ocasiones un tono rosado, o tal vez ocre, por la acción del viento y las condiciones meteorológicas. Paul, igual que Brian Harland antes que él, estaba cautivado por esto. Las rocas carbonadas normalmente afloran en agua caliente, en los trópicos, pero éstas aparecían inmediatamente después del hielo. Además, el contacto entre las rocas carbonadas y las rocas glaciales era siempre afilado y abrupto, como si de repente hubieran sufrido un dramático cambio del hielo a los trópicos, de frío a calor.

Después de pasar los veranos cartografiando las rocas glaciales de Namibia, pasaba los inviernos en casa clasificándolas. Al final de cada estación llevaba muestras a Harvard y las contemplaba en su despacho. Las partía y las medía en su laboratorio, preguntándose en cada momento qué historias le revelarían. Un día, recordó la estrambótica conversación que había mantenido con Joe Kirschvink años antes sobre su «alocada» idea de la glaciación global, la *Snowball Earth*.

Paul fue un día a la biblioteca a echar un vistazo al trabajo de Joe sobre la glaciación. Era tan pequeño que ocupaba tan sólo un papel oculto entre un libro oscuro enorme. Paul leyó el papel y quedó profundamente entusiasmado. Rápidamente desenterró el trabajo de investigación de Brian Harland, el magnético trabajo de George Williams, así como también los papeles sobre la catástrofe del hielo de Mikhail Budyko. Ya no podía tener más información sobre la glaciación. Aunque tuviera poca información tenía una historia. Pero todos y cada uno de los defensores de la glaciación global habían ido cayendo uno a uno, hambrientos ante la falta de pruebas. Pero, ¿qué pasaría si Paul consiguiera evidencias?, ¿qué sucedería si sus rocas namibias pudieran desvelar el misterio que envuelve esta extraordinaria catástrofe?

Por aquel entonces, Paul empezó a centrarse únicamente en las pruebas que pudieran demostrar la glaciación, no en las mismas rocas, si no en los carbonatos que las envolvían por debajo y por encima, geológicamente hablando, antes y después. Los geólogos tienen muchas formas de extraer las historias de las piedras, una de las mejores técnicas consiste en medir la proporción de sus isótopos –versiones más pesadas o más volátiles de los elementos que contiene–. Las rocas carbonadas, por ejemplo, contienen diferentes isótopos del carbono. Hay una versión más ligera llamada «carbono-12», y otra más pesada llamada «carbono-13». Comparando la proporción de los dos podemos obtener información sobre el agua marina en la que se formaron. Cuando obtuvo del laboratorio los resultados de las muestras de Namibia se quedó atónito. Contenían una extraña versión de carbono, una que no había visto hasta entonces, con mucho menos carbono-13 de lo que cabía esperar.

Normalmente, el agua del océano y los carbonatos que ésta produce son ricos en carbono-13. La proporción se desvía hacia los más pesados debido a la actividad de las criaturas submarinas. Una bacteria en el océano necesita carbono para crecer, y les encanta el carbono-12. Cogen carbono-12 y dejan a su paso carbono-13. Piensa en una caja de gominolas rojas y verdes. Mientras vas cogiendo las rojas el resto de la caja se verá gradualmente más y más verde. Lo mismo ocurre con los isótopos del carbono del agua de mar. Cuando las bacterias utilizan el carbono-12 el agua de mar acaba conteniendo una proporción más elevada de carbono-13.

Durante el desarrollo de la vida, las rocas que se formaron en ese mismo período, contenían también esa desviación en la proporción de carbono pesado. Eso era precisamente lo que resultaba extraño en las rocas de Paul. Para ser carbonatos eran extraordinariamente ligeros. Antes de la glaciación global, y por lo que parecía, también bastante tiempo después, no existía vida en absoluto.

Paul sintió que sería un detalle importante, pero no podía imaginarse hasta qué punto. Estaba todavía más desconcertado por las «capas» de rocas carbonadas que se formaron después del hielo. Éran las mismas rocas que se podían encontrar en todo el mundo. Brian Harland las había encontrado en Svalbard. Abarcaban kilómetros y kilómetros en Australia, Canadá y prácticamente en todos los lugares donde habían aparecido rocas glaciales. Este detalle era particular. Una de las primeras cosas que aprendes en geología es que la Tierra no es como un gran pastel hecho a capas. De hecho, algunas regiones pueden tener zonas descubiertas de capa y tener diferentes tipos de capas, cortadas por los ríos de la misma forma que un cuchillo corta un pastel. De hecho, la misma capa de rocas puede variar de un lugar a otro. Si tomásemos una muestra de todas la rocas que se forman en la Tierra en un día podríamos obtener muchos tipos de roca diferentes. En algún lugar podrías encontrar lechos marinos de arena o playas que progresivamente se van solidificando para producir piedra arenisca. En algún otro sitio podrías ver el proceso de formación de las piedras arcillosas. Quizás algún volcán en erupción expulse su lava para cubrir otra región con oscuras rocas basálticas, y donde quiera que vayas encontrarás rocas que han sido transformadas y comprimidas en los agitados interiores de una montaña. La Tierra es un lugar muy heterogéneo. Simplemente no existen acontecimientos que cubran el planeta entero con un solo tipo de roca, y punto.

Entonces, ¿de dónde salían esas capas de roca carbonada? En todos y cada uno de los lugares donde aparecían las rocas glaciales, las capas parecían estar allí. Y podías encontrar rocas glaciales en todos los continentes. «¿Por qué? ¿Por qué?»

Además, las capas tenían texturas extrañas. Las más raras eran las de las rocas de afloramientos cercanos al río Huab. Allí, ubicados en un acantilado de carbonatos color castaño claro, Paul encontró unos tubos marrones, como quemaduras hechas con algo parecido a atizadores al rojo vivo. Vistos desde lejos eran unas oscuras tiras verticales arañando la fachada del acantilado a lo largo de cientos de metros. No estaban únicamente en la superficie del acantilado. Donde habían caído los pedazos de roca, se podían ver más tubos dirigiéndose hacia el interior. En algunos lugares los pedazos se habían deslizado de forma horizontal, atravesando los tubos, dejándolos colocados en forma de círculos oscuros, cada uno de ellos del tamaño de un céntimo. Los tubos se parecían a los de las madrigueras de una colonia de gusanos, pero no había gusanos en el Precámbrico. Todo esto confundía a Paul.

Al otro lado del valle, un estudiante de Paul descubrió algo tan extraño como los tubos. Había escalado una empinada cresta para investigar el afloramiento de carbonatos. En la parte superior había una plétora de enormes cristales rosáceos. Resaltaban sobre el pálido carbonato de su alrededor, y parecían las huellas de un felino enorme impresas en la pared vertical de roca, o a los abanicos de plumas que llevaban las damas victorianas a la ópera, a pesar de que algunas eran tan grandes como el propio Paul. Cuando éste vio estos abanicos, se quedó estupefacto. Al principio creyó que eran algún tipo de fósiles. Casi parecían enormes almejas. Pero no existían almejas en el Precámbrico, ni ninguna otra criatura que pudiera hacer semejantes conchas. Los abanicos debían ser el resultado de algún extraño proceso físico. ¿Pero cuál?

Abanicos de cristal, tubos, rocas glaciales, isótopos extraños. Paul estaba cada vez más convencido de que todas estas pruebas se podían sumar de alguna manera, y proporcionarían pistas claves sobre la *Snowball*. Inspeccionó repetidamente las extrañas formaciones de carbonato para recoger muestras, para anotar, cartografiar y pensar.

A finales de 1997, Paul se sentía frustrado. Había pasado cinco años de trabajo de campo en Namibia, y todavía no tenía ningún trabajo publicable que lo justificara. Finalmente decidió escribir un artículo sobre los isótopos de carbono, a pesar de que no los entendía completamente. Durante la Navidad y enero perfeccionó su artículo, que estaba destinado a una pequeña publicación.[1] Habló sobre las rocas glaciales, y los extraños isótopos de los carbonatos que las rodeaban. Expuso, y descartó, varias posibles explicaciones para el omnipresente hielo. Y luego –al final del artículo– sugirió que las ideas de Joe Kirschvink sobre la *Snowball* podrían aportar una posible explicación. Por primera vez en su vida estaba siendo cauto, no porque lo escogiera, sino porque estaba luchando contra el enigma de la *Snowball*.

Y así fue hasta que un nuevo jugador saltó al terreno, un joven colega de Paul, Dan Schrag. Por entonces, Dan no conocía la idea de la Snowball. No sabía nada sobre el trabajo de Brian Harland, ni sobre el de Joe Kirschvink. No sabía nada sobre las rocas precámbricas ni geología namibia. Pero si sobre algo sabía mucho, era sobre los carbonatos.

Dan Schrag es el mejor amigo de Paul en Harvard. Casi parecen una pareja de espectáculo cómico. Paul ronda los sesenta y es alto, delgado, greñudo y barbudo. Dan tiene unos treinta años, es bajo, robusto y rubio, con pelo fino y una cara redonda. Además, Dan es amable y extremadamente sociable. Tiene don de gentes, sus contactos abarcan todos los campos científicos y cuenta con multitud de amigos. Muchos de ellos son jóvenes científicos como él, pero hay también artistas, diseñadores, gente que conoció en la escuela. Cada año, Dan alquila una casa en algún lugar bello con cinco amigos de la facultad. También van las esposas y los hijos. Cuando alguien del grupo tiene un hijo, hay un complejo esquema de regalos. Cada miembro del grupo da al niño tres libros favoritos para leer ahora, y doscientos dólares para usar después. El dinero se invierte en un fondo para la universidad, destinado únicamente a fines de entretenimiento.

Dan no lleva a nadie consigo a estas reuniones de facultad. Todavía no ha encontrado a la chica adecuada. A cambio, se ha encerrado en su trabajo, con sus ojos astutos, sus bromas y la vena de arrogancia que a menudo acompaña a las grandes inteligencias. Sus amigos dicen que es entrañable y generoso; sus enemigos dicen que es calculador. Todos dicen que es brillante. Dan acaba de ganar el premio a la genialidad de la Fundación MacArthur: medio millón de dolares para gastarlos como le plazca. Y ha decidido utilizar el dinero para construir un lugar de retiro científico cerca del océano en Cape Cod. La casa tendrá claraboyas, una chimenea, una enorme cocina y multitud de habitaciones en las que Dan y sus muchos amigos podrán reunirse, cocinar, hablar sobre ciencia y pensar.

Consiguió un puesto de profesor en Princeton con tan sólo veintisiete años. Se trasladó a Harvard y rápida y precozmente le otorgaron una cátedra. Generalmente se trabaja duro hasta llegar a un lugar como Harvard y normalmente se tardan años en conseguir una cátedra allí, tienes que esperar a tener más de cuarenta años, tal vez, y muchos años de investigación a tus espaldas. Pero Dan no, para cuando tuvo treinta y cuatro años, ya había publicado artículos académicos. Por entonces, tenía más ideas de las que podía tratar.

A Dan le encantan las ideas. Le encanta hacerlas rebotar, degustándolas, probándolas y calculando cómo podrían funcionar. Le fascina tener intensas conversaciones sobre ellas, especialmente con Paul. Entrada la noche, cuando sale del Departamento de Ciencias Geológicas hacia su casa, Dan pasa por el despacho de Paul. Incluso a las once de la noche, o a medianoche, Paul sigue invariablemente en su despacho. Dan manda a su perro, Max, delante. Max, un simpático akita negro, conoce el camino. Pasea por el laboratorio exterior de Paul, gira a la derecha y entra en el despacho, camina hacia donde está sentado y mete su hocico en su mano. Dan espera fuera y escucha. Puede saber el humor de Paul sólo con el tono de su gruñido.

Lo que sigue acostumbra a ser intenso. Dan a menudo acaba quedándose en el despacho de Paul intercambiando ideas durante una hora, dos horas... hasta altas horas de la noche. A veces las discusiones se encienden, pero Dan no teme a Paul. Las discusiones encendidas no le molestan demasiado. «Todo aquel que haya trabajado con Paul muy de cerca ha sufrido una discusión catastrófica con él», dice Dan. «Sé que todos me están mirando, esperando que caiga el hacha sobre mí. Y si Paul y yo nos peleamos. Y no me refiero a simples comentarios –de éstos recibo diez al día–. Me refiero a violentas y furibundas peleas a gritos. "¡Eres la escoria de la Tierra!" Pero yo no creo ser la escoria de la Tierra, así que no pasa nada. Muchas veces me he prometido no volver a hablar con Paul. Pero sigo volviendo a por más, porque me gusta Paul.»

«¿Sabes por qué Dan y yo trabajamos tan bien?», dice Paul a menudo. «Porque la fricción crea calor.»

Paul y Dan dependen uno del otro. A pesar de que Dan es todo un profesor por derecho propio, todavía le encanta tener la atención de Paul. Ofrece sus ideas a Paul del mismo modo que lo haría un ansioso cachorro. Una noche, mientras Dan y yo caminábamos por la calle durante una conferencia en Edimburgo, vimos a Paul delante nuestro. Paul estaba paseando cogido de la mano de Erica. Dan corrió hasta alcanzarlos. Mientras todos esperábamos incómodamente fuera del hotel de Paul, Dan explicó su última teoría a éste con un torrente de palabras, excitado, a la espera de su respuesta. Algo relacionado con la cantidad de kilotones de carbono que hay en las rocas de carbonato de Paul. Erica se volvió hacia mí, divertida. «¿Cúantos kilotones de esto has recibido tú?», murmuró.

Y Dan es la conexión de Paul con el mundo exterior. Es su antídoto. Se desenvuelve con la gente tranquila y amablemente, calmando las plumas que Paul invariablemente eriza. De alguna manera su relación está descompensada. Dan tiene multitud de gente con quien hablar sobre sus ideas, pero Paul no tiene demasiados amigos. Tal vez por eso, Paul estaba tan nervioso como Dan por el proceso de la cátedra. Paul estaba seguro en Harvard. Ya tenía la cátedra, podía permanecer allí tanto tiempo como quisiera, pero si Dan no hubiese conseguido la cátedra, Paul habría perdido a su amigo más cercano.

Durante los meses que duró el proceso de la cátedra de Dan, Paul estaba cada vez más nervioso. Expuso pruebas ante el comité a favor de Dan. Intentó predecir hacia dónde se inclinaría el jurado, y pasó la mayor parte del día de la decisión recorriendo los pasillos del departamento. Cuatro minutos después de que Dan recibiera la llamada de felicitación, Apareció en su despacho y se echó sobre el sofá con un exhausto y reconfortado suspiro.

Dan era la persona perfecta para preguntarle sobre las rocas de la Snowball. La clave de la historia sin duda está en aquellos carbonatos con sus abanicos y tubos, y extrañas estructuras. Aquellos que de alguna manera se habían formado después de la Snowball, cuando el hielo finalmente se derritió. Los carbonatos provienen de los océanos tropicales, y Dan es un experto en la materia. Es un hombre de océanos y carbonatos.

Al contrario que Paul, Dan no recoge sus muestras de polvorientos desiertos. Lo que hace es zambullirse desde la cubierta de un bote, normalmente en algún precioso paraje tropical. Los trópicos son la fuente de calor de la Tierra, dice Dan, porque los rayos de sol aquí caen con más intensidad. Son la clave para entender el clima de la Tierra.

Encontrar registros climáticos de los trópicos no es fácil. En las regiones polares los casquetes de hielo son como cápsulas del tiempo. Cada año la nieve cae, y con ella queda el polvo y otras pistas químicas del clima *du jour*. Con el tiempo estas capas se amontonan, se entierran, y se convierten en hielo. Cuando los investigadores perforan el hielo, pueden encontrar un registro climático de milenios atrás. En la Antártida, por ejemplo, el casquete de hielo es tan grueso que las capas de su base tienen más de 400.000 años. Hay burbujas de aire antiguo en el hielo por estudiar. ¿Quieres saber exactamente cómo era la atmósfera prehistórica? Ningún problema. Aquí en esta burbuja hay una bocanada de aire que fue respirada por última vez por un Homo erectus, y fue atrapada y enterrada antes de que apareciesen ni siquiera los neandertales.

En las zonas temperadas no puedes encontrar mucho hielo. Pero los investigadores por lo menos pueden estudiar el grosor de los anillos del tronco de los árboles. Ni siquiera necesitan talar el árbol. Lo perforan cuidadosamente y sacan un delgado núcleo de madera, del grosor de un lápiz. Y luego sólo tienen que contar y medir. ¿Un anillo grueso? Aquel fue un verano húmedo. ¿Uno fino? Debió ser seco.

Si pueden encontrar árboles suficientemente grandes y viejos, los investigadores pueden reconstruir el clima terrestre de siglos atrás.

Dan, sin embargo, aborda el problema de manera diferente. Su obsesión son los trópicos, donde los casquetes polares sólo se dan en la alta montaña, y los árboles no acostumbran a tener anillos anuales porque las estaciones se parecen mucho entre sí. En su lugar busca los registros climáticos escondidos dentro de corales gigantes. Como los árboles, los corales construyen un nuevo anillo de crecimiento cada año, pero éstos están hechos de roca de carbonato en lugar de madera. Mide los anillos de crecimiento año a año, y podrás descubrir cómo ha cambiado el clima del océano tropical. Si el coral es grande y viejo, sus anillos pueden transportarte centenares de años atrás. Encuentra un antiguo coral fosilizado, y podrás incluso conocer el clima de hace miles de años.

Cuando Dan bucea en busca de muestras, lleva consigo su equipo de submarinismo, bolsas de ascenso y una enorme perforadora de más de doscientos kilos. Incluso bajo el agua, eso es demasiado peso. Por eso se sumergen en parejas, y mientras una persona se arrodilla sobre el coral con la perforadora; la otra aguanta el resto del equipo. El ruido de la perforadora es tan abrumador que apenas puedes oír tu propia respiración. Cuando perforas, los peces ni se acercan. Un fino polvo sale gradualmente de los bordes del agujero perforado, flota sobre la superficie del coral para luego desaparecer disuelta en el agua. Te debes parar a menudo para aumentar la longitud del tubo con el que perforas y has de llevar gruesas protecciones en las rodillas para que el puntiagudo coral no haga trizas tu traje de neopreno. A veces hay fuertes corrientes, entonces necesitas aún más cinturones de pesas para lograr anclarte al coral, y la sensación es como perforar una carretera durante un huracán. A veces el coral es profundo, casi a veinte metros bajo la superficie, y sólo tienes una hora de aire para aterrizar sobre el coral, perforar un núcleo, subir la perforadora de nuevo, y salir corriendo hacia la superficie. Pero si el coral está a menos profundidad puedes tomarte tu tiempo, disfrutar del paisaje, robar unos instantes cuando has acabado de perforar para acomodarte entre los corales y las esponjas y observar los peces.[2]

A pesar de que Dan nunca había trabajado con rocas tan antiguas como las de Paul, había pasado mucho tiempo estudiando corales y liberando sus secretos de carbonato. Y sus descubrimientos sobre los misteriosos carbonatos namibios de Paul demostrarían ser cruciales.

Domingo, 15 de febrero de 1998, Harvard.
A Paul todavía le dolían un poco las piernas sentado en su mesa de Harvard. La Maratón de Boston estaba cerca y había subido el ritmo de los entrenamientos. Ayer corrió casi treinta y cinco kilómetros. Ahora, sin embargo, estaba de vuelta en su despacho. Había trabajado toda la tarde y se estaba haciendo tarde, pero no le apetecía volver a casa.

Entonces entró Dan, con un amigo que daba un seminario en Harvard al día siguiente. «Ven, te presentaré a Paul», le dijo Dan durante la cena. «¿En domingo por la noche? ¿A esta hora?» «Oh sí, ningún problema. Paul estará allí».

Dan quería hablar con Paul de su artículo sobre Namibia. Paul se lo había pasado un par de días antes. Lo había ojeado, y estaba enojado porque la parte más importante parecía estar enterrada justo al final. En cuanto Paul le preguntó sobre el artículo, Dan aprovechó la oportunidad. «¿Quieres saber lo que pienso? ¡Todo esto de la *Snowball* es fascinante! ¡No puedes enterrarlo! No puedes dedicar una sola frase a las implicaciones. Debes pensar más en esta idea. ¿Qué significa?»

Paul no necesitó una segunda invitación. Había estado esperando que Dan se metiera de lleno en la historia de la *Snowball*. Así que le habló sobre las extrañas capas de roca carbonatada y cuán inesperadamente ligeros eran los isótopos de carbono. Le explicó las extrañas texturas: los enormes y gráciles abanicos y los tubos.

También le expuso toda la historia tal y cómo estaba en ese momento, que la Tierra se había congelado completamente, de la cabeza a los pies, de polo a polo. Que durante esta *Snowball*, los volcanes habían continuado expulsando sus gases y generando un efecto invernadero sobre la gélida Tierra. Que durante millones de años la atmósfera del planeta había sido tórrida, que este super invernadero había fundido el hielo. Que estos gases invernadero siguieron allí tras decenas de miles de años, convirtiendo la Tierra en un horno hasta que remitieron.

Dan escuchó con atención. Se retiró a una esquina para pensar, mientras Paul y su amigo charlaban amigablemente. Cuando Dan se concentra en un problema, se calla. Sus ojos se mueven, con la vista perdida. A menudo se muerde el labio inferior. Entonces, cuando se le ocurre una respuesta, se le encienden los ojos. Inmediatamente la escupe. «¡Espera! ¡Ya lo tengo! ¡Puedo explicar los carbonatos!»

Su idea era brillante.

El planeta estaba en una estasis, criogénicamente conservado. Una gruesa capa de hielo cubría los océanos. Grandes glaciares reptaban y se arrastraban por la superficie rocosa de los continentes, pulverizando lentamente todo a su paso. El hielo trajo más hielo porque la superficie blanca reflejaba toda la luz del sol, bloqueando a la Tierra en la madre de los inviernos.

Así fue, y así hubiera sido siempre de no ser por los volcanes que emergían del hielo o plagaban el lecho marino. Entraban en erupción, como siempre han hecho, y cada erupción expulsaba cenizas, lava y, sobre todo, dióxido de carbono. Con el tiempo, lentamente, este gas volcánico se concentró en el aire, envolviendo a la Tierra en un manto de calor. Y al final el fuego conquistó el hielo. Gota a gota llegaron los primeros ruidos del cambio, luego un riachuelo, luego un arroyo, luego una inundación. Finalmente el deshielo. El hielo desapareció y la Tierra pasó en un instante geológico de una congelación total a ser como un horno. Así era la visión de Joe Kirschvink.

Pero ahora viene la parte nueva, la que se le ocurrió a Dan aquella noche de domingo en Harvard. Aquel horno, pensó, era como una máquina de calor tropical que se vuelve loca. El hielo se había ido, pero el calor que lo había fundido seguía allí, a máxima potencia. El aire seco y caliente absorbió la humedad de los océanos y la transformó en nubes de tormenta. Enormes huracanes recorrían la superficie terrestre, lanzando su carga acuosa sobre la tierra en forma de torrentes. Y aquella carga no era únicamente agua. El hielo estaba lleno de dióxido de carbono. El agua que caía se volvía ácida.

¿Dónde cayó la lluvia ácida? Sobre una predispuesta capa de polvo. Durante millones de años, los glaciares habían molido las rocas de los continentes. El material molido siempre es más reactivo. Piensa en la rapidez con la que se disuelve el azúcar en polvo comparado con los terrones. En el mundo *postsnowball*, la combinación de roca molida y lluvia ácida torrencial era una fábrica química esperando aparecer en escena. El polvo de roca y la lluvia se encontraron, se aparejaron y se deslizaron hasta el mar, creando un océano de *Coca-Cola*.

Y entonces comenzó una nueva tormenta de nieve, pero esta vez bajo el agua. Alrededor del mundo, el océano *postsnowball* se volvió lechoso con copos blancos. Se depositaban sobre cada centímetro de lecho marino. De la reacción entre la lluvia ácida y el polvo de roca debió aparecer una masiva efusión de carbonato, que emblanqueció el planeta entero. Los copos se apretaron, endurecieron y se convirtieron en rocas. Eran las capas de rocas carbonatadas. Ésta era la idea de Dan. Las capas de rocas carbonatadas, dijo, aparecieron directamente de las condiciones intensas y extrañas que habían sacado a la Tierra de su letargo helado.

Dan y Paul comenzaron a pensar en la idea y comenzaron a ponerla a prueba. ¿Funcionaba? ¿Resolvía las demás incógnitas que Paul había encontrado? En primer lugar, los extraños tubos de roca y los abanicos de cristal rosáceo. Ambos podrían proceder de la furia efervescente del océano. Los tubos se pudieron formar con la rápida ascensión de burbujas de gas por el interior de las rocas carbonatadas de formación rápida. Los abanicos de cristal también podrían ser un extraño producto de este frenético burbujeo. En las fuentes ácidas y calientes como las de Yellowstone, se pueden encontrar cristales con forma de abanico, con sus brazos radiando hacia fuera con el mismo paso de la precipitación.

Además, la rapidez del cambio. El contacto entre las rocas carbonatadas y las rocas glaciales siempre era brusco y afilado. Es exactamente lo que es de esperar si el carbonato se formó justo después de que se fundiera el hielo.

¿Y los isótopos? Las rocas presentaban un ligera señal de «ausencia de vida» tanto antes de la glaciación como después. Explicar lo que había pasado era sencillo. Los organismos vivos de los océanos seleccionan los átomos de carbono ligero, las «gominolas rojas», y dejan atrás el carbono más pesado para los carbonatos. Paul ya había sugerido que antes de la glaciación el ritmo de la vida se había aminorado como reacción al aumento de hielo. Menos seres vivos significaba menos selección del carbono, y se dejaron más isótopos ligeros que se mezclaron con las rocas carbonatadas. Paul creía que ésta era la razón por la que los carbonatos eran cada vez más ligeros mientras crecía el hielo.

Sin embargo, después era más complicado. La vida debió resurgir rápidamente después de que se fundiera el hielo, pero la señal de falta de vida continuó apareciendo en las rocas durante decenas de miles de años. Tal vez la señal «ligera» de la continuación de la *Snowball* no tenía ninguna relación con el florecimiento de la vida. Esta intensa formación de roca carbonatada sería suficiente para ahogar cualquier otra señal. Los carbonatos se precipitarían abruptamente por todo el mundo. Estarían cogiendo tal cantidad de carbono del mar, tanto pesado como ligero, que ya no importaba lo quisquillosas que fueran las bacterias. Es como si estuvieras tranquilamente seleccionando gominolas rojas del montón, y un avaro primo llegara y cogiera muchas gominolas a puñados, tanto verdes como rojas, tan rápido que ni siquiera pudieras comer ninguna. Las rocas carbonatadas de después de la glaciación eran ligeras porque ahogaron la señal de la bacteria. Todo cuadraba a la perfección.

Adelante, atrás, adelante, atrás. Para cualquier evidencia que se le ocurriera a Paul, Dan se las apañaba para encajarla elegantemente en este esquema. Cuando supusieron la *Snowball*, todas las piezas se colocaron en su lugar. Las rocas carbonatadas y los isótopos ya no eran misterios. Eran exactamente lo que cabía esperar. Eran predicciones de esta nueva y mejorada teoría *Snowball*.

Los dos se animaron y se excitaron. Pruébalo de esta manera y de aquélla. Míralo desde todos los ángulos posibles. Cuánto más la ponían a prueba, la idea de Dan realmente conseguía juntarlo todo. Las rocas glaciales de Brian, los volcanes de Joe, los isótopos de Paul y las capas de roca carbonatada, todo se sumaba en una única e impecable historia. Era embriagador. Esto, al final, era lo que Paul había estado buscando. Apenas podía creer la suerte que había tenido.

Dan no se fue hasta las tres. Después de que se fuera, Paul se quedó sentado en su despacho, mirando absortamente la pantalla del ordenador. A las 3,04 AM le envió un correo electrónico a Dan, cuyo asunto era «funk in deep freeze» (el título de un álbum de jazz). El mensaje decía, «Muchas gracias por esta noche. Lo necesitaba. Gracias por la patada en el culo».

Al día siguiente, Dan volvió. Había estado pensando toda la noche sobre la *Snowball*. Quería trabajar con Paul en un nuevo artículo. Y quería enviarlo a *Science*, una de las revistas más prestigiosas y más exigentes. Ésta sería su primera colaboración directa, y Paul estaba encantando. Durante las siguientes semanas, Paul y Dan escribieron, reescribieron, reflexionaron y discutieron. Se pasaban el día en el despacho del otro. Se disparaban ideas el uno al otro, parándose allí donde se encontraran. Los alumnos que iban a las clases tuvieron que saltar por encima de ellos cuando un día se quedaron sentados en las escaleras del departamento de geología, compartiendo los últimos detalles de su teoría. ¡Se me acaba de ocurrir algo! ¡Eh, acabo de hacer otra conexión! Ambos describen este periodo como el más excitante de sus vidas.

En la ciencia, la suerte puede ser tan importante como la capacidad de análisis. Cuando a Brian Harland se le ocurrió la idea de la *Snowball*, estaba demasiado avanzado a su tiempo. Pero a Paul Hoffman le obsesionaron las rocas glaciales de Namibia en el momento justo. El escenario de la *Snowball* estaba decorado cuando él y Dan experimentaron su *eureka*, y las críticas claves que había recibido la teoría ya estaban resueltos. ¿No había hielo allí? Virtualmente todo el mundo creía en la explicación de Brian de que las rocas habían sido formadas por la acción de un glaciar y tiradas desde la superficie por los icebergs. ¿No se podía salir de la catástrofe de hielo? Con su superinvernadero, Joe Kirschvink encontró una manera de que la Tierra pudiera congelarse completamente y recuperarse. ¿Estaban todos los continentes situados en los polos cuando apareció el hielo? Gracias a los registros magnéticos de los Flinders Ranges, todos sabían que en por lo menos un lugar, lo que es ahora el desierto australiano, había hielo a pocos grados del ecuador.

Para Paul y Dan no podría ser más perfecto. Sus predecesores habían ido, uno detrás de otro, desmontando los argumentos contra la teoría. Ahora ellos habían logrado pruebas a favor de ésta. Los isótopos de Paul eran la prueba de que grandes cantidades de seres vivos murieron antes de la *Snowball*, y las rocas carbonatadas de Dan eran la prueba del superinvernadero que siguió a la glaciación.

Llegar hasta la teoría de la *Snowball Earth* –entender cómo encajaban las nuevas pruebas en el trabajo que ya se había hecho– requería una particular combinación de habilidades. Paul tenía un conocimiento profundo de la geología precámbrica, los largos años de trabajo de campo en Canadá y Namibia. Dan sabía cómo funcionaban los océanos.

Para explicar la historia todavía era necesaria otra importante combinación, pero esta vez más de personalidad que de conocimientos. Paul tenía la vehemencia, la tozudez, la obsesión. Dan tenía la red social, la gracia, los nombres y números de teléfono de listos e imaginativos científicos de varias disciplinas. Al contrario que Brian Harland, Joe Kirschvink o cualquier otra persona que había trabajado con las rocas glaciales durante los últimos cincuenta años, Paul y Dan estaban preparados para darlo todo por la idea. Al haber compuesto la teoría, quería degustarla, ponerla a prueba y darla a conocer, Paul en particular, esta idea era diferente de las demás en las que había trabajado. Ésta era su oportunidad, finalmente, de hacer un avance de alcance mundial que cambiara nuestra forma de entender la Tierra.

6

En la carretera

Agosto de 1998.

El artículo de Paul y Dan sobre la *Snowball* fue publicado en la revista *Science*. Hubo una inmediata ráfaga de interés, y el siguiente paso fue convertir aquella ráfaga en una tormenta. Dan comenzó a llamar a sus amigos, y Paul se echó a la carretera. Durante aquel otoño, Paul fue de una institución a otra, distribuyendo las buenas noticias. Siempre había sido un orador muy hábil, y daba persuasivas conferencias que eran claras y apasionadas al mismo tiempo. Nunca, decía, había estado tan convencido de que estaba en lo cierto respecto a algo.

La ciencia a menudo está llena de problemas. Cuando juzgas una nueva teoría, casi nunca es fácil dictaminar si es correcta o errónea. Esto es particularmente cierto en geología. Leer los mensajes escondidos en las rocas es un complejo oficio, y diferentes investigadores pueden llegar a percibir cosas diferentes. Las teorías geológicas no suelen ser aceptadas o rechazadas de buenas a primeras. Incluso aquellas que son correctas necesitan generalmente ser tratadas, modificadas y sometidas en un principio al beneficio de la duda.

Sin embargo, cuando aparece una nueva gran idea, casi siempre hay un patrón de polarización. A pesar de que unos pocos investigadores conservan la mente genuinamente abierta, los demás inmediatamente se atrincheran o bien en sus errores o en sus aciertos. Estas almas vehementes luchan, critican e intentan vencer. La supervivencia de una teoría depende de manera crítica tanto en la calidad de la retórica como de la robustez de los datos.

Eso es exactamente lo que ocurrió cuando Paul se echó a la carretera. Cuánto más promovía su idea, más reaccionaban los demás investigadores en su contra. Muchos lo hacían porque Paul estaba promoviendo su idea de una manera muy insistente. No escondía su fervor, lo que, de manera implacable, obligó a sus oponentes a enfrentarse a la teoría *Snowball*, en un continuo flujo de conferencias públicas y seminarios privados, artículos, comentarios, críticas, correos electrónicos y faxes, en las escaleras de los congresos, durante la comida y alrededor de la hoguera. Trabajaba para alistar a su causa a científicos influyentes y así aplastar a aquellos que no estaban de acuerdo. A veces parecía que quisiera llegar a la *Revolución Snowball* por la pura fuerza de su energía.

Llegó a dividir el mundo científico en «creyentes» y «no creyentes». Cuando alguien le acusó de fundar la «Iglesia de los *Snowballers* del Último Día»,* Paul consideró el comentario divertido, en parte, creo, porque tenía una gran respuesta: «Alguien le preguntó a Charlie Parker si era religioso y dijo: "Sí, soy un músico devoto". Bueno, para mí es lo mismo. Mi visión de la geología es la de un fanático religioso».

Y la incansable defensa que hacía Paul de su teoría hizo que recibiera críticas por faltarle la más importante de las cualidades científicas: objetividad. Su respuesta fue compararse a sí mismo constantemente con uno de sus héroes, Alfred Wegener, el meteorólogo alemán que defendió la deriva continental, y que había muerto a la edad de cincuenta años en el hielo de Groenlandia.

Paul veía muchos paralelismos entre su idea y la teoría de Wegener. Como la *Snowball*, la deriva continental (o, para ser más exactos, su encarnación como la teoría de las placas tectónicas) podía explicar muchos enigmas dispares. Si aceptabas que se movieran los continentes, podían ocurrir muchas cosas. Cuando los continentes se separan, producen océanos. Cuando colisionan, hacen montañas. Cuando las placas se rozan entre ellas, pueden pegarse y resbalar de golpe, sacudiendo la piel de la Tierra con un terremoto. Se forma nuevo lecho marino en las hasta entonces misteriosas fallas que corren por el centro de los océanos como gigantes espinas dorsales. El lecho marino

---

* Referencia a la Iglesia de los Santos de los últimos Días, cuyos seguidores son más conocidos como mormones. (N. del T.)

antiguo desaparece precipitándose bajo los continentes. Los volcanes se forman encima de estas zonas. Cuando el húmedo lecho marino se sumerge en el interior de la Tierra, el agua se inmiscuye en las rocas, haciendo más fácil su fusión y que viertan su carga caliente sobre la superficie del planeta. Una idea lo explica todo.

Así como a Paul, a Wegener le reprocharon su manera de abordar las cosas. Wegener ofendía a sus oponentes únicamente por la forma en la que componía sus trabajos. En su libro *El Origen de los Continentes y los Océanos,* describió su paso inicial como un «salto intuitivo». Muchos geólogos creían que la intuición no tenía cabida en la ciencia. Y lo peor estaba por llegar. Cuando Wegener descubrió que los fósiles de América del Sur coincidían exactamente con aquellos encontrados en África y que la geología también encajaba, llevó a cabo, dijo, «un análisis apresurado de los resultados de la investigación en esta dirección en las esferas de la geología y la paleontología, por el que tales confirmaciones fueron aportadas que me convencí de la corrección fundamental de mi idea».[2]

¿Hizo un análisis apresurado? ¿Estaba convencido de que estaba en lo cierto? Este tipo de comentarios molestaron profundamente a los geólogos, que creían que Wegener era demasiado apasionado con sus ideas. «Mi principal objeción a la hipótesis Wegener», tronaba un crítico, «se basa en el método del autor. Esto, en mi opinión, no es científico, sino que toma el conocido camino de una idea inicial, una búsqueda colectiva a través de la literatura de pruebas que la corroboren, al ignorar la mayoría de los hechos se que oponen a la idea, lo cual en un estado de embriaguez en el que la idea subjetiva se llega a considerar un hecho objetivo.»[3]

Otro crítico, Bailey Willis, decía que el libro de Wegener sobre la teoría de la deriva continental parecía «haber sido escrito por un abogado en vez de un investigador imparcial». (Willis escribió un artículo[4] sobre la teoría de Wegener en 1944, que tituló «Continental Drift Ein Märchen» [«La deriva continental, un cuento de hadas»].) Joseph Singewald afirmaba que Wegener «había querido demostrarles su teoría... en vez de ponerla a prueba» y le acusó de «dogmatismo», de «generalizar demasiado» y de tilizar «argumentos especiosos.»[5]

Desde la defensa de Wegener, a los partidarios de una idea geológicamente controvertida les gustaba compararse con él, y Paul lo hace mucho. Por supuesto, en 1912 no había suficientes pruebas para confirmar la teoría de Wegener, y podría haber sucedido que al final se hubiera equivocado. Pero incluso así, la historia de Wegener es un cuento cuya moraleja es que no hay que descartar ideas extraordinarias de buenas a primeras.

«Las buenas ideas, cuando son jóvenes, son vulnerables», me dijo Paul en una conferencia en Reno. «Son una verdadera molestia, así que quieres desecharlas. Pero el peligro son las ideas antiguas con las que todo el mundo ya está cómodo. Una nueva idea, hay que cultivarla y dejarla crecer para ver dónde te lleva, y si lo haces, creo que aprenderás más rápido dónde falla que si te abalanzas sobre ella.»

Unas semanas más tarde, me envió la siguiente cita de Mott T. Greene, un biógrafo de Wegener:

«Durante el transcurso del debate [sobre la teoría de Wegener] ni sus partidarios ni sus detractores parecían tener el conocimiento de la teoría que se adquiere leyéndosela detenidamente. La razón para esto es una especie de secreto culpable: la mayoría de los científicos leen únicamente lo estrictamente necesario, y en particular no les gustan las nuevas teorías [énfasis de Greene]. Las nuevas teorías significan mucho trabajo, y son peligrosas —es peligroso apoyarlas (podría estar equivocada) y es peligroso oponerte a ellas (podrían ser ciertas)—. El mejor camino es ignorarlas hasta que estás obligado a enfrentarte a ellas. Incluso entonces, el respeto por la brevedad de la vida y la cautela profesional conducen a muchos científicos a esperar hasta que alguien en quien confían, admiran o temen se pronuncie acerca de la teoría. Entonces pueden conseguir dos por uno - pueden salir en su defensa o en su contra sin tener que dominarla, y pueden hacer ambas cosas a la vez en reuniones multitudinarias. Así, en resumen, fue como ocurrió la «revolución» de las placas tectónicas.»[6]

Paul estaba claramente convencido de que esto era aplicable a la *Snowball*. Sin lugar a dudas hacía todo lo que podía para que los demás geólogos tuvieran que enfrentarse con su teoría. Había otra razón por la que mucha gente consideraba la teoría incómoda e incluso peligrosa: era una teoría que obligaba a sus defensores a creer aquello que para los geólogos era increíble. La Tierra cubierta de nieve sería un planeta con características completamente diferentes al que vemos hoy en día. Si aceptamos la teoría de Paul y Dan tenemos que imaginarnos a nuestro planeta comportándose como Marte o Europa o algún otro lugar extraterrestre. Eso era más que suficiente para que los geólogos se estremecieran.

El problema era que la *Snowball* –tal y como la describía Paul– violaba una máxima geológica llamada «uniformitarismo». Esta regla fue formulada en el siglo XVIII, cuando nació la geología en el sentido científico moderno, y todos los geólogos la aprenden en su más tierna infancia. Dice que el presente es la clave para entender el pasado. La asunción general detrás de esta regla es que las mismas cosas que pasan hoy en día han estado pasando a lo largo de la historia de la Tierra. El uniformitarismo es, por regla general, una buena norma de trabajo.[7] Intenta explicar pruebas sorprendentes del pasado a través de cambios en la manera de funcionar del mundo, y te arriesgas a entrar en un mundo de misticismo y magia en vez de ciencia empírica y accesible.

Pero hay algunos fenómenos que no aparecen en el mundo actual, y no por ello son menos válidos científicamente. El uniformitarismo se enfrentó a uno de sus mayores retos en los años ochenta, cuando Walter y Luis Álvarez lograron convencer a la mayoría –si no a todo– del mundo científico de que los dinosaurios desaparecieron cuando la Tierra recibió el impacto de un asteroide gigante.[8] Su teoría era, al principio, muy poco popular. Recurrir a un agente celestial externo para explicar la extinción de los dinosaurios contradecía la ley de la uniformidad; era como atribuirlo a un acto de Dios en vez de a un proceso terrestre ordinario y perfectamente explicable. Pero entonces los investigadores encontraron un enorme cráter de exactamente el mismo periodo, junto a la península del Yucatán, en México. Sencillamente porque hoy en día no se vean impresionantes asteroides chocando contra la Tierra y destruyendo innumerables especies, decía el mensaje, no quiere decir que no haya sucedido jamás.

Y hay muchas más razones para no fiarse de una lectura simple del mundo exterior. Podrías hacer experimentos cuidadosos y sensibles en el mundo cotidiano y tener la idea de que el tiempo fluye suavemente, de que las reglas son de la misma longitud para todo el mundo, y que los relojes avanzan a la misma velocidad independientemente de dónde se encuentren o a qué velocidad viajen. En escalas suficientemente grandes o pequeñas, el mundo no se comporta así en absoluto. Los relojes pueden avanzar a velocidades distintas, el tiempo viene en paquetes, los objetos pueden estar en dos lugares al mismo tiempo y cuánto más rápido se mueve algo, más corto se vuelve. Todas estas cosas fueron descubiertas a principios del siglo pasado, cuando la teoría de la relatividad y la física cuántica destrozaron nuestras cómodas conexiones entre la experiencia directa y las leyes naturales. Hay una razón por la que nuestra intuición se equivoca a menudo: hemos crecido así. En nuestras vidas normales no trabajamos con escalas relativistas o cuánticas. Y tampoco trabajamos con vastas escalas de tiempo geológicas.

Y ese hecho no se les había escapado a Paul y a Dan. Ambos tienen la costumbre de hablar de la *Snowball* como una «hipótesis escandalosa». Con esta expresión hacen un guiño a todos los geólogos. La frase es de William Morris Davis, quien, como después lo fueron Dan y Paul, fue profesor de geología en Harvard. En 1926, inspirado por los sucesos extraordinarios en la física a la vuelta del siglo, escribió un famoso artículo titulado «El valor de las hipótesis geológicas escandalosas». En él dijo lo siguiente:

¿Acaso no estamos bajo el peligro de llegar a un estado de estancamiento teórico, similar al de la física de hace una generación, cuando parecía que todos sus dominios habían sido explorados? Ciertamente seremos muy afortunados si la geología crece de una manera tan grandiosa en los siguientes treinta años como lo ha hecho la física en los últimos treinta. Pero para lograr dicho progreso, se debe tratar con violencia muchos de nuestros principios aceptados. Y es aquí donde el valor de las hipótesis geológicas escandalosas, del que quiero hablar, aparece. Dado que los grandes avances de la física en los años recientes y de la geología en el pasado han sido hechos a traves de escandalizar de una u otra manera un cuerpo de opiniones preconcebidas, podemos estar bastante seguros de que los avances que se producirán en la geología serán en un principio contemplados como violaciones de las convicciones acumuladas hasta hoy, que somos tan propensos a considerar geológicamente sagradas.[9]

Davis quería que la gente se arriesgara con la geología. Y estaba seguro de que cualquier nueva teoría importante que tuviera la oportunidad de reforzar el estudio de las rocas sería escandalosa. Se escaparían de toda intuición, de la misma manera que las nuevas teorías físicas habían cambiado las suposiciones que todo el mundo hacía sobre el funcionamiento de los relojes y las reglas.

Esto plantea un problema particular, porque la geología es tanto una ciencia como un arte. Después de que los geólogos hayan recogido con esfuerzo todas las pruebas que las rocas les ofrecen, todavía necesitan una buena dosis de intuición para la interpretación. Con la física o la química, puedes comprobar los diferentes mecanismos uno por uno. Pero los geólogos suelen decir que sus experimentos ya han sido realizados. No pueden reiniciar la Tierra con unas condiciones ligeramente diferentes y ver qué pasa. Tienen que usar su instinto.

Y Paul y Dan están convencidos de que en lo que se refiere a la *Snowball*, no te puedes fiar de tus instintos. Éste era un planeta que no obedecía las leyes habituales. «La *Snowball* es un planeta diferente», dice Dan a menudo. «No lo puedes juzgar con los mismos criterios que usamos en la actualidad.» Por el contrario, se debe confiar en las pruebas, por muy extrañas que parezcan, y se tiene que conseguir interpretar sin utilizar ideas preconcebidas.

Esto es algo que encaja muy bien con Paul. Ha pasado toda su vida nadando a contracorriente. Su pasión por la música comenzó cuando siendo un adolescente le enganchó la música clásica atonal del siglo veinte –el tipo de música que rompe todo tipo de reglas–. A Paul le encantaba precisamente porque sonaba tan distinto. «Nos educaron para que nos enfrentáramos a todo. La sabiduría convencional estaba destinada a estar equivocada, de manera que si no eras convencional, por lo menos tenías alguna posibilidad de estar en lo cierto», dice a menudo.

La familia de Paul lo confirma. A los nueve años, su hermana Abby se cortó el pelo, se hizo llamar «Ab» y entró en el equipo de chicos de hockey. Jugó de defensa izquierda durante toda una temporada antes de que la escogieran para el *all-stars* y se descubriera su sexo. La historia apareció por doquier en la prensa canadiense. Salió en *Time* y en *Newsweek*. Fue entonces cuando Paul la comenzó a llamar Miss Canadá. Abby siguió adelante hasta ganar el oro en los Juegos de la Commonwealth en la prueba de ochocientas yardas, representó a Canadá en cuatro olimpiadas, y se convirtió en un famoso miembro del Comité Olímpico Internacional.

Pero hay muchas ocasiones en las que la imaginación no puede sustituir a la experiencia. La geología consiste en piernas cansadas y mochilas cargadas con pesadas muestras de rocas. Consiste en mirar el mundo a tu alrededor, ya sea como un registro de los tiempos pasados, como un ejemplar del presente o como una predicción del futuro. Ser un geólogo significa echar raíces en el mundo real, trabajar con lo que conoces.

Y para algunas de las personas que escuchaban las conferencias y los seminarios de Paul, la idea de la *Snowball* era demasiado extrema. ¿Cómo era posible que la Tierra se comportara de tal manera? Paul hablaba de océanos que se congelaban completamente, incluso en los trópicos y el ecuador. Una edad de hielo que duró millones de años. Un planeta que se precipitaba de las temperaturas más bajas que jamás había experimentado hacia un intenso horno en tan sólo unos pocos siglos. Niveles de dióxido de carbono cientos de veces mayores que los que jamás se han encontrado en los registros geológicos. Ritmos de meteorización entre las rocas y la lluvia ácida como nunca se han visto en la actualidad. ¿Cómo podría nadie aceptar una teoría que parece tan fuera de lugar?

Cuanto más empujaba Paul, más vehementes se tornaban sus críticos. Particularmente un geólogo de Nueva York llamado Nick Christie-Blick

Namibia, junio de 1999.

Una flota de camiones salió del aparcamiento de cemento del Hotel Safari de Windhoek y comenzó el largo camino hacia el norte. Esta era la segunda fase de la misión *Snowball* de Paul Hoffman. Después de un intenso programa de conferencias, seminarios y presentaciones, ahora había llevado consigo a una selección de sus colegas a Namibia para que ellos mismos vieran las rocas de la *Snowball.* Entre ellos estaba Nick Christie-Blick, un catedrático de geología del Observatorio Terrestre Lamont Doherty de la Universidad de Columbia. Nick era reacio a la *Snowball,* molesto por el estilo combativo de Paul y escandalizado por la idea de que la Tierra pudiera haber funcionado de manera distinta en el pasado. Cuando Paul invitó a Nick al viaje, esperaba ciertos problemas. «Sabía que Nick sería una enorme molestia», me dijo después, «porque siempre lo es». De lo que Paul no se había dado cuenta es de que el viaje de campo estaba a punto de convertir a Nick en el jefe de los no creyentes en la *Snowball.*

La geología es una ciencia intensamente personal. No es suficiente estudiar una muestra de roca que alguien ha traído, o ni tan sólo ver la fotografías que han hecho. En este complicado juego de construir un rompecabezas tridimensional a partir de las rocas que han sido dobladas, empujadas las unas sobre las otras, erosionadas o enterradas, el contexto lo puede ser todo. Enséñame exactamente cuán afilado es el contacto entre estas dos rocas del afloramiento, y qué longitud tiene antes de perderse de vista. ¿De qué parte exacta del acantilado son estas medidas? ¿Qué precisión tienen tus dibujos? ¿Cuál es el detalle de tus mapas? Los geólogos a menudo confían plenamente en sus propios datos de los afloramientos, pero son mucho más reticentes a confiar en datos de lugares que no han visto ellos mismos. El pionero de la tectónica de placas William Menard lo expresó bien: «Algunos geólogos creen en Dios», dijo, «y algunos en su país, pero todos creen que sus propias observaciones de campo no tienen igual, y ajustan los datos de los demás para que coincidan con los suyos».[10]

Por esta razón, el trabajo de campo es una parte tan importante de la manera de hacer geología. Realizas el trabajo de campo solo, o con algunos de tus colaboradores más próximos, durante meses cartografiando, recogiendo muestras, caminando. Cuando vuelves a casa, tal vez escribas un artículo científico describiendo lo que has visto y añadiendo la interpretación que creas adecuada. Pero la verdadera prueba viene cuando llevas a tus colegas a observar los afloramientos sobre los que has trabajado, para que puedan analizar las rocas ellos mismos.

Así que Paul había llevado consigo a expertos en geología precámbrica de alrededor del mundo. Lo había preparado todo, incluso había pagado el viaje con el preciado dinero de su beca. Creía que esta era la única manera de convencer a sus colegas de que la teoría *Snowball* era correcta.

Pero Nick Christie-Blick se volvió más antagonista cada día que pasaba. Nick, como Paul, es un geólogo de campo. Trabaja patrullando las superficies rocosas de la Tierra, midiendo, probando y martilleando el camino a través de millones de años de historia. Vive en Estados Unidos, pero es profundamente británico. Bebe té, habla suavemente con acento de la campiña británica y tiene el peculiar hábito inglés de pronunciar cuidadosamente algunas palabras y farfullar rápida e inexplicablemente el resto de la frase. Su pelo oscuro y corto se riza ligeramente sobre su frente y junto a sus sienes. Su cara es cuadrada y está cuidadosamente afeitada, y es de complexión fuerte. Es más jugador de fútbol americano que corredor de larga distancia. Se vanagloria de su forma física.

El mundillo de la geología antigua es pequeño, y Nick y Paul se conocían desde hacía años. Su encuentro se produjo en una expedición al Gran Cañón durante las Navidades de 1974, cuando Paul tenía treinta y tres años y ya era un geólogo con renombre, y Nick era un tenaz y joven estudiante de posgrado de veintiún años, recién salido del barco que le trajo de Inglaterra. Los norteamericanos de la expedición eran amables con su joven colega inglés. Le dejaron ropa por la noche cuando su saco de dormir resultó ser escandalosamente inadecuado. Le incluían en sus discusiones sobre geología, *bebop* y béisbol. Le llamaban «Blick».

Paul en particular le causó mucha impresión. Ya por entonces, Paul tenía la reputación de ser un geólogo con mucho talento, que era tanto un «hacedor» como un «pensador». Nick estaba ansioso por aprender de él. Pero lo que mejor recuerda ocurrió el día que el grupo salía escalando del cañón por el camino Kaibab. A pesar de que el camino era inclinado, Nick no estaba preocupado. Había pasado los tres años anteriores remando para su facultad en Cambridge. Era fuerte y estaba en forma, un tipo resistente que estaba acostumbrado a aguantar duras caminatas. También estaba acostumbrado a llegar el primero a la cima. Por eso recuerda tan claramente el momento en el que un ligero y ágil Paul Hoffman le adelantó. El camino era de los más inclinados del Gran Cañón, pero Paul casi estaba corriendo. Era imposible atraparle. Mientras el resto del grupo miraba boquiabierto, subió la montaña y desapareció. Paul jura que no lo hizo para causar efecto. «Sencillamente escalo rápido», dijo, encogiéndose de hombros. Pero sin lugar a dudas causó efecto. «Nos dejó mordiendo el polvo», me dijo Nick. «Fue bastante impresionante.» Y rió.

Al principio, Nick no tenía intención de atacar la teoría *Snowball.* Ya estaba metido en demasiadas discusiones. En cierto modo, se podría decir que Nick es un crítico profesional. Es famoso por inspeccionar las argumentaciones de las teorías hasta que encuentra un detalle que lo desmonta todo. Pero este tipo de crítica requiere tiempo e implica problemas. Nick se cruzaba permanentemente con teorías con las que estaba en desacuerdo, algunas eran grandes teorías como la *Snowball* y otras meros detalles sobre el funcionamiento arcano de las rocas. No era posible tener la energía necesaria para falsearlas todas. «La vida es tan corta», me dijo. Y si el destino de la *Snowball* hubiera sido caer de nuevo en el olvido, Nick se hubiera mantenido al margen.

Sin embargo, su oposición había aumentado después de que Paul diera una conferencia sobre la *Snowball* en la institución donde trabajaba Nick. Irónicamente, le había pillado una tormenta de nieve mientras conducía de Nueva York a Boston. Uno de sus neumáticos se había desgarrado con el hielo de la carretera, y había tenido que cambiarlo en la desagradable nieve sucia del borde de la carretera. En Lamont Doherty ya habían perdido toda la esperanza cuando Paul finalmente llegó.

Los elegantes edificios están en una antigua finca en las afueras de Nueva York. Es uno de los lugares punteros en cuanto al estudio del funcionamiento de la Tierra, y es famoso por ser ferozmente competitivo. Se anima a los científicos a que comenten y critiquen activamente el trabajo de los demás. Las interacciones son fuertes y directas. Paul sabía que si llevabas una idea a Lamont, más te valía estar preparado para luchar por ella.

Así que Paul llegó a Lamont con las armas preparadas. A medida que Nick escuchaba la conferencia, se iba encendiendo cada vez más. Paul utilizaba palabras como «panacea» o «triunfo», el tipo de palabras que ponen furioso a Nick. Odia las grandes ideas que pretenden explicarlo todo. Desde su punto de vista, están inevitablemente equivocadas. Y la gente que las defiende siempre acaba escondiendo los detalles inconvenientes debajo de la alfombra. Y esa es la razón por la que los detalles son tan importantes para Nick. El mundo, dice, es complicado y la única manera de explicarlo es juntando cuidadosamente partes pequeñas de cada rompecabezas individual. Cuando comienzas a hablar de panaceas, dice, es muy fácil acabar bajando las persianas y perder de vista lo que de verdad hay ahí fuera.

Nick lleva a las expediciones su obsesión sobre los detalles. Es conocida la vez que se plantó en la cima de un acantilado con una sonrisa irónica, extendió sus brazos y dijo: «¡Aleluya, bajad, creyentes!». Le había oído la frase a Billy Graham, invitando a que los conversos bajaran al escenario, y le pareció una metáfora perfecta para los geólogos bajando de manera reverente por la pared de piedra y descubriendo las valiosas pistas sobre la Tierra que ahí yacen. Pero en realidad, Nick es más bien un escéptico. Cuando va a un afloramiento, tiene que poner sus propias manos en las heridas, ha de ver el proceso él mismo. Sólo cuando todas y cada una de las preguntas, por pequeñas que sean, obtiene respuesta y cada duda queda despejada, se permite creer en algo.

Y en el viaje de campo de Paul a Namibia, esta actitud resultó ser desastrosa. Ahí, las personalidades de Paul y Nick chocaron de manera dramática. Nick buscaba errores por todas partes. Discutía sin cesar sobre cada afloramiento y cada interpretación. Paul, en cambio, no quería escuchar nada. Desde el primer día, en el primer afloramiento, le quedó claro a Nick –y a todos los demás integrantes del viaje– que Paul no quería escuchar interpretaciones alternativas. Paul había organizado el viaje para persuadir a la gente, no para que criticaran su teoría constantemente. Cuanto más se negaba Paul a escuchar las críticas de Nick, más se obstinaba éste en buscar errores.

Cuando Nick tiene ganas de discutir puede llegar a enfurecer a cualquiera. Le conocí en la sala de espera del aeropuerto de Las Vegas, meses después del viaje de campo de Paul. Para entonces, Nick se oponía implacablemente a la teoría *Snowball*. Las primeras palabras que me dijo fueron: «La Tierra *Snowball* está muerta». No dijo «estoy en desacuerdo con algunos aspectos de esta teoría», ni «creo que hay ciertos problemas con esta interpretación». Dijo que estaba muerta. El aeropuerto estaba lleno de geólogos camino de un congreso, y muchos de ellos hablaban de la *Snowball*. Evidentemnte estaba viva y coleando. Pero en vez de decir eso, respondí que estaba interesada en saber por qué pensaba eso, y mencioné que yo también había visitado los afloramientos de Paul en Namibia. «Oh», dijo con sarcasmo, «así que ahora Paul lleva turistas a sus afloramientos, ¿no?». Eso es lo más hiriente que pudo decir. Más tarde se disculpó. A pesar de que Nick es exasperante en el fragor de la batalla, también puede ser divertido y agradable cuando se repliega. Dijo que acababa de pasar unos días discutiendo con un antiguo adversario sobre la interpretación exacta de ciertos fenómenos de las rocas. Me explicó que había salido con los puños en alto.

La respuesta de Paul a este tipo de comportamiento, sin embargo, era igualmente desagradable. Paul tiene la costumbre, cuando oye algo que no quiere oír, de simplemente borrarlo de las ondas sonoras. Puede hacerlo con cualquier cosa que no quiere comentar –una anécdota sobre alguien a quien tú conoces pero él no, una opinión contraria a la suya, una experiencia emocional con la que él no puede conectar–. Cuando dices una de esas cosas, no quiere reaccionar en absoluto. Sencillamente deja de hablar hasta que hayas acabado, y continúa su discurso. En vez de rechazar tu comentario de manera violenta, reacciona en todos los sentidos como si no lo hubieras dicho. A veces, hablando con Paul, me he encontrado a mí misma preguntándome si realmente había dicho algo, o sencillamente se me había pasado por la cabeza. Puede ser perturbador, pero también es relativamente infrecuente.

Pero con Nick, Paul comenzó a hacer esto constantemente. Muchos de los demás científicos del viaje comenzaron a sentirse incómodos. Este comportamiento parecía tan incorrecto como las continuas críticas de Nick. Durante un viaje de campo, en los afloramientos, se espera que las cosas se discutan. Dan, el «relaciones públicas», hizo lo que pudo, intentando enzarzar a Nick en el tipo de discusión que Paul esperaba. Pero no ayudó, a Nick le molestaban sus intervenciones. Dan no era un geólogo de campo, y sabía poco sobre rocas tan antiguas como aquéllas. No podía sustituir a Paul, y Nick no tenía tapujos al decirlo.

El 22 de junio, poco más de una semana después de comenzar el viaje, el convoy llegó a un afloramiento espectacular al noroeste del país. Como ocurre con la mayoría de los mejores afloramientos, Paul había encontrado éste casi por casualidad. Dos años antes había estado explorando un torrente seco, intentado identificar la parte superior de las rocas glaciales. El torrente era moderadamente escarpado, lleno de bloques de color gris pálido. Mientras Paul ascendía laboriosamente por el canal principal, un estudiante de posgrado llamado Pippa Halverson bajó por un canal lateral aparentemente sin interés. Unos minutos después Pippa reapareció. «Tal vez quieras venir y echar una ojeada a esto», dijo.[11]

«Esto» resultó ser un afloramiento que le quitó la respiración a Paul. Para llegar hasta ahí, él y Pippa bajaron por el canal lateral y giraron la esquina que ocultaba el afloramiento. El suelo rocoso se inclinaba hacia arriba delante de ellos, pero la superficie estaba tan maltratada por la acción del viento y la lluvia que sus botas se pegaban a ella como si fuera pegamento. Había poca vegetación, tan sólo algunos matorrales y raquíticos árboles. Y ascendiendo a su izquierda había una pared de piedra que era un resumen de la teoría *Snowball*.

La base del afloramiento, más tarde llamado «la roca de Pip» en honor a su descubridor, estaba llena de rocas glaciales de todas formas y colores. Estos eran los bloques que habían sido depositados en el lecho marino por antiguos icebergs. Blancos, rosas, marrones y naranjas, resaltaban espectacularmente sobre la aburrida lodolita. Eran el resultado inconfundible de la acción del hielo. Pero eso no era todo. A media altura de la pared, la escena cambiaba de manera abrupta. De repente la lodolita se transformaba en rocas carbonatadas rosáceas, que no contenían piedras, ni bloques, ni ningún otro signo del hielo. Bajo esta afilada separación la *Snowball* trabajaba a todo gas. Una flota de icebergs flotaba sobre el antiguo mar, descargando las rocas que transportaban sobre el blando lodo del lecho marino. Sobre esta separación, todo había cambiado. El hielo se había fundido, el mar había hervido con dióxido de carbono y lechosa lluvia carbonatada. De una manera espectacular, estas rocas habían capturado la transición entre el congelador y el horno terrestre. Este afloramiento en particular encapsulaba toda la historia de Paul y Dan.

Paul está tremendamente orgulloso de la roca de Pip. Cuando te lleva ahí, no puede evitar crear una especie de drama. Se te adelantaba sobre los bloques gigantes y el torrente seco que lleva hasta la roca, y cuando giras la esquina para ver la pared de roca, él ya está ahí, preparado para gesticular hacia el afloramiento con aspecto triunfante. Y entonces Dan pide a todos los presentes que se descubran la cabeza como acto de respeto hacia las rocas. No deja que nadie utilice sus martillos geológicos para extraer muestras de la superficie. Paul ha decretado que este afloramiento debe permanecer virgen.

Los geólogos a menudo tienen lugares sagrados, aquellos que guardan la clave de sus ideas. He visto investigadores que se quitan los zapatos cuando caminan sobre superficies rocosas. A pesar que dicen que es porque no quieren arriesgar la integridad del afloramiento, es un gesto de extraña reverencia.

Algunos de los afloramientos más famosos son lugares de peregrinaje, para los que los geólogos crean listas de los que han de visitar por lo menos una vez en la vida. Un lugar en la lista de todo geólogo es el Siccar Point en el sur de Escocia, donde el padre de toda la geología –un granjero noble del siglo XVIII llamado James Hutton– se dio cuenta de la gran longevidad de la Tierra. Antes de Hutton, la teoría que prevalecía sobre cómo las rocas aparecían sobre la superficie de la Tierra se llamaba neptunismo. Esta teoría mantenía que la Tierra estaba cubierta completamente por un único gran océano. Cada capa de rocas se formaba en el océano, las más primitivas las primeras, y las más recientes las últimas. Con el tiempo, el océano se secó y las rocas no han cambiado desde entonces. La idea encajaba perfectamente con las nociones bíblicas de la creación, la inundación de Noé y que la Tierra existía –según las interpretaciones más literales de la Biblia– desde hacía tan sólo unos miles de años.

Después de Hutton, esta interpretación bíblica fue descartada a favor de una aproximación nueva y más racional. Hutton se dio cuenta de que las rocas se habían creado en momentos diferentes de maneras diferentes. Algunas habían sido depositadas en los lechos de antiguos océanos, otras creadas por erupciones volcánicas y otras por la erosión de las montañas, cuyas rocas pulverizadas se dispersaban por los valles colindantes para formar nuevas capas de la historia geológica. Y, de manera crucial, la Tierra pasaba cíclicamente por estos procesos. Lo que antaño había sido un lecho marino podía ser impulsado en el aire para convertirse en una montañas, luego erosionado en un valle, y con el tiempo inundado para convertirse de nuevo en un océano. La superficie de la Tierra se creaba y se erosionaba y se recreaba de manera continua, en un proceso que Hutton dijo que «no tiene vestigio de un principio, ni previsión de un final». A través de sus avances, Hutton sentó las bases de un profundo e insondable tiempo geológico. Su amigo más próximo, el matemático profesional y geólogo aficionado John Playfair, describió así la visión de la eternidad geológica: «La mente parecía volverse loca al mirar ten lejos en el abismo del tiempo».[12] De la percepción de que la Tierra había existido durante mareantes eones, Stephen Jay Gould dijo que «todos los geólogos saben en su interior que ninguna otra cosa de nuestra profesión ha sido jamás tan importante».[13]

Pero incluso el racional Hutton obtuvo su inspiración de convicciones religiosas. En sus días de granjero, Hutton se dio cuenta de que el suelo se creaba cuando las rocas se erosionaban, con los escombros llegando finalmente al mar. Si éste fuese el único proceso permitido, toda la tierra firme del planeta acabaría erosionándose y no quedaría ningún lugar donde la humanidad pudiera vivir. Dado que Hutton creía que un Dios amable había creado el mundo expresamente para le beneficio de sus ocupantes humanos, razonó que tenía que haber algún otro proceso que reconstruía la superficie de la Tierra y la mantenía confortablemente habitable. Así desarrolló la idea de que los lechos marinos podían convertirse en montañas, y que los volcanes podían crear nueva tierra para reemplazar aquella que había sido lavada por los océanos.[14]

Los argumentos de Hutton sobre la motivación de Dios no tendrían ningún peso en la geología moderna, pero demuestran que la ciencia es más turbia de lo que parece, y que las ideas e inspiraciones de los científicos pueden venir de fuentes inesperadas. Lo que distingue la ciencia de la pseudociencia no es si la teoría se originó a partir de una convicción sobre cómo funciona el mundo, o si sientes un cariño especial por ella. Lo que importa es la evidencia que encuentres para apoyarla, y si estás preparado para aceptar que podrías estar equivocado. Tal vez sea apropiado, pues, que los estudiantes de geología acudan al lugar de inspiración original de Hutton con una reverencia completamente irracional. Van por el puro placer de ser testigos de las rocas que lo inspiraron todo.

Debió ser obvio para todos los que participaron en el viaje que la roca de Pip era sagrada para Paul. Y Nick estaba desesperado. Este afloramiento era más fotogénico que informativo. Ésa, creía Nick, era la razón por la que Paul lo veneraba. Era puro teatro. Nick caminó hasta la pared de roca y empezó a buscar fallos.

Encontró algo casi inmediatamente en las piedras que Paul decía que habían caído desde los icebergs sobre el lecho marino. Se puede distinguir cuándo un bloque ha caído de un iceberg porque deforma el lodo blando en el que aterriza. En vez de ser planas, las capas de lodo situadas inmediatamente debajo del bloque se hunden hacia abajo.

Pero esto sólo debería ocurrir con el sedimento situado debajo del bloque. Si observas la pared y ves líneas de sedimento deformadas tanto por encima como por debajo del bloque, es un aviso de que puede que la roca no haya caído jamás. En cambio, es posible que rodara por una pendiente submarina. Y entonces, cuando los sedimentos blandos se compactaron alrededor del bloque se curvaron a su alrededor, tanto por encima como por debajo. Para hablar claramente, la distorsión bajo un bloque implica un bloque caído, mientras que si ésta se produce por encima y por debajo implica otra cosa. Éso era lo que Nick buscaba en la roca de Pip. Se movió a lo largo del acantilado hasta que encontró uno sospechoso. «¡Mirad!», gritó triunfante a quien le escuchara. En esta hay deformación tanto por encima como por debajo. «¡Es compactación! Mirad». Eso demuestra que algunos de los bloques no provienen del hielo.

Algunos de los bloques no provenían del hielo. Pero incluso Nick aceptó que la mayoría de ellos sí. En otras palabras, era una crítica sin sentido. La roca de Pip se había creado en presencia de hielo. Incluso si algunos de los bloques que contenía eran rocas glaciales, los demás lo eran sin lugar a dudas. Nick no sostenía que no hubiera habido hielo cuando se formaron las rocas. Sencillamente, mostraba una interpretación ligeramente diferente para algunos pedazos de la pared.

¿Acaso Nick no era consciente de que si criticaba de manera tan aleatoria, volvería loco a Paul? «Sí», me contó Nick más tarde. «Pero da igual. El objetivo del viaje era que la gente fuera allí y echara un vistazo. Sabía a lo que se exponía.»

Al final del viaje, las líneas de batalla se habían dibujado. En el largo vuelo de Johannesburgo a Nueva York, Nick escribió a Paul un correo electrónico de ocho páginas, espaciado sencillo, detallando todas las críticas que creía que no habían sido suficientemente escuchadas en los afloramientos. En el comienzo era la amabilidad personificada:

De nuevo muchas gracias a ti y a todos los responsables de esta excelente excursión. Aprecio mucho la oportunidad de ver estos estratos fascinantes de primera mano, y también el esfuerzo que hiciste para obtener apoyo financiero para el viaje.

Pero no tardaría mucho en iniciar una crítica detallada que parecía calculada para enfurecer. Envió el mensaje a Dan, a Paul y a todos los demás que habían estado en el viaje, y a bastante gente que no había ido, algo que Paul más tarde dijo que había hecho únicamente para desacreditar la *Snowball* entre aquellos que no habían visto las rocas ellos mismos. Para el disgusto de Nick, a pesar de que algunos contestaron para dar las gracias por los comentarios, nadie aceptó su invitación de llevar la discusión más allá. Paul simplemente ignoró el correo, y se indignó interiormente.

La siguiente primavera, Nick dio una clase en Lamont sobre la *Snowball,* y la continuó con un correo electrónico a todos los estudiantes describiendo sus críticas, y avisándoles de que Paul era «un gran vendedor». Como era de esperar, la carta llegó a manos de Paul, para quien fue un duro golpe. Lo que más le molestaba, dijo en una acalorada carta al coordinador del curso, era la manera en la que Nick parecía querer describirle como una persona que no prestaba atención a los detalles. Esto, declaró, era evidentemente falso:

> Cualquiera que dude de que tengo la habilidad y la voluntad para andar el kilómetro extra al final de un largo día para poner las cosas en su sitio debería ponerme a prueba algún año en la Maratón de Boston.

Nick no tenía intención de correr contra Paul en una maratón. Pero decidió llevar la batalla al territorio enemigo. En septiembre de 2000, Nick fue al Massachusetts Institute of Technology, en el mismo barrio que Harvard. Había escogido un título deliberadamente provocativo para su seminario: «La hipótesis de la *Snowball Earth*: ¿un trabajo de nieve neoproterozoico?». El organizador insistió en la interrogación. Nick no quería ponerla. Durante le conferencia, las críticas principales de Nick se centraron en la manera en que Paul y Dan estaban presentando la idea. Era industria artesanal, dijo. Oportunismo. Paul y Dan estaban entre la audiencia, y ambos estaban furiosos.

Nick y sus colegas escépticos son tan importantes para el progreso científico como la gente cuyas nuevas ideas critican. Este proceso de exponer y derrocar puede ser una de las mejores maneras de saber si una teoría se aguanta, si algunas partes deben ser modificadas o si se debe descartar del todo.

El calor de las discusiones tuvo su inevitable efecto. El epílogo del seminario «trabajo de nieve» fue exactamente lo que Nick debió predecir. Ya no hablaba con Paul, Nick se había definido como un enemigo de la teoría, y no había marcha atrás. Ahora era el momento de que la confrontación realmente científica ocupara el lugar de la retórica.

7

Por debajo

Paul Hoffman había entretejido las diferentes partes de la teoría *Snowball*. Su teoría era nueva, pero también se basaba firmemente en observaciones e ideas del pasado, especialmente aquellas de Brian Harland y Joe Kirschvink. Sin embargo, con sus rocas carbonatadas y sus isótopos, él y Dan habían proporcionado las primeras pruebas de que la *Snowball* podría ser cierta.

Ahora la teoría estaba a punto de enfrentarse a sus primeros retos serios. Vinieron, como tantas otras cosas en esta historia, de las rocas del sur de Australia. Después de que Joe llevara a cabo su magia magnética en los Flinders en los años ochenta, muchos geólogos habían vuelto para inspeccionar los afloramientos e intentar extraer más datos. Para cuando Paul y Dan publicaron su teoría, ya había montones de datos australianos esperando ser analizados. Y de esos datos emergieron dos exámenes para la teoría *Snowball Earth*.

Dado que Nick Christie-Blick se había convertido en la cabeza visible de la mayoría opuesta a la *Snowball*, resultaba lógico que uno de esos exámenes proviniera de su grupo de investigación. Sin embargo, el resultado no entraba en conflicto con la teoría de Paul; más bien al contrario. Trabajando en los Flinders, una estudiante de Nick había descubierto evidencias que resultaron ser favorables a Paul. Había tratado el tema del tiempo. Para que la explicación de Paul y Dan funcionara, el hielo debería haber durado varios cientos de miles o incluso millones de años, suficiente tiempo como para que se concentrara el dióxido de carbono en la atmósfera y ocasionara las condiciones necesarias para que se formara la capa global de rocas carbonatadas. ¿Así que estaban en lo cierto? ¿Cuánto duró exactamente la *Snowball*?

Bennett Spring, sur de Australia, 1995.

A Linda le comenzaban a doler los brazos. Pero no podía soltarlo. Si el taladro no entra recto, el núcleo se estropea y tienes que comenzar de nuevo. El agua, lechosa con el polvo de roca, salía a borbotones del agujero y mojaba sus pantalones de las rodillas hacia abajo; ya estaban húmedos y pronto estarían empapados. Cambió el ángulo ligeramente, intentado descansar su brazo derecho sobre su rodilla. Incluso a través de los tapones para las orejas, el ruido era ensordecedor.

A su alrededor corría el cauce de un riachuelo seco, cuyas altas paredes la mantenían en la sombra. A pesar de que Australia se acercaba al invierno, la temperatura superaba los veinte grados. El cielo estaba moteado por brillantes cirros. Treinta metros a su derecha, grupos de arbustos de color verde brillante indicaban una primavera perezosa, la única agua que se podía encontrar en estas tierras a kilómetros a la redonda. Esa mañana, Linda había encontrado allí un canguro gris; el canguro hizo su característico ruido («shhht») de alarma y se fue apresuradamente. Aquí y allí, a lo largo del riachuelo, había grandes eucaliptos rojos, con las hojas todavía verdes y la corteza a tiras revelando el tronco plateado. Una buena razón para no acampar junto al arroyo es que nunca se sabe cuando un eucalipto se deshará de una de sus ramas.

El campamento de Linda estaba a un centenar de metros, sobre la meseta, rodeado de hierba seca y pequeños matorrales con hojas de color gris-verde polvoriento. Éste era el centro de los Flinders Ranges, a unos cientos de kilómetros de las ritmitas del paso de Pichi Richi. La tierra era de un intenso color marrón dorado, las montañas de caliza alrededor de la planicie eran bajas y las pendientes suaves.

Su todoterreno Suzuki de color rojo vibrante, con el techo de lona, contrastaba con esta campiña apagada. Pero el resto del campamento se fundía con el paisaje. Una pálida mesa de madera con patas plegables, un resistente tanque de plástico de 25 litros, un ordenado montón de pequeñas ramas y leña para el fuego de la noche. (Siempre se tiene que coger leña de los eucaliptos –los cipreses y pinos dejan una sustancia negra y pegajosa en las sartenes–.) Una tienda de medio domo, verde y gris, cuidadosamente puesta a contraviento del fuego.

Linda había dejado la voluminosa radio HF en el todoterreno. Había sido un gasto innecesario del limitado espacio. Se la había dejado el departamento de minas y se suponía que funcionaba, pero todo lo que oía era ruido. Así que nada de comunicación con el mundo exterior. El único contacto con humanos que había tenido en la pasada semana había sido dos días antes cuando, pasando con su Suzuki junto al edificio principal de una granja, había parado y pedido permiso para agujerear las rocas. Los hombres de la granja la miraron atónitos. ¿Para qué querría hacerlo? ¿Por qué les debería importar?

Linda Sohl, una chica del Bronx, finalmente comenzaba a sentirse como en casa en el Outback australiano. Ésta era su tercera temporada allí, ya había completado más de la mitad de su doctorado y las cosas pintaban bien. Tenía veintiocho años, era guapa, con el pelo corto y marrón que le caía en rizos simétricos a ambos lados de la cara. Tenía unos enormes ojos marrones. En circunstancias diferentes, sin gafas de seguridad, el equipo de trabajo de campo y el taladro, probablemente la tomarías por una sensata hermana mayor. Parecía cauta, juiciosa, a menudo reservada. Pero transmitía un aire de seguridad a su alrededor y, de vez en cuando, la clara mirada de una soñadora.

Los sueños de aventuras le habían llevado, dos años antes de su bien pagado pero aburrido trabajo en una editorial de Nueva York, de nuevo hacia la facultad. Sus padres estaban horrorizados. ¿Un doctorado? ¿En geología? ¿Qué seguridad te da eso? Sin embargo, en primavera de 1993, Linda se presentó en la oficina de Nick Christie-Blick, a quien había conocido en un seminario.

Nick había invitado a Linda a visitar su laboratorio, en los suburbios de Nueva York, y Linda tuvo esperanzas. Sabía lo difícil que era entrar en el programa de doctorado de una institución tan prestigiosa como Lamont Doherty, especialmente cuando ella no había seguido la ruta convencional directamente desde la facultad. Sin embargo, Nick había mostrado interés, y eso era una buena señal. Linda no sabía qué esperar, una entrevista, tal vez una vuelta por el laboratorio. Estaba decidida a dar la mejor impresión posible.

No hubo necesidad. Nick ya había decidido aceptarla. Cuando cruzó la puerta a las nueve y media de la mañana, Nick había abierto varios mapas geológicos del sur de Australia sobre la mesa y comenzó de inmediato a sugerir áreas de investigación «¿Tienes pasaporte?», le preguntó. «Tenemos que conseguirte un visado.» Varias semanas más tarde conducían juntos a través del Outback.

No había acampado nunca, ni siquiera con los Scouts. Nunca había visto una oveja, y mucho menos de cerca.

Unos días después de partir, Linda y Nick estaban en el aparcamiento de un pequeño motel, transfiriendo material de un vehículo a otro. Iban de un lado a otro, con los brazos llenos, junto a una furgoneta cargada con material de granja oxidado, balas de alambre y una oveja tumbada de costado. Linda estaba fascinada. Se paró y se quedo mirándola. No pestañeaba, no parecía que respirara. Estaba absolutamente quieta. Sus ojos eran de un aburrido color marrón. Pensó que se parecían a los ojos ausentes y sin vida de los osos de peluche. Se acercó a ella. De repente, sin avisar, la oveja pestañeó y movió la cabeza. Linda gritó y dio un salto atrás. «¡Nick! ¡La oveja está viva!» Vaya, vaya, vaya. No es la mejor manera de impresionar a tu nuevo profesor de doctorado, incluso antes de comenzar el primer semestre.

Nick no se quedó pasmado. Le compró una tienda, una linterna, un juego de sartenes. La acompañó a varios lugares de posible investigación en los Flinders Ranges. Le ayudó a escoger sobre qué rocas quería trabajar para su doctorado, le enseñó a utilizar la radio, y la dejó allí.

Al principio el silencio era lo peor. Entonces los golpes sin explicación en medio de la noche. Los canguros pasaban silenciosamente hasta que llegaban al lecho rocoso de algún río y la despertaban de repente con su choque. Tímidos emús salían de noche para remover los guijarros del arroyo, izquierda, derecha, izquierda, derecha, como gente corriendo. En una ocasión sí hubo realmente gente, avanzando por pistas forestales remotas, con brillantes focos y disparando escopetas. El aire estaba lleno de balas y gritos agonizantes. Linda permaneció en su tienda. Más tarde descubrió que era parte de una caza autorizada de los feroces animales foráneos, los felinos y zorros que campan por el Outback.

Pero la mayor parte de aquella zona resultó ser benigna y bella. Una de las pocas cosas molestas eran los idiotas *galahs*, unas cacatúas rosas australianas que periódicamente se lanzaban en masa desde un árbol, trastocando locamente e inmiscuyéndose en el campamento. Y las cacatúas, y la urraca gigante australiana, de hecho pariente de los cuervos, pero con un canto lírico cuyo eco se oye fantasmagóricamente entre los eucaliptos. Lo pájaros eran, de alguna manera, útiles. No hace falta despertador cuando tienes un coro ensordecedor cada mañana, exactamente a las 6.45.

Linda nunca había pretendido poner a prueba la *Snowball*. Ella estaba estudiando unas rocas carbonatadas que debían haberse formado mucho antes de la aparición del hielo. Pero, habiendo trabajado entre las rocas glaciales durante dos años, no pudo evitar sentirse intrigada por ellas. Había oído hablar del trabajo magnético de Joe Kirschvink y los estudios más detallados de George Williams. Y decidió comprobar si ella también podía detectar las débiles trazas magnéticas de las rocas.

Unas semanas después de comenzar su viaje de 1995, Nick volvió para ayudarla. No había animado a Linda a que trabajara sobre el hielo antiguo, pero los resultados le intrigaban. Nick, un hombre detallista, siempre estaba quejándose y comprobando. En el campo podía volverte loco. No deja nunca nada sin verificar. Y mientras Linda y él taladraban y limpiaban y transportaban muestras de un lado a otro, le preguntaba incesantemente sobre la precisión de sus medidas magnéticas. Para Linda aquello sencillamente no era lo más importante. Los detalles a menudo importan, pero aquel detalle en particular no serviría para nada. Pero Nick estaba obsesionado con eso. Unas semanas después de que regresara a su propio lugar de investigación, Linda fue a un pequeño pueblo llamado Hooker para recoger su correo, enviado para «entrega general». Entre sus cartas había una de Nick desde su campamento varios centenares de kilómetros al norte. La página estaba llena de cuidadosos diagramas y análisis detallados de los factores que podían afectar a la precisión de las medidas de Linda. Sencillamente no podía dejarlo estar.

Al final de la temporada, Linda volvió a Nueva York para analizar sus muestras. El trabajo resultó ser extenuante y pesado. El aparato magnético ya estaba reservado para mañanas y tardes, así que tuvo que trabajar por la noche durante seis semanas. Pero al final consiguió algo. A pesar de que todas las rocas que había recogido parecían más o menos iguales, pálidas y rojizas por los minerales que contenían, algunas tenían un campo que apuntaba hacia el noroeste, mientras que en otras el campo apuntaba hacia el suroeste. Para Linda, eso sólo podía significar una cosa. Estas rocas glaciales contenían un registro de antiguas inversiones magnéticas.

Una inversión magnética ocurre cuando el campo magnético de la Tierra espontáneamente cambia de dirección, de manera que el norte magnético se convierte en el sur. El campo magnético de nuestro planeta está generado por el hierro fundido que hay en el núcleo de la Tierra, y la inversión tiene que estar relacionada con los cambios en este líquido caliente y profundo. Pero los detalles siguen siendo un misterio. Lo que sabemos es que este extraño fenómeno ocurre cada varios centenares de miles de años. Si pudiéramos ralentizar el frenético ritmo de vida humano hasta que nuestras vidas abarcaran periodos geológicos podríamos estudiar una brújula y observar estas inversiones en acción. Se invertiría, y la aguja se movería a lo largo del dial hasta apuntar al sur; inversión de nuevo, y apuntaría al norte; inversión, y apuntaría al sur de nuevo. Los minerales magnéticos atrapados en las rocas de Linda se comportaban exactamente como la aguja de nuestra brújula geológica. Cada antigua inversión se había congelado en las rocas.[1]

Estas inversiones son útiles para aquellos que estudian la Tierra antigua por dos razones. En primer lugar, si aparecen en una secuencia de rocas, el campo magnético del lugar es el original. Ni el calentamiento posterior de las rocas ni el influjo de nuevos materiales magnéticos pueden producir este patrón de campos alternándose. Buscando las inversiones en las rocas glaciales de los Flinders, Linda confirmó el descubrimiento de Joe de que había existido hielo en el ecuador.

Y lo que era más importante, Linda también había encontrado pruebas de que el hielo existió durante mucho tiempo. Sus rocas contenían hasta siete inversiones. Si las inversiones magnéticas se comportaban en el Precámbrico de la misma forma que lo hacen hoy en día, las rocas glaciales de Linda abarcaban por lo menos varios centenares de miles de años, y probablemente varios millones. Ésta era la primera prueba tangible de que las glaciaciones de la *Snowball* realmente fueron las más largas que se conocen. Parecía que había durado lo suficiente como para aumentar en gran medida la concentración de dióxido de carbono en la atmósfera y para disparar los fenómenos que Dan y Paul habían pensado.

Paul se excitó cuando le hablaron de las inversiones de Linda. La teoría *Snowball Earth* había superado su primer examen –la prueba del tiempo–. Nick era perfectamente consciente de lo irónico que resultaba que el trabajo de su propia estudiante acabara apoyando la *Snowball*, pero también estaba orgulloso de Linda. Había hecho una observación sorprendente, aportando una pista potencialmente importante sobre las condiciones en las que se desarrollaron las glaciaciones.

Sin embargo, y justo porque el hielo había permanecido en el ecuador durante un tiempo extraordinariamente largo, no significaba que el resto de la teoría de Dan y Paul fuese correcta. Nick y Linda seguían decididos a demostrar que la imagen global no era en absoluto como la dramática congelación total de Dan y Paul.

El siguiente reto para la *Snowball Earth*, sin embargo, no provenía del campo de actuación de Nick, a pesar de que venía con otra dosis de ironía. De nuevo el contrincante había trabajado en los Flinders Ranges, y proporcionó pruebas claves que más tarde se incorporaron a la teoría de Paul. Pero no fue Linda, ni nadie que trabajaba con ella. El nuevo contrincante era George Williams, el australiano que había llevado a cabo la investigación que había atraído la atención de Joe Kirschvink en los años ochenta. George había trabajado en los Flinders Ranges durante décadas. Es la persona que estudió las ritmitas de mareas, y cuyo trabajo sentó los fundamentos de todo el estudio sobre el magnetismo que se hizo después. Había trabajado mucho en ese campo, y estaba convencido de que había habido hielo en el ecuador. Pero también estaba convencido de que no tenía nada que ver con la congelación global. George tenía una explicación alternativa: la Tierra, dijo, se había inclinado de lado. ¿Parece una locura? Pues bien, tenía pruebas que parecían demostrarlo, y que pronto mantendrían a Paul largas noches en vela.

Puerto Augusta es un pequeño pueblo costero unos cientos de kilómetros al norte de Adelaida, justo al oeste de los Flinders Ranges. Las señales de las calles lo proclaman «La Puerta del Outback». En Puerto Augusta comienza lo duro. A pesar de que las carreteras que van al sur son agradables y modernas, la mayoría de las que se dirigen al norte no son más que pistas forestales de barro.

A partir de ahí, las direcciones para llegar a la mina del Monte Gunson son bastante sencillas. Una carretera asfaltada se dirige al norte, la Stuart Highway. Tómala. Después de unos 200 kilómetros, gira a la derecha. Éste será el único cruce a la derecha. No puedes pasártelo. No, en serio, es imposible que te lo pases. Ahí no hay nada más.

La mayoría del comercio entre Puerto Augusta y el interior australiano se lleva a cabo por la estrecha Stuart Highway, mediante aterradores «trenes de carretera». Son caravanas enlazadas de dos o tal vez tres remolques impulsados por una sola máquina, cuyo conductor probablemente no ha dormido en toda la noche, se ha alimentado a base de grasientos bocadillos de bistec con «todo lo demás» (cebolla, queso, tomate, beicon, huevos fritos, lo que te imagines, todo rebosante de ketchup y mostaza amarilla) de los ocasionales bares de carretera. Los camiones sacuden de lado a lado tu coche cuando pasan a tu lado. Son un peligro de muerte para los canguros, cuyos restos de carne con pelos grises aparecen habitualmente en la carretera, para festín de enormes y negras águilas. Ni siquiera un canguro completamente desarrollado provocará el más leve desperfecto en los trenes de carretera. Pero si vas en coche, más vale que no conduzcas al anochecer o al amanecer cuando los canguros son más habituales. La evolución todavía no los ha equipado con el sentido de la orientación en la carretera. Permanecen en los arbustos de la cuneta y saltan de repente en tu camino sin avisar. Si golpeas a uno, también puede significar tu propia muerte.

Hay pocas cosas que te puedan distraer durante el viaje, únicamente la plana, vacía, y constante llanura del desierto australiano. Al cabo de un tiempo una señal castigada por el tiempo apunta hacia una carretera sin asfaltar a la derecha. Hoy en día pocos vehículos toman este desvío. En los años ochenta, el Monte Gunson era una floreciente mina de cobre, pero ahora la mayoría de las operaciones han cerrado. Todavía se pueden ver algunas cabañas de trabajadores, con los viejos pósters de chicas. También algunos signos de advertencia –ÁCIDO SULFÚRICO. ¡CORROSIVO!– junto a tuberías oxidadas de casi el mismo color que el polvoriento suelo rojizo. Pero el resto del lugar no es muy diferente del desierto que lo rodea, su paisaje moteado por arbustos grises y zarzos de los Flinders, que crecen rápido y mueren rápido, esqueletos secos que resaltan sobre el brillante verde de los zarzos vivos. Cuando los mineros se vayan finalmente, la única huella de la antaño frenética actividad minera serán las grandes y profundas minas abiertas. Ahora que no se extrae nada, ya no se bombea el agua del interior, y pronto se convertirán en lagos. Entonces no habrá ninguna posibilidad de ver los signos geológicos que tanta angustia han causado a Paul Hoffman.

La Mina del Noroeste, excavada en el cuerpo de mineral de Cattlegrid, presenta unas características que parecían contradecir la *Snowball* de Paul. Este gran agujero en el suelo, de más de trescientos metros de longitud y casi lo mismo de ancho, se precipita hasta un suelo plano. Las paredes son inclinadas y hechas de capas, de oscura cuarcita cerca del suelo de la mina, de arenisca más pálida por encima y, en la capa más alta, el omnipresente rojo rico en hierro de la zona. En el fondo de la mina hay delicados nódulos amarillos con cristales blancos de yeso. Partes del suelo están llenas de cortas líneas paralelas, allí donde los canguros se han impulsado con los talones. El sol, siempre deslumbrador, se refleja en la clara arenisca. Entornando los ojos incluso a través de las gafas de sol, tienes que estar muy cerca de las paredes para fijarte en algo que las diferencia. Pero en cuanto identificas una de las extrañas estructuras en la pared de la mina, comienzas a verlas por todas partes.

Son cuñas de arenisca, de casi dos metros de alto y triangulares, como una fila de enormes dientes de tiburón. O tal vez dientes de bruja, ya que están manchados de verde por el correr del agua rica en cobre. La cuarcita sobre la que yacen ha sido destrozada como un montón de ladrillos apilados, pero las cuñas, y las capas de rocas sobre ellas, están hechas de suave y lisa arenisca. Marcan líneas en las paredes de la mina. Mientras caminas ves la primera, luego otra, más tarde toda una fila, unidas como si de un collar se tratara. Ocasionalmente ves la silueta de una cuña o dos por encima de la fila principal. Al ojo no entrenado le pueden parecer extrañas, pero para los geólogos son clásicas. Son de libro de texto. Cualquiera te puede decir qué significan.

Las cuñas de arena son el claro signo de un patrón climático llamado congelación-derretimiento. Así es como se forman, en primer lugar, se congelan. La temperatura cae en picado, y como respuesta el suelo se encoge y se parte en formas poligonales regulares, como se parte el barro que se forma en el lecho de un lago seco. En las grietas cae arena y polvo. Entones, se descongela y las grietas se mantienen abiertas por la presencia de la arena. Luego se congela de nuevo y las grietas se hacen mayores, así que cae más arena. Con el tiempo, la arena que ha hecho de cuña en las grietas se solidifica y se vuelve arenisca. En la mina Cattlegrid del Monte-Gunson, la cuarcita hecha añicos que hay en el suelo es la tierra que fue repetidamente agrietada por la congelación y el derretimiento, y los dientes de tiburón son secciones de la arena solidificada dentro de las grietas.

Así que el Monte Gunson debió sufrir repetidos episodios de congelación y derretimiento. ¿Por qué debería eso ser un problema? El Monte Gunson era entonces una isla rodeada por un océano frío. Al este están los restos de piedras glaciales de los Flinders Ranges, donde flotas de icebergs dejaban caer su carga de piedras y bloques en el mar poco profundo. Congelar la tierra de aquella zona debió ser fácil.

Pero la cuñas de arena no necesitan únicamente temperaturas bajas. También hace falta un ambiente cálido, seguido de un repentino y repetido descenso de temperatura. Las cuñas de arena necesitan ciclos de congelación y derretimiento –en otras palabras, estaciones–. El problema es que el Monte Gunson estaba cerca del ecuador cuando había hielo. Y en el ecuador, sencillamente no hay estaciones.

Tenemos estaciones porque nuestro planeta está inclinado. Si la Tierra permaneciera vertical en su progreso alrededor del Sol, no existirían el verano y el invierno. Durante todo el año, cada lugar de la Tierra experimentaría el clima que su posición local determinara. Cerca del ecuador, donde el sol cae más vertical, el clima sería muy caliente. Cerca de los polos, donde la misma cantidad de luz se esparce en una área mayor, el clima debería ser frío. Entre enero y junio no habría diferencia.

Pero la inclinación de la Tierra hace la vida más interesante. Superpuesto al patrón climático global –ecuador caliente, polos fríos– hay un cambio estacional. En enero, el hemisferio sur está orientado hacia el Sol. Los australianos y los suramericanos se dirigen a las playas. La Antártida se baña en el sol de medianoche, donde las temperaturas pueden permanecer positivas durante días. En junio, al otro lado de la órbita anual de la Tierra, la parte septentrional del planeta recibe más luz que antes. Ahora la Antártida está sumida en la oscuridad permanente, y los norteños disfrutan de su turno de sol.

El ecuador es la única parte de la Tierra que escapa a este ciclo anual de calor y frío. Sea cual sea el hemisferio que reciba una ración extra de sol, el ecuador también la recibe. Las regiones ecuatoriales participan de todos los veranos del mundo.

¿Así que cómo explicar las cuñas de arena del Monte Gunson? La evidencia magnética indica, sin lugar a dudas, que el Monte Gunson estaba en el ecuador cuando llegó el hielo. Nadie tiene dudas sobre esto. Pero las cuñas parecen mostrar cambios estacionales. ¿Qué pasó?

George Williams cree saberlo. Hoy el eje de la Tierra no está muy inclinado, sólo veintidós grados, una dieciseisava parte de un círculo. Pero, dice George, ¿qué pasaría si hubiera estado mucho más inclinado? Tal vez, en los tiempos de la *Snowball*, la Tierra se había inclinado más, aproximándose al cuarto de círculo.

Si hubiera sido así, todo lo que sabemos sobre el clima funcionaría al revés. Los polos y el ecuador intercambiarían características con el sol ardiendo verticalmente en los polos, y esparciéndose débilmente por el ecuador. Y esto, creía George, explicaría dos de las mayores incógnitas de la era de hielo sin la necesidad de una Tierra congelada. Las regiones árticas y antárticas serían cálidas, y las regiones ecuatoriales estarían congeladas, lo que explicaría las evidencias australianas de hielo en el ecuador. Lo que es más, el sol estaría provocando cambios estacionales en el congelado ecuador, Lo cual explicaría las cuñas de arena. Si George está en lo cierto, la *Snowball* sencillamente no ocurrió jamás.

George llevaba hablando desde hacia décadas de la gran inclinación.[2] Pero hasta que llegó Paul, nadie le escuchaba. Cuando

George se enteró de la *Snowball* de Paul, sin embargo, se lanzó directamente a la ofensiva. En una revista llamada *The Australian Geologist*, publicó una crítica de diez puntos explicando exactamente por qué Paul estaba equivocado y la gran inclinación era correcta. (George tituló está crítica «¿Tiene la *Snowball* la posibilidad de una bola de nieve?».[3] La respuesta inmediata de Paul se titulaba ácidamente «Inclinando Snowballs.»[4])

La gran inclinación, al fin y al cabo, se enfrentaba a muchos problemas. De entrada, no podía explicar ni de lejos todo lo que explicaba la *Snowball Earth*. La inclinación sólo explicaba el hielo ecuatorial y las cuñas de arena. No decía nada sobre las rocas carbonatadas, los isótopos o los ferrolitos.

Como Paul rápidamente indicó, no había ningún mecanismo sencillo para poner a la Tierra en su inclinación actual. Inclinar el planeta en primer lugar habría sido suficientemente fácil si hubiera pasado muy pronto. Cuando nació el sistema solar, había muchos pedazos de roca del tamaño de un planeta vagando por el espacio, chocando los unos contra los otros. La mayoría de científicos creen que un casi planeta del tamaño de Marte impactó contra la joven Tierra, creando la Luna a partir de los escombros. Una colisión así podría haber inclinado fácilmente la Tierra. Pero en los relativamente tranquilos tiempos de los pasados centenares de millones de años, ¿qué podría haber rectificado la posición de la Tierra hasta la inclinación actual más ligera? Al final del Precámbrico, todos los escombros del temprano sistema solar habían desaparecido, y no hay ninguna manera fácil de rectificar la posición de la Tierra.[5]

Por supuesto, decir que no sabemos cómo pudo incorporarse la Tierra no quiere decir que la teoría de George sea incorrecta. Hasta hace poco nadie sabia qué era exactamente lo que hacía que los continentes se movieran, a pesar de que sin lugar a dudas se movían. Pero la gran inclinación tenía otro problema, uno al que Paul se aferró. Las pruebas de la glaciación provienen de un periodo temporal muy concreto, justo al final del Precámbrico. Así que George no podía contar con la creación de la Luna para tumbar la Tierra. En su lugar propuso que alguna otra cosa había inclinado la Tierra unos 700 millones de años atrás, miles de millones de años después de la formación de la Luna. Y que alguna otra cosa había hecho que la Tierra volviera abruptamente a su posición original unos doscientos millones de años más tarde. Eso no hace más que agravar el problema del mecanismo de inclinación.

Pero todavía existía el irritante problema de las cuñas de arenisca. ¿Cómo pudo experimentar cambios estacionales un lugar que estaba a tan sólo unos grados del ecuador? Paul hizo lo que pudo. Se le ocurrió una posible explicación que implicaba glaciares que avanzaban y retrocedían alternativamente, a veces aislando el suelo que cubrían del mordiente aire frío y permitiendo que se derritiera, a veces exponiéndolo durante otro ciclo de congelación. Sin embargo, no logró convencer a demasiada gente. Parecía un apaño hecho para salvar la *Snowball*.

La salvación llegó de otra fuente, y demostró que incluso Paul había estado demasiado condicionado por cómo funciona la Tierra hoy en día. La clave resultó ser lo diferentes que serían las estaciones en un planeta completamente cubierto por el hielo.

En 2001, el veterano investigador climático Jim Walker, de la Universidad de Michigan, se interesó por la teoría *Snowball* de Paul, y comenzó a trabajar con un sencillo modelo climático para intentar deducir cómo habría sido el clima. Escogió las condiciones más extremas de Paul –un océano completamente congelado– y dejó correr el tiempo. Día a día, en el modelo de Jim el tiempo era bastante aburrido. Nada cambiaba demasiado. No había tormentas viajeras ni meteorología extrema. En cada punto de la superficie del planeta del modelo de Jim, cada día era muy similar al anterior. La *Snowball* debió ser bastante como Marte, dice. A parte de la ocasional tormenta de polvo, el Planeta Rojo tiene una meteorología plácida y predecible. «Allí el viento siempre sopla en la misma dirección a las cuatro de la tarde.»

Pero para asombro de Jim, las estaciones de su modelo de la *Snowball* son un tema completamente diferente. Eran exageradas, versiones a gran tamaño de las estaciones con las que estamos familiarizados. En cualquier punto de la congelada superficie, había una enorme diferencia de temperatura entre el verano y el invierno, mucho mayor de lo que vemos hoy en día.

¿Por qué? Bien, nuestra moderna Tierra, húmeda y ventosa, tiene un ingenioso mecanismo incorporado para evitar los extremos.

Si el clima dependiera únicamente de la luz del sol que llega a cada punto, los trópicos serían mucho más cálidos de lo que en realidad son, y las latitudes altas serían mucho más frías, y las estaciones mucho más acentuadas. En cambio, los océanos de la Tierra amortiguan el ardor del sol.

Durante todo el verano, los océanos absorben la luz del sol. Al revés que la tierra, los océanos son bastante transparentes, así que los rayos del sol pueden penetrar en su interior. Además, las corrientes de los océanos mantienen el agua en movimiento. El agua caliente de la superficie se reemplaza por el agua fría que sube de las profundidades para coger su lugar al sol. Los océanos funcionan como una vasta estufa de almacenamiento: absorben el calor a lo largo del verano, y entonces lo liberan lentamente durante el invierno. Por esa razón, los cambios estacionales son mucho más extremos en el interior de los continentes que en las costas. Lugares como Nebraska o la Siberia central están demasiado lejos del océano como para beneficiarse de su frescor en verano y su calor en invierno.

Pero en la *Snowball*, todo eso habría cambiado. Según el modelo de Jim, todo el mundo sería como Nebraska o Siberia. Con los océanos cubiertos por hielo, ya no sería posible este ligero mejoramiento de las estaciones. Y este es el punto clave: este argumento sería válido hasta en los trópicos. Incluso lugares a poca distancia del ecuador habrían tenido estaciones exageradas. Los Flinders Ranges de Australia habrían experimentado una diferencia entre verano e invierno de tal vez 30 grados centígrados. Y a pesar de que la temperatura media anual habría sido terriblemente fría, las temperaturas veraniegas podrían haber llegado a subir por encima de los cero grados durante algunos meses del año. Bingo. He aquí la congelación y el derretimiento. Esta es la explicación de las cuñas de arenisca.[6]

George Williams todavía cree en la gran inclinación, pero la mayoría de los demás investigadores han comenzado a alejarse de ella. La teoría *Snowball*, parecía haber superado otro examen. Pero Linda y Nick seguían trabajando para encontrar una idea alternativa, una que fuera menos extraña que la de George y menos extrema que la de Paul. El correo electrónico final de Nick a Paul, cuando todavía –aunque apenas– se hablaban, contenía esta confiada afirmación: «En paralelo con el esfuerzo por desarrollar buenos exámenes, también acepto tu reto de buscar una hipótesis mejor». Y eso es exactamente lo que hizo Nick. Él y Linda formaron un equipo con un investigador australiano que colaboraba desde hacía años con Nick, Martin Kennedy y a finales de 2000, comenzó a parecer que habían llegado a algo.

8

Peleas de bolas
de nieve

«¿Cómo puede alguien ver estos depósitos y todavía seguir hablando de la Snowball?» Martin Kennedy golpeó con el puño la mesilla en un acto de frustración. Estaba en un camión con varios otros geólogos, dirigiéndose hacia el norte hacia la banda estrecha y larga que era el Valle de la Muerte de California, y a medida que el suelo descendía y descendía bajo el nivel del mar, la presión sanguínea de Martin aumentaba.

Martin es alto, delgado, mitad australiano y mitad americano. Tiene treinta y ocho años. Es nervioso y basto, pero también tiene explosiones de humor que le convierten en inesperada buena compañía.[1] Puede explotar con rabia repentina, y entonces volver a la normalidad igual de rápido. (Durante un breve periodo que trabajó en Exxon, pasó varios exámenes psicológicos reglamentarios, que determinaron que es una persona «roja», considerada altamente agresiva. Dice que se quedó decepcionado. «Tenía esperanzas de ser una persona azul-verde.») Lleva el pelo corto, marrón y ligeramente rizado. Las esquinas de sus ojos están marcadas por líneas de risa. Martin tiene facciones juveniles, una nariz de botón y labios delgados que le hacen parecer interesante o pedante, dependiendo de las circunstancias. Tiene una aversión patológica a la autoridad.

Martin no tenia planeado estudiar y dedicarse a la geología. Al principio había planeado llevar una granja en Australia, donde «puedes vivir de lo que te dan tus propias manos». Y probablemente lo habría hecho si la compra de la granja hubiera salido bien. A pesar de que vive en la relativa civilización del campus Riverside de la Universidad de California en Los Ángeles, donde és más feliz es en el Outback australiano, donde ha realizado su trabajo de campo durante muchos años. Confía en sí mismo, se resiente de las interferencias e instintivamente pone a prueba la sabiduría heredada.

Martin se estaba volviendo cada vez más furioso por las afirmaciones que Paul y Dan hacían sobre su teoría Snowball, y ahora era una pieza clave en la lucha de Nick Christie-Blick por encontrar una alternativa.

En noviembre del 2000, se unió a una pequeña expedición que iba a visitar algunas rocas de la Snowball en el Valle de la Muerte. Los todoterrenos se dirigían al norte a través del valle, siguiendo el borde oriental de la planicie salada central. Al principio la arena estaba poblada por arbustos bajos de color verde oliva, pero poco a poco la vegetación fue desapareciendo, y para cuando los coches llegaron a las lagunas saladas de Bad Water, el punto más bajo por debajo del nivel del mar en el hemisferio occidental, tan sólo había arena desnuda con marcas saladas.

A lo largo del valle hay picos, algunos puntiagudos, algunos redondeados. Desde un punto de vista geológico, todas las montañas son fenómenos recientes. Hace unos 13 millones de años, un mero abrir y cerrar de ojos comparado con las escalas de tiempo de la Snowball, esta parte del Suroeste era generalmente plana, bajando de la ladera de Sierra Nevada. Entonces la tierra comenzó a estirarse. A medida que la corteza se adelgazaba, comenzaron a aparecer grietas en la superficie. Algunas partes cayeron hacia abajo para formar valles largos y delgados, mientras que otras fueron empujadas hacia arriba para formar montañas. Toda aquella zona está llena de estas marcas de estiramiento. Y gracias al adelgazamiento de la corteza, los volcanes ascendieron de las profundidades y derramaron su magma sobre la superficie terrestre. Mucha de las montañas de aquel periodo turbulento están cubiertas por lava, las rocas pintadas con una paleta desértica de ocres y sienas, chocolates, rojo veneciano y moreno.

Las rocas de la Snowball que Martin había ido a ver provienen de mucho antes de que el comportamiento errático de la Tierra aupara estas montañas y abriera estos valles. No provienen de hace 13 millones de años, sino 600 millones de años y más, eones antes de que los dinosaurios recorrieran Norte América, de hecho antes de que nadie recorriera nada. Cuando la Snowball reinaba en la Tierra, los únicos seres vivos que habían eran aquellos minúsculos y unicelulares sacos de productos químicos ligados por el limo expulsado.

A pesar de que el Valle de la Muerte está lleno de caminos de los nativos americanos, no fue visto por hombre y mujeres blancos hasta mediados del siglo diecinueve, cuando los primeros colonos lo atravesaron en su camino hacia California en busca de oro y gloria. Su nombre es injusto. El valle no era tan peligroso, incluso al principio, si podías encontrar los pozos. Aquí murió poca gente, aunque mucha lo cruzó con grandes dificultades. El paisaje es brillante por la arena y la sal y el sol. Y a pesar de las generaciones de geólogos que han estudiado el valle durante el pasado siglo, todavía es un lugar de misterios geológicos. Como las rocas migratorias de la Racetrack Playa, un lago seco al noroeste de Bad Water. El suelo de este valle está repleto de rocas de todos tamaños: grava, piedras y vastos bloques que pesan trescientos kilos o más. E, inexplicablemente, estas rocas se mueven. Intenta pillarlas mientras se mueven y las encontrarás quietas, sólidas, inamovibles e inocentes. Pero entre las visitas de los geólogos que cuidadosamente trazan sus posiciones, estos intranquilos bloques patinan de alguna manera por el suelo del valle, reptando, girando, zigzagueando y dejando huellas detrás de ellos. Se han hecho muchos intentos de explicar este extraño fenómeno del Valle de la Muerte. Algunos creen que el culpable es un fuerte golpe de viento que ocasionalmente se canaliza por el valle; o una repentina lluvia que cubre el barro con una capa resbaladiza; o delgadas capas de hielo que levantan los bloques y facilita que resbalen. En el fondo nadie sabe la razón.

Los todoterrenos giraron hacia el oeste, donde una ancha ladera bajaba hacia el centro del valle. Excepto por las pequeñas pozas de Bad Water, el suelo del valle estaba completamente seco. Pero sobre las montañas al oeste, ocasionales nubes de nieve flotaban como un pálido fuego fatuo, desvaneciéndose en la base donde la nieve se evaporaba incluso antes de tocar la superficie de la montaña. Mientras el coche de Martin serpenteaba por la carretera a través del Cañón del Emigrante hacia el puerto de montaña, un par de grandes copos de nieve se estrellaron contra el parabrisas.

Cruzando el puerto, se levantaban paredes de roca a ambos lados de la carretera, moteadas con rocas de colores y bloques. Era la diamictita del Pico Kingston, una herencia directa de la *Snowball*. La aleatoria mezcla de rocas había llegado a los mares cubiertos de hielo de los tiempos de la *Snowball* y había dejado tras de sí un depósito de más de tres kilómetros de grosor. Observando las rocas, Martin comenzó a irritarse: «¿Cómo es posible que todo esto se formara en los días finales de la *Snowball*?», preguntaba, haciendo gestos por la ventana. «Si te crees la *Snowball* de Paul, todo esto fue depositado en unos mil años. ¡Es sencillamente imposible conseguir tales ritmos de sedimentación!»

Esto era parte de una discusión que tenía historia. En los últimos meses, mucha gente había estado batallando con la cuestión de cuándo se habían formado exactamente las rocas glaciales. ¿Fue sólo al final de la *Snowball*?, ¿o fueron creadas de manera continua a lo largo de los varios millones de años en que la Tierra se vio sumida en la *Snowball*? Era importante debido a estos depósitos tan gruesos. Todos estaban de acuerdo en que se habían creado cuando los glaciares recogieron rocas y las arrastraron hasta el mar, o cuando los icebergs se derritieron sobre el agua y dejaron caer su carga de escombros sobre el lodo del lecho marino. Sin embargo, en la primera encarnación de la idea *Snowball* de Paul y Dan, esto no podría haber ocurrido durante los largos y fríos milenios de la *Snowball*. Cuando los océanos están congelados, los icebergs no pueden separarse y moverse, porque no hay adonde ir. Y con los océanos congelados, es muy complicado conseguir hielo en tierra firme. Para hacer un glaciar necesitas nieve, y para hacer nieve necesitas algunas zonas de aguas abiertas para proporcionar la humedad. Al principio Paul y Dan creían que la *Snowball* había permanecido fría, seca y muerta, sin nieve ni glaciares ni icebergs hasta, tal vez, los últimos tiempos cuando el hielo comenzó a derretirse de nuevo.

¿Cómo explicar con esta interpretación tres kilómetros verticales de roca? Martin tenía razón, no se pueden conseguir depósitos tan gruesos en un periodo de tiempo tan corto. Pero la idea *Snowball* de Paul había evolucionado desde que comenzó a trabajar sobre ella. Ahora permitía que algunos glaciares se formaran y se movieran incluso con los océanos congelados. Ya se había dado cuenta de que el viento podía erosionar el hielo de la superficie del mar, transportarlo a tierra firme, y depositarlo allí. A pesar de que el proceso de creación de glaciares sería dolorosamente lento, durante la *Snowball* no había falta de tiempo. Cuando puedes jugar con millones de años, no es tan difícil crear un río de hielo, centímetro a centímetro.

Martin conocía este argumento, pero no le impresionaba. Pasó a otra queja. «¿Y qué hay de las capas de roca carbonatada?», planteó. «Para fabricarlas en el corto tiempo que Paul y Dan quieren, necesitarías ritmos de meteorización mil veces más rápidos que hoy en día. ¡Es imposible!»

Entonces, inesperadamente, sonrió. «Me parece que me estoy sulfurando, y no debería», dijo. «Mira, para serte sincero, espero que la *Snowball* sea correcta. Es una idea muy bella. Pero sencillamente no me gusta la forma en la que nos la están imponiendo. Me siento...» Dudó buscando la palabra correcta. «Me siento violado.»

Martin conoció a Nick Christie-Blick, el líder de los no creyentes, en 1993 durante un viaje de campo al centro de Australia, que había sido organizado por varios geólogos australianos de renombre. Martin estaba enfadado. A pesar de que el grupo había ido a su lugar de trabajo, el lugar que había cartografiado durante todo su doctorado, Martin había sido el último en enterarse del viaje.

Los geólogos pueden ser muy posesivos con sus lugares de trabajo. Se pasan meses en ellos, a menudo solos o con tan sólo unos pocos compañeros. Dejan sus huellas en el suelo, y las marcas de sus martillos en los afloramientos. Día tras día, escalan acantilados y remontan torrentes, recorriendo los contactos entre los tipos de rocas. Descubren como se relacionan todas las rocas y piedras. En sus cabezas y en sus libretas reúnen con el tiempo el complejo rompecabezas tetradimensional que les cuenta la antigua historia del área. Y no sólo se convierten en expertos en aquellas rocas, a menudo desarrollan una conexión física, casi de propiedad, con el paisaje. Si planeas visitar el lugar de trabajo de alguien, lo primero que tienes que hacer es decírselo.

Martin no era ninguna excepción. Había aprendido a apreciar la austeridad de su lugar de investigación, situado a un día de conducción al este de la remota ciudad de Alice Springs, en la Australia central. Le encantaban los vívidos colores rojos y las vastas y vacías proporciones del paisaje. Le encantaba meterse en su viejo Land-Rover e ir botando por los caminos de aborígenes que le llevaban al corazón del monte. Cartografiaba él solo. Y conocía aquellas rocas mejor que cualquier otra persona en el mundo entero.

Pero en el viaje de campo de 1993, nadie había llamado a Martin. Todavía era un mero estudiante, y los organizadores, obsesionados por el estatus, lo habían preparado todo sin ni siquiera tenerle en cuenta. Era como si alguien trajera un grupo de trabajo de campo a tu patio trasero sin aviso ni explicación. Martin estaba furioso. A medida que progresaba el viaje, se iba haciendo más y más odioso. Ponía todo en duda, hizo lo que pudo para humillar a los organizadores remarcando todos sus errores, y una noche durante la cena casi consigue que uno de ellos se echara a llorar. (Ocho años más tarde, a este eminente geólogo todavía le cuesta mencionar el nombre de Martin.) Cuanta más gente intentaba hacerlo callar, más beligerante se volvía él. Nick estaba intrigado. Allí tenía a alguien más que constantemente ponía en duda y refutaba, y lo que es más, a menudo estaba en lo cierto. Cuando Martin discutía sobre rocas, lo hacía con poco tacto pero mucha inteligencia. En cuanto el viaje se acabó, Nick comenzó a hablar con Martin sobre cómo podrían colaborar.

Poco después, Martin llevó a Nick a ver otras rocas australianas sobre las que había estado trabajando, justo a las afueras de Adelaida. Ahora Nick se puso agresivo. Durante todo el viaje, no paró de poner en duda y crispar los ánimos. Discutía cada punto. «¿Cómo sabes que esta roca no es del mismo tipo que aquella roca de allí?» Al final del viaje, Martin se sentía como si le hubieran pasado por una exprimidora. Pero también se dio cuenta de que sus mapas habían aprobado el examen más duro posible. Cuando Nick está finalmente satisfecho con la imagen que le muestras, sabes que es la correcta. «Nick tiene muy malas pulgas», dice Martin. «Siempre lleva la contraria, y ésa es su mayor virtud. He aprendido mucho de él. Ya no especulo nunca. Sencillamente no dejo que mis labios resbalen».

Nick y Martin han trabajado juntos intermitentemente desde entonces. Cuidan mucho la relación. Y ambos están tan enfadados por el estilo autoritario de Paul como por su sustancia científica, así que se han convertido en firmes aliados en la partida contra la *Snowball Earth*.

Ahora Martin creía que había conseguido formular una alternativa real a la *Snowball* de Paul. Estaba en el Valle de la Muerte para comprobar la evidencia a favor de su última ofensiva contra la teoría.

Ya casi se había puesto el sol cuando el coche llegó finalmente a la dolomita Noonday, una pendiente de roca pálida que marcaba la capa de roca carbonatada que cubría el depósito glacial. Las rocas estaban rayadas con delgadas líneas negras verticales que parecían agujeros de gusano, a pesar de que se formaron mucho antes de que hubiera gusanos. Eran exactamente como los tubos de roca de Namibia que tanto habían impresionado a Paul.

Y había otras estructuras extrañas en la roca. Las antiguas capas de lodo hacían galones de vez en cuando, y el interior de los galones estaba lleno de cemento de grano muy fino, lo que resultaba asombroso. En geología, el cemento aparece cuando se abre un agujero de alguna forma en una roca que ya se ha formado. Cuando el lodo se estaba endureciendo para formar la roca, alguna cosa pasó que creó un espacio interno, como una grieta en medio de una pared de ladrillos. Posteriormente, los fluidos que atravesaban la roca depositaron cemento, que cubrió el agujero.

Pero un agujero con forma de galón resulta extraño. Para hacerlo, tienes que apretar la roca hasta que la comprimas en un pliegue. Para hacer sitio para el cemento, tienes que estirar la roca hasta que se abra un agujero. ¿Qué proceso en la Tierra puede comprimir y estirar al mismo tiempo?

Martin creía que lo sabía. Saltó de nuevo dentro del coche, con los ojos brillándole triunfalmente. Las señales de la dolomita Noonday eran exactamente lo que había estado buscando. Estaba recopilando pruebas de que las rocas carbonatadas que cubrían los depósitos glaciales no provenían de una espectacular meteorización en el infierno que siguió al hielo, como había sugerido Dan, sino de un fenómeno completamente diferente, que no requería un infierno, ni una congelación global, ni ninguna de las cosas que, para Paul y Dan, constituían la esencia de la *Snowball*. Todo lo que el modelo de Martin necesitaba era que un extraña sustancia, una quimera, mitad hielo y mitad fuego, se esparciera por todo el mundo *Snowball*.

La quimera de Martin se llama hidrato de metano y está hecho de minúsculas cajas de hielo, con moléculas de metano –gas natural–

atrapadas dentro. El hidrato de metano es sorprendentemente abundante en el mundo actual. Junto con otros hidratos de gas, contiene más de la mitad de carbono que todas las reservas conocidas de gas, petróleo y carbón del mundo. Parece hielo sucio. A menudo también huele mal, desprendiendo un aroma de huevos podridos por la actividad sulfurosa de las bacterias que a menudo se encuentran en el barro pegajoso al lado. Es muy inestable. Hoy en día sobrevive en vastas pero especializadas reservas: suelo ártico congelado, o el ambiente de alta presión de las profundidades submarinas. Si aumenta la temperatura, o se lleva un pedazo de hidrato a la superficie, se desintegrará rápidamente. Puedes aguantarlo con la mano enfundada en un guante y observar cómo desaparece el hielo, burbujeando pero sin resquebrajarse. Enciende una cerilla, y el gas que emana se encenderá y arderá con una llama rojiza. Todo lo que queda detrás es un charco de agua fangosa.[2]

Dado que el hidrato de metano es tan abundante, mucha gente lo ha defendido como el combustible del futuro. El problema es que la caja de hielo es tan inestable que extraerlo puede provocar un desastre. Si accidentalmente una reserva de hidrato de metano se descompone mientras se está extrayendo, el metano que burbujea convertirá el mar en espuma. Dado que la espuma es mucho más ligera que el agua, el buque extractor rápidamente se hundiría. De hecho, dado que hay abundante hidrato de metano en la placa continental a las afueras de la costa del sureste de Estados Unidos –la parte occidental del llamado «Triángulo de las Bermudas»– se ha señalado a menudo este mecanismo como la causa de las misteriosas desapariciones marítimas que se supone que allí han sucedido. La idea es que un repentino corrimiento de tierras submarino podría reducir la presión sobre un depósito de hidratos, descomponiéndolo y enviando mortales burbujas de gas a la superficie. Es geológicamente posible, pero, tristemente, la parte de los buques no cuadra. El Triángulo de las Bermudas sencillamente no se ha tragado tantos barcos –que pregunten a Lloyds de Londres.

A pesar de eso, los hidratos de metano han protagonizado verdaderas tragedias en el pasado. En el Mar de Barens, al noroeste de Noruega, depósitos de hidratos parecen haber explotado hace miles de años, dejando tras de sí gigantescos cráteres que agujerearon el lecho marino. Eso probablemente ocurrió al final de la última era glacial, cuando las aguas cálidas del mar desestabilizaron los hidratos que allí yacían hasta que entraron en erupción como un volcán. Algunos investigadores creen que los hidratos desestabilizados liberaron más de un millón de kilómetros cúbicos de metano al final de Pleistoceno, hace unos 55 millones de años.

Martin Kennedy quiere explicar las rocas carbonatadas que cubrieron la Tierra justo después de la *Snowball* de la misma manera. Los hidratos de metano, cree, podrían haber sido más abundantes que en la actualidad. Al fin y al cabo, todos están de acuerdo en que el ambiente era entonces más frío. Cuando las temperaturas cálidas volvieron, aquellos hidratos de metano habrían liberado su gas, que habría sido rápidamente oxidado y precipitado al mar como una capa de carbonato.[3]

Martin creía haber encontrado pruebas sólidas de esta idea en la dolomita Noonday en el Valle de la Muerte. Por esa razón estaba tan excitado. Los galones llenos de cemento, las rocas que parecían haber sido comprimidas y estiradas simultáneamente, las estructuras de «agujero de gusano», todo eso podría haber sido creado por los hidratos de metano en descomposición. A medida que el ligero metano viajaba hacia arriba a través del barro más espeso, habría creado tuberías verticales, exactamente como los tubos oscuros de las rocas. Y si el gas chocaba con una obstrucción –por ejemplo, un grupo de microbios, que es denso y gomoso– habría levantado el grupo en una cúpula, creando a la vez la forma de galón y la cavidad que más tarde llenaría el cemento. Las extrañas estructuras en la dolomita Noonday eran la evidencia que Martin necesitaba. «Son impresionantes», dijo. «Hacen exactamente lo que se predice. Es mejor de lo que jamás habría imaginado.»

Martin no sólo estaba intentando refutar la teoría de Paul y Dan. Tenía otras razones para preferir su interpretación de las capas de roca carbonada. Martin, como Nick, está muy anclado en el mundo que le rodea. También piensa que ver es creer. Y le gusta su teoría del metano precisamente porque utiliza procesos que vemos en la actualidad, y en estos momentos hay mucha abundancia de metano. Esta explicación del hidrato de metano no necesita ritmos de meteorización absurdamente altos, ni un infierno después del hielo, ni el océano congelado, todas aquellas cosas que hacen la *Snowball* de Paul y Dan tan radicalmente diferentes. «La *Snowball* de Paul y Dan es profundamente no uniformitaria», me dijo Martin. «Realmente me preocupa cuando de repente se evoca un mundo tan parecido a Marte.»

Pero hay algunas cosas que Martin está dispuesto a admitir, y a las que Paul y Dan se agarraron inmediatamente. Su idea del metano no explica ni de lejos todo lo que puede explicar la teoría de Paul y Dan. No puede explicar las formaciones de ferrolitos o el omnipresente hielo. No dice nada sobre cómo se acabó la *Snowball.* Y no necesariamente se opone a la explicación de las rocas carbonatadas formulada por Dan. Incluso si Martin tuviera razón, los hidratos podrían estar descomponiéndose al mismo tiempo que la lluvia ácida reaccionaba con las rocas molidas. No hay nada que impida que los dos efectos actúen conjuntamente. La teoría del hidrato de metano de Martin, al parecer, no refuta en absoluto la *Snowball.*

Martin, sin embargo, tenía otro reto que plantear. Toda la información que Paul tiene sobre el océano de la *Snowball* proviene de los isótopos en las rocas carbonatadas, pero sólo tenía carbonatos de antes y de después. Martin, en cambio, había encontrado algo extraordinario. Tenía carbonatos formados durante la *Snowball.* Y parecían mostrar que la teoría de Paul tenía un error fatal.

Hace poco más de 600 millones de años, colonias de bacterias flotaban en el mar que algún día se convertiría en el noroeste de Namibia. Colgaban bajo el agua a tal vez unos treinta metros por debajo de la superfície de ésta. Sin las perturbaciones de las olas o el viento, permanecían ocupadas en la operación de sus fábricas químicas internas: hacer comida, consumir comida, hacer comida, consumir comida. El mar se volvió brumoso a su alrededor por la acumulación de sus minúsculos esfuerzos. A medida que el equilibrio químico del agua cambiaba en respuesta a los efluvios de sus fábricas, minúsculos copos de carbonato aparecían de la disolución y flotaban suavemente hasta el lecho marino.

A pesar de que la *Snowball* ya se había apoderado del mundo exterior, no había indicios, a esta profundidad bajo el agua, de los icebergs que pasaban por la superficie. Tan sólo caía una piedra ocasionalmente, un bloque soltado desde el hielo que aparecería de repente desde arriba, pasaría a través de las nubes de bacterias y se hundiría en los copos de lodo que se estaban acumulando lenta pero uniformemente en le lecho marino.

En la actualidad, este lodo de carbonato se ha transformado en capas de rocas de unos quince centímetros de grosor. Estas capas saltan a la vista entre las rocas glaciales de los afloramientos namibios. Son del color de la mantequilla rancia, puntualmente avivado por algún canto blanco u ocre. Por encima y por debajo suyo las rocas son grises por los carbonatos molidos, silicatos y arena, repentinos corrimientos de escombros que provienen de la costa. Pero las serenas capas amarillas hablan de los momentos agradables de la vida en el océano *Snowball*. Hechas de microscópicos copos de carbonatos, formando pequeñas esferas llamadas pisolitos, son extremadamente delicadas. Los pisolitos intactos son una señal de que la roca no se ha movido desde que se formó. Si lo hubiera hecho, los pisolitos se habrían aplastado.

El lodo pisolítico también tiene algunas grietas, rellenas por cristales de cemento de carbonato que sobresalen de la pared como las lanzas de una diminuta valla de estacas. También se tienen que haber formado en el océano *Snowball*.

Ahora Martin pensaba sobre estas rocas y reflexionaba. ¿Podrían ayudarle a poner a prueba la *Snowball*? A principios de 2001 volvió al Valle de la Muerte para recoger muestras de otro grupo de carbonatos de la *Snowball*, que había identificado mezclados con las rocas glaciales. Estos carbonatos se llaman oolitos, y son unas extrañas rocas con textura de caviar. Se encuentran en lugares como las Bahamas. Crecen como granos que ruedan adelante y atrás mecidos por las olas, revistiéndose del carbonato que se precipita del agua marina. Como los pisolitos, son extremadamente delicados. Si los encuentras intactos quiere decir que no pueden haber venido de otro lugar, o de una capa de una época diferente. Dado que están mezclados con las rocas glaciales del Valle de la Muerte, también se deben haber formado en el océano del Valle de la Muerte.

Martin se dio cuenta de que todas estas muestras de carbonatos le proporcionaban una ventana abierta al océano *Snowball* y, con ella, una manera de poner a prueba la hipótesis *Snowball*. Hay que recordar que según Paul y Dan, el océano de la *Snowball* era esencialmente falto de vida. Ésa era la primera idea de Paul, la que puso en marcha la teoría *Snowball*. Había llegado a ella observando la proporción de isótopos ligeros y pesados en las rocas carbonatadas de justo antes de la *Snowball*. Carbono pesado significa vida, carbono ligero significa sin vida. Paul había encontrado demasiado carbono ligero en sus rocas carbonadas antes de la *Snowball*. Llegó a la conclusión de que muchos de los seres vivos habrían perecido a medida que el hielo avanzaba, dejando tan sólo algunas colonias que se agruparon y esperaron el derretimiento.

Pero dado que Paul nunca había logrado encontrar rocas carbonatadas de la propia *Snowball*, no tenía evidencia directa de la cantidad de vida que había entonces. Si estaba en lo cierto, y la *Snowball* fue una época estéril e intensamente fría, apenas había vida. En ese caso, los cabonatos formados químicamente del propio océano de la *Snowball* deberían ser ligeros. Si estaba equivocado, y el océano estaba lleno de vida, los carbonatos del lecho marino de la época serían pesados.

De acuerdo, pensó Martin para sí. Hay una hipótesis. Pongámosla a prueba. Se dedicó a medir los isótopos de todas estas muestras de roca. Y siempre obtenía el mismo resultado.

Todos eran pesados.

Al parecer, la vida florecía en el océano de la *Snowball*. No podía haber habido la congelación extrema que Paul pedía. Últimas noticias: al fin y al cabo la *Snowball* no era tan fría. Esto parecía un error fatal en la hipótesis de Paul y Dan. Martin precipitadamente escribió los resultados y los envió a la revista *Geology*.

Las publicaciones académicas deciden qué publicar basándose en la «evaluación por los iguales», mediante la que científicos anónimos dicen lo que piensan sobre el trabajo. Y uno de los científicos a quien los editores de *Geology* enviaron el trabajo fue Paul Hoffman. La evaluación de Paul fue brutal. Prescindió de su anonimato («Siempre firmo mis críticas») y recomendó firmemente que se rechazara el artículo. Contenía, dijo, un error geológico básico.

Según Paul, las muestras de Martin no tenían nada que ver con el océano *Snowball*. Eran, creía Paul, sencillamente trozos fragmentados de rocas más antiguas. Esto destrozaría el argumento de Martin. Si los cementos de carbonato era de una época muy anterior, sus isótopos serían perfectamente aceptables. ¡Por supuesto que el océano que existió antes de la *Snowball* estaba lleno de vida! Los problemas de la vida llegaron sólo con el hielo. Si Paul estaba en lo cierto, Martin estaba embarazosamente equivocado.

La evaluación de Paul todavía estaba en el correo, de camino a *Geology* y por tanto a Martin, cuando ambos llegaron a Edimburgo en junio de 2001 para un congreso sobre la *Snowball*. Paul estaba muy belicoso. Unos días antes había señalado la foto ofensiva en el borrador del artículo de Martin: «Espero que enseñe esta fotografía», me dijo. «Me gustaría que se demostrara en público que este hombre es incompetente en geología.»

Pero Dan Schrag, quien procuraba suavizar las relaciones de Paul, también estaba en Edimburgo y decidió intentar poner a Martin de su lado. Llevó a Martin a un *pub* con un grupo de participantes en el congreso, y pronto acabaron charlando amigablemente. Hablaban de ciencia, de *Snowball*, del reciente vuelo de Dan sobre Edimburgo con el avión ultraligero de un amigo. Martin decía que no quería formar parte del «equipo anti *Snowball*», que no consideraba que estuviera del «lado» de nadie y que Nick nunca debería haber hecho aquella charla del «trabajo de nieve», porque sencillamente había polarizado las opiniones de todos con poco sentido. Lo que tanto Martin como Dan querían, concluyeron, era que se siguiera hablando, poner todo a prueba, llegar a la solución correcta.

Paul también estaba en el *pub*, esforzándose por mantenerse callado, haciendo lo posible por no arruinar los esfuerzos de Dan. «Este asunto de Martin Kennedy intentando matar la *Snowball* con sus cementos», me dijo más tarde, «una mitad de mí desea ponerle en ridículo y desacreditarlo, de manera que nadie crea en sus "hechos". Pero mi otra mitad está horrorizada de que quiera hacer eso. No es que le tenga cariño a Martin. Ha sido una espina en nuestro costado desde hace años. Pero intentar humillarlo en público sería cruel. Sinceramente, no soy una persona maliciosa. Sin lugar a dudas soy capaz de ser malicioso, pero acostumbro a serlo cuando no lo he pensado suficientemente.»

Sin embargo, Paul no consiguió contenerse. Cuando Martin se levantó para irse, Paul también se levantó, decidido a dejar claro su convencimiento de que los cementos del contencioso eran de rocas más antiguas. «¡Enseñaste esos cementos y dijiste que se habían formado allí!», dijo en voz alta, mirando directamente a Martin, «pero yo sé lo que son». Toda conversación en la mesa cesó. Todo el mundo les miraba. «Me siento como cuando mis padres discutían», dijo un estudiante, *sotto voce*. «Pobre Martin», comentó otro. Dan suspiró. Miró a Martin y dijo cuidadosamente: «Paul te ha enviado una evaluación firmada haciendo ese comentario...»

«Sí», interrumpió Paul, elevando la voz. «Y te lo tenía que decir hoy en privado o mañana en público.» Por entonces Martin se había quedado pasmado. Dan se levantó de golpe y se dirigió hacia él. «Mira, no pasa nada», dijo tranquilizadoramente. «Hablaréis sobre ello mañana.» Pasó su brazo bajo el codo de Martin y le guió hacia la salida.

Al día siguiente, durante la conferencia, Paul hizo lo que pudo para volver a ser amistoso. Cada cierto tiempo durante las presentaciones, se giraba y murmuraba algo en secreto a Martin, quien sonreía y murmuraba algo más. Y al final de día, mientras los investigadores reunidos abandonaban la sala de conferencias, Paul se dirigió a Martin y le dio la mano.

«Te deseo lo mejor, Martin», dijo. «Y me alegro de que estés de vuelta... en el mundo de las publicaciones.» Martin había pasado una temporada trabajando para Exxon, donde la investigación comercial se lleva a cabo a puerta cerrada. Hacía poco que había vuelto al mundo académico y comenzaban a publicarle sus investigaciones de nuevo. Paul intentaba ser simpático. Pero tan pronto como lo dijo, él y Martin pensaron en el manuscrito sobre los cementos, el que Paul había evaluado negativamente, el que probablemente no se publicaría debido a los comentarios de Paul.

«Supongo que podría haber dicho eso de mejor manera», dijo Paul incómodamente. Martin se encogió de hombros. «Bueno, ya sabes...», dijo, y se volvió para irse.

Paul comenzó a seguirle por las escaleras. «¿Pero todavía podrían publicarlo, no? Sólo era una evaluación.»

«Creo que tienes más influencia de la que crees», contestó Martin.

«Intentaba ahorrarte el ridículo.»

«Oh, no creo que lo hayas hecho», dijo Martin. «De hecho, lo que me vas a ahorrar es la cátedra si esto sigue así.» Al contrario que Paul, Martin todavía no era catedrático. El que su posición en la Universidad de California en Riverside se hiciera permanente o no dependería en última instancia de una evaluación cuidadosa de los artículos que había publicado y de cuán exitosa había sido su investigación.

Paul estaba intentando justificar su evaluación. «Quiero enseñarte estas imágenes», le dijo. «¿Tienes un rato ahora?» Martin dudó, y encogió los hombros de nuevo. «De acuerdo», dijo.

La sala de conferencias estaba ahora vacía. Paul subió rápidamente hasta arriba de las escaleras y comenzó a remover entre sus diapositivas. Click. Mostró una imagen de una roca carbonatada namibia. Esto, dijo, era la formación rocosa más antigua, de la que creía que provenían originalmente las muestras de Martin. Click. Ahí había otra. Esto era la formación *Snowball* más joven, con un trozo de la roca más antigua embebido en ella. Martin observó la pantalla. Parecía abatido. «Paul», dijo, «esto no es lo que yo recogí.»

Hubo un silencio violento. Paul estaba de pie, inmóvil, en lo alto de las escaleras. «Lo que quería decir era...», comenzó, pero Martin le interrumpió. Ahora estaba claramente enfadado, esforzándose por mantener el control de su voz. Las imágenes le habían convencido de que la evaluación negativa de Paul estaba basada en rocas que eran completamente diferentes a las suyas. «Los cementos que has mostrado son diferentes a los que yo he recogido, Paul», dijo formalmente. «Pero gracias por enseñarme las fotografías.» Y entonces dio media vuelta abruptamente y se fue de la sala.

Unas semanas después, el artículo de Martin fue aceptado.[4] Incluso si sus datos no habían impresionado a Paul, los demás investigadores encontraron su análisis suficientemente convincente. Paul, al parecer, había concluido su evaluación con una de sus citas favoritas: «Los hechos falsos son altamente perjudiciales para el proceso de la ciencia por que a menudo duran mucho; pero las visiones falsas, si están apoyadas por alguna evidencia, hacen poco daño, porque todos sienten un saludable placer al probar su falsedad.»

Esta cita es de Charles Darwin, el autor de la teoría de la evolución, y remarca algo muy importante. Cuando la gente discute sobre ideas –«visiones», en palabras de Darwin– todos los argumentos tienen que estar basados en los *hechos* disponibles. Si uno de los hechos está equivocado, todo el edificio puede desmoronarse –llevándose con él todas las ideas.

¿Pero qué «hechos» eran incorrectos –los de Paul o los de Martin? ¿Provenían las rocas del océano de la *Snowball* o no? Paul podría estar en lo cierto sobre los cristales de la «valla de estacas» de Namibia y sus cementos relacionados. Es posible que la grieta en la que crecieron fuera de un periodo anterior, y que el trozo entero de roca se hubiera roto y caído en la formación *Snowball* más joven. Al final, Martin dejó esas muestras fuera de su artículo, por si acaso. Pero los pisolitos son más difíciles de discutir, y los oolitos parecidos al caviar todavía más. Arrancarlos de rocas más antiguas, transportarlos y mezclarlos en una nueva formación habría destrozado sus delicadas estructuras. Realmente parecían provenir del océano *Snowball*, exactamente como afirmaba Martin.

¿Era esto un error fatal en el argumento de la *Snowball Earth*? Al fin y al cabo, los carbonatos que llevaron a la *Snowball* eran ligeros, y Paul había asumido que los que se formaron durante la *Snowball* serían iguales. Pero no había hecho ninguna afirmación directa sobre esto en sus artículos. Al revés que Martin, Paul no tenía rocas carbonatadas del periodo de la *Snowball*; sin datos que interpretar, ni él ni Dan habían recapacitado mucho sobre cómo serían los isótopos. Ahora, sin embargo, tenían un incentivo. Espoleados por los descubrimientos de Martin, Paul y Dan se concentraron en este tema. Y por dos razones diferentes pero complementarias, se dieron cuenta que era de esperar que el océano de la *Snowball* fuera pesado, exactamente como Martin había establecido. Irónicamente, las rocas pesadas de Martin no entraban en conflicto con el modelo de Paul y Dan.

Paul se había dado cuenta de que los océanos habrían sido pesados porque contenían material antiguo disuelto de las rocas del lecho marino. El suelo del océano de la *Snowball* estaba cubierto por rocas carbonatadas creadas cuando la vida todavía era abundante. Y el agua marina ácida habría disuelto este carbonato antiguo, de la misma forma que el ácido jugo de lima puede disolver una plancha de mármol. El efecto, dice Paul, fue cambiar la forma del océano. Si derramas leche caliente sobre cacao en polvo, la leche se vuelve marrón porque el cacao disuelto cubre el color original de la leche. De manera similar, las señales «pesadas» de vida abundante disueltas del antiguo lecho marino de carbonatos habrían cubierto las señales «ligeras» del mayormente deshabitado océano *Snowball*.

Dan había descubierto otro efecto que reforzaba éste. Su respuesta implica un tema más arcano, venerado por los geoquímicos y entendido por pocos más. Los isótopos de carbono no dependen exclusivamente en la actividad de los seres vivos; también les afecta la forma en la que el dióxido de carbono migra de la atmósfera al océano. Y esto a su vez depende de la proporción de carbono que contiene la atmósfera.

En la actualidad la atmósfera tiene una diminuta proporción de carbono, menos del cinco por ciento. Pero durante la *Snowball* era muy diferente. De acuerdo con el modelo de Paul y Dan, el dióxido de carbono se habría ido concentrando en la atmósfera durante millones de años. La atmósfera contenía una proporción mucho mayor de carbono, y esto lo cambiaba todo.

Dan hizo los cálculos. Se peleó con todas las ecuaciones capaces de determinar cómo este cambio pudo afectar a los isótopos del océano. Y llegó a un número que concordaba –exactamente– con los valores pesados que Martin había encontrado. Incluso si el océano de la *Snowball* estaba completamente deshabitado, los cementos de carbonatos serían exactamente como Martin había medido.[5] Esto no era un error fatal. Paul y Dan concluyeron que la evidencia de Martin confirmaba la teoría *Snowball Earth*.

Cuando Nick Christie-Blick, el coautor junto con Martin del artículo sobre los cementos, escuchó los nuevos argumentos de Paul y Dan, dijo que no estaban jugando limpio. Paul y Dan, dijo, simplemente están cambiando sus objetivos. ¿Cómo podía él y sus colegas críticos poner a prueba su teoría si no paraban de cambiar lo que decían? Paul y Dan respondieron que estaban modificando de manera natural una teoría joven, enriqueciéndola y complementándola.

¿Quién tiene razón? Bien, la ciencia funciona mejor cuando alguien propone una teoría y todos los demás intentan desmontarla. La sacrosanta filosofía científica mantiene que no se puede demostrar una teoría. Una teoría sólo puede ser falsada, y cuánto más sobrevive los ataques, más confianza se puede tener en ella, a pesar de no saber nunca con certeza que es correcta. Siguiendo al filósofo de la ciencia Thomas Kuhn, muchos ven la ciencia como una procesión de revoluciones, donde un paradigma domina las mentes de los investigadores hasta que es finalmente falsado y uno nuevo toma su lugar.

El problema llega en el proceso de falsación. A los científicos a menudo les cuesta desprenderse de una teoría que les importa. Cuando un devastador descubrimiento demuestra que está equivocada, es difícil para ellos aceptarlo. Hay muchas teorías cuyos paladines se han aferrado a ellas durante demasiado tiempo, desarrollando su elaboración en un intento desesperado por acomodarla a los descubrimientos que la refutaban y evitar el inevitable final.

No obstante, la ciencia se mueve mucho más a trompicones de lo que una simple lectura del paradigma de los movimientos de Kuhn sugeriría. Y puede resultar difícil decidir si una teoría ha sido verdaderamente refutada, a menudo se pueden incorporar contraargumentos en la propia teoría hasta que ésta se hace más rica al adaptarse y desarrollarse. Si una teoría sufre ataques cuando es demasiado joven y poco elaborada como para defenderse por sí misma, también puede ser destruida prematuramente. La teoría de la deriva continental de Wegener es un ejemplo. Y la hipótesis del asteroide de Álvarez sobre la extinción de los dinosaurios podría haber encontrado el mismo final si nadie hubiera encontrado el cráter –la «pistola humeante»–. Incluso eso fue afortunado. El cráter podría haber sido absorbido hacia el interior de la Tierra, como la mayoría de la corteza terrestre de la época de los dinosaurios. La teoría de Álvarez podría haber sido correcta, y sin embargo haber sido liquidada.

A pesar de que el artículo sobre los cementos de Martin no había derrocado la idea *Snowball*, como él esperaba, había enseñado a Paul por lo menos una lección: cuando uno está siendo atacado, hay que aumentar el área del objetivo. La siguiente vez que vi a Paul al principio de otro ciclo de conferencias, la *Snowball* se había convertido en la «teoría Kirschvink». Cada vez que mencionaba la idea, Paul recordaba a la audiencia que provenía, en la mayoría de su encarnación moderna, de los avances de Joe Kirschvink, el profesor de Caltech que había pensado en la resaca volcánica, y había acuñado el término *Snowball*.

Paul se llegó a describirse con acierto a sí mismo como el «bulldog de Kirschvink», en referencia directa a Thomas Henry Huxley, quien se ganó el apodo de «bulldog de Darwin» por su directa y feroz defensa de las ideas de Darwin sobre la evolución. Darwin había evitado luchar en una cruzada contra los anglicanos contrarios a su nueva teoría. Huxley, sin embargo, no tenía tales reparos. En un debate en 1860, cuando el obispo Samuel Wilberforce preguntó sarcásticamente a Huxley si preferiría descender de un simio por el lado de su abuelo o de su abuela, Huxley respondió así:

> Si se me plantea la pregunta, preferiría tener a un miserable simio por abuelo, o a un hombre altamente dotado por la naturaleza y en posesión de grandes medios e influencia, y quien sin embargo utiliza estas facultades con el mero objetivo de introducir el ridículo en una profunda discusión científica, sin dudarlo afirmo mi preferencia por el simio.[6]

Mientras, el artículo de Martin sobre los cementos había hecho otra cosa por la teoría *Snowball Earth*. Finalmente había concentrado la atención en qué exactamente estaba vivo en el océano *Snowball*. Esto era algo que comenzaba a preocupar a varios biólogos. Sabían que ciertas criaturas debieron sobrevivir la *Snowball*: bacterias, por supuesto, en sus envolventes nubes de limo; algo más sofisticadas –pero todavía unicelulares– criaturas, con sus productos químicos internos cuidadosamente empaquetados en vez de flotando en una sopa; simples algas, marrones, verdes y rojas. Y todas estas criaturas dejaron sus débiles rastros fósiles en las rocas tanto antes como después del hielo, así que, por lo menos, sobrevivieron a él. Pero la magnitud de la congelación era preocupante. Si fue tan severa como Paul mantiene, ¿cómo pudo algo mantenerse vivo? Esto se convertiría en la siguiente prueba para la *Snowball*.

El hielo es una sustancia extraordinaria. Sutiles cambios en su estructura pueden mostrarlo blanco o verde o azul, translúcido u opaco. Se puede partir como el vidrio, o reptar como la melaza. El hielo es un material de construcción muy duro, tan resistente como el hormigón. En la Segunda Guerra Mundial, se hicieron planes para desarrollar gigantes portaviones hechos de hielo. Podrían haber sido construidos, si la autonomía de los aviones no hubiera aumentado lo suficiente como para hacerlos innecesarios. Las zarinas rusas utilizaban el hielo para construir enormes y brillantes palacios: «El delicioso material le daba una nueva y fantástica belleza a cada detalle, a veces blanco y a veces verde pálido, oscuro y opaco cuando estaba a la sombra, y casi transparente al sol. Ningún fantástico castillo de jaspe o berilo... podría ser más bello que estas maravillosas construcciones de hielo.»[7]

El hielo es ajeno a la vida. Parte de la atracción del casquete polar antártico es que todas las cosas esenciales para la vida –comida, agua, combustible y comida– han sido eliminadas. Los exploradores han alabado durante décadas el paisaje sublime y puro del hielo. «Durante las largas horas de continuo avance por los campos nevados e inmaculados, los pensamientos fluyen de manera muy clara», escribió el explorador antártico Douglas Mawson, intentando explicar sus ansias por volver. «La mente se mantiene imperturbable y la pasión de una gran aventura saltando de repente ante la imaginación se apacigua por la calma de la razón pura.»[8]

Pero hay peligro así como pureza en esta escapada de la vida. Recordemos a Wegener en Groenlandia, a Scott en la Antártida y a Hornby en el crudo invierno del Ártico canadiense. El hielo también mata. Cada célula de tu cuerpo es una blanda bolsa de agua, con tan sólo algunos productos químicos dentro. Si este agua se congela, aparecen puntiagudos cristales de hielo, que rompen y desgarran las frágiles paredes de la célula. Estas membranas también tienen pérdidas cuando sus moléculas comienzan a congelarse en grumos, como la grasa que se enfría en una sartén. Dentro de la célula, las proteínas desenrollan sus complicadas espirales y se vuelven flácidas. Con mucho cuidado, y tecnología adecuada, ciertas células se pueden conservar en el hielo –esperma, huevos y médula–. Pero en la mayoría de casos, la vida depende del agua; y el hielo trae la muerte.[9]

Ésta es la razón por la que los biólogos están tan preocupados por la *Snowball* de Paul Hoffman. Si el hielo cubriera el mundo, ¿cómo sobreviviría ni siquiera la vida unicelular?

El agua no era el problema. Los océanos, según creía Paul, no se habrían solidificado completamente, gracias a otra extraña propiedad del hielo. La mayoría de sólidos no flotan. Se vuelven más densos cuando se congelan y, en un baño de su propio líquido, se hunden. Para el hielo es exactamente opuesto. Cuando el agua se convierte en hielo, sus moléculas se unen a más distancia, formando una red llena de espacio vacío. Por eso el hielo flota, y por eso los océanos de la *Snowball* no se congelaron completamente. Si los icebergs se hundieran, los lagos y océanos se congelarían de abajo a arriba, en vez de desarrollar una piel de hielo en su superficie. Así que, tal como lo veía Paul, todavía habría abundante agua líquida dentro de los océanos de la *Snowball*.

Al principio, Paul no quería oír hablar de esto. Los océanos estaban completamente cubiertos de hielo, y eso era definitivo. Pero de nuevo se vio obligado a cambiar de parecer. Y la motivación para este cambio vino de una teoría rival de la *Snowball*, un pretendiente a la corona, que comenzó a atraer la atención de todos. Se trataba de una nueva *Snowball* más amable, con un nombre propio: *Slushball Earht*. Los modelizadores climáticos lo crearon. Utilizan programas informáticos para hacer lo que los geólogos no pueden: aplicar el modelo y ver qué pasa. En cuanto oyeron hablar de la *Snowball*, encendieron sus máquinas e intentaron crear una.

No pudieron.

Por mucho que intentaran generar un mundo cubierto de hielo, sus ordenadores no respondían. La modelización había avanzado mucho desde que los intentos primitivos de Mikhail Budyko resultaron en la «catástrofe de hielo» en los años sesenta. Y los modelos modernos se quedaban a medio camino, donde el hielo avanzaba hasta cerca de los trópicos, pero no más allá. Unos pocos modelos conseguían crear hielo en tierra firme cerca del ecuador, lo que explicaría las rocas glaciales de Australia. Pero los océanos ecuatoriales permanecían tozudamente descongelados.[10]

Así que los modelizadores comenzaron a hablar de una alternativa a la *Snowball* «dura» de Paul, una variante nueva y más blanda. Nick Christie-Blick creía que esta *Slushball* era una solución maravillosamente moderada al enigma de la *Snowball*; ni un extremo ni el otro, era una respuesta cómoda. También podría explicar algunas de las dudas que habían molestado a Nick. Por ejemplo, en varias partes del mundo las rocas glaciales tienen centenares de metros de grosor. Para hacer tales depósitos, los icebergs debían ser libres para navegar lejos de la costa y dejar caer su carga, y sin lugar a dudas no lo podían hacer si el océano estaba completamente congelado. Paul argumentaba que las rocas glaciales se formaron al principio y al final de la *Snowball*, cuando todavía quedaban aguas abiertas. Pero Nick creía que para hacer depósitos tan gruesos, el proceso debería haber continuado durante la *Snowball*. Océanos abiertos en el ecuador, creía, proporcionaban la respuesta correcta. Para los biólogos la *Slusball* también era perfecta. Creían que era exactamente lo que necesitaba la vida.

Paul, sin embargo, odiaba la *Slushball*. La llamaba *Loophole Earth*, y decía que los propios modelizadores necesitaban un par de comprobaciones con la realidad. El clima de la Tierra es enormemente complicado, y nadie afirma que todos sus detalles se pueden encapsular dentro de un ordenador. Los modelizadores son capaces de reproducir el clima actual principalmente porque pueden comparar el resultado de su modelo con los registros de temperatura, viento y tiempo meteorológico. Pero los únicos registros del clima precámbrico están escritos en las rocas. Y según Paul, la *Slushball* ni tan sólo se acercaba a explicar tales evidencias geológicas. No podía explicar los ferrolitos, las capas de roca carbonatada ni los extraños registros químicos en las rocas. Y lo más importante de todo era que no podía explicar la extremadamente larga duración del hielo.

Paul señalaba en particular los descubrimientos de la estudiante de Nick Christie-Blick, Linda Sohl. Su trabajo magnético había demostrado que las glaciaciones duraron por lo menos centenares de miles, sino millones, de años. La *Slushball*, decía Paul, sencillamente no podía haber durado tanto. Era precaria, como un lápiz en equilibrio sobre su punta. Empuja el modelo del mundo en un sentido u otro, y lo forzarías rápidamente a escoger: *Snowball* o nada.

Si se enfriara la *Slushball* un poco, decía Paul, el hielo rápidamente tomaría el control. El hielo blanco refleja la luz del sol, lo que enfría la Tierra, lo que crea más hielo en un proceso retroalimentado sin escape, que, decía Paul, congelaría el océano tropical. En cambio, si la *Slushball* se calentara un poco, su hielo pronto desaparecería. El calentamiento funde el hielo, exponiendo el oscuro océano, que absorbe más luz solar hasta que el hielo corre de vuelta a los polos.

Entonces, ¿cuál era la explicación de Paul para que la vida sobreviviera al hielo? Bien, los seres vivos son extraordinariamente resistentes, particularmente los más sencillos. Las bacterias sobreviven –de alguna manera– en el Polo Sur. También se han encontrado bacterias bajo los glaciares, e incluso dentro de rocas sólidas. Sin el conocimiento de las autoridades, una colonia de *Streptococcus mitis* viajaron de polizones a la Luna en 1967 a bordo de una cámara de televisión del *Apollo*, y las bacterias seguían vivas cuando tres años más tarde volvió la cámara a la Tierra. Habían conseguido sobrevivir sin comida, agua e incluso sin aire. Las fuentes calientes a menudo resplandecen por el brillante color de la vida. Las lagunas ácidas y humeantes del Parque Nacional Yellowstone, por ejemplo, albergan vistosas manchas bacterianas de colores naranjas, rojos y verdes a pesar de sus altas temperaturas. La vida tiene la costumbre de salir adelante pase lo que pase.

Los biólogos remarcaron, sin embargo, que muchas de estas criaturas resistentes estaban fuertemente adaptadas a sus extremas condiciones, mientras que la mayoría de las que sobrevivieron a la *Snowball* aparentemente tenían necesidades más normales, en particular la necesidad de luz solar. Tenía que haber luz del sol. Tenían que haber, afirmaban los biólogos, agujeros en el hielo.

Así que Paul y Dan cambiaron de rumbo. Obviamente tenían que proporcionar algunos refugios para la vida en los océanos congelados. ¿Qué tipo de aberturas pudo haber? Cualquier fuente caliente o volcán en un mar poco profundo podría haber creado por lo menos un pequeño agujero en la capa de hielo. Además, la temperatura de la *Snowball* no era uniforme. A pesar de que las temperaturas globales habrían descendido hasta los 40 grados bajo cero, habrían subido con el tiempo a medida que el dióxido de carbono se concentraba en la atmósfera. Y el ecuador siempre tendría una temperatura más cálida que la media mundial. Pronto el hielo del ecuador se volvería más fino, tal vez lo suficiente como para que se agrietara periódicamente.

Pensando en la cuestión más profundamente, Paul y Dan también se dieron cuenta de que las estaciones más severas de la *Snowball* también habrían ayudado a los seres vivos. Incluso si las temperaturas invernales estaban por debajo de los 30 grados bajo cero, los veranos sobrepasarían los cero grados durante unos días cada año. En los charcos derretidos y las grietas del hielo los seres vivos podrían aprovechar su oportunidad para fabricar y almacenar algo de comida, como hacen en la actualidad las bacterias de la Antártida. E incluso en invierno se podrían encontrar lugares con aguas abiertas rodeadas por el hielo. En los océanos helados actuales, extrañas corrientes mantienen algunos lugares –llamados polynyas– descongelados a lo largo de todo el año. Las ballenas atrapadas en el hielo utilizan estos agujeros para respirar mientras esperan que vuelva la primavera y las libere.

Para los biólogos, este razonamiento era mucho más convincente. ¿Pero había suficientes refugios? ¿Podían todas las especies agruparse en suficiente número para sobrevivir hasta que la *Snowball* finalmente se descongelase?

Para descubrirlo, Dan Schrag llamó a un amigo, otro joven científico llamado Doug Erwin, del Museo Nacional de Historia Natural en Washington, D.C. Doug es un experto en vida antigua, y también sabe mucho sobre la ecología del mundo actual. Para proteger a las especies en peligro de extinción, dice Doug, se tiene que mantener su diversidad genética. El material genético que pasa de una generación a la siguiente cambia siempre, pero no siempre a mejor. En un grupo aislado –una manada de elefantes en un parque natural, por ejemplo– las mutaciones peligrosas pueden esparcirse rápidamente. Para que la especie como un todo sobreviva, cada grupo debe contener suficientes individuos, suficiente variedad, para diluir esta amenaza. Y debe haber suficientes grupos independientes para que, si alguno falla, los demás puedan seguir adelante.

Doug se dio cuenta de que lo mismo sería aplicable a los habitantes de la *Snowball*. Hizo una lista de todas las especies que tenían que superar la *Snowball*. Entonces usó un modelo de conservación para calcular dos números: cuantos individuos de cada especie hacían falta en cada refugios, y cuantos refugios en total.

La respuesta asombró tanto a Doug como a Dan. Resultaba mucho más fácil de lo que esperaban. Para conseguir que virtualmente todas las especies sobrevivieran a la *Snowball*, tan sólo eran necesarios unos mil refugios diferentes. Y cada refugio sólo necesitaba albergar alrededor de mil individuos. Y lo que es más, los habitantes de la *Snowball* no eran precisamente elefantes. «¿Sabes qué cantidad de agua abierta necesitarías para albergar mil de estos individuos?», me preguntó Dan mientras estábamos en una cafetería. «Esta», dijo separando sus manos hasta que enmarcaron una área de aire del tamaño de un plato.

Para Doug y Dan, por lo menos, esto resolvía el problema de la supervivencia. Por supuesto que se podrían haber hecho mil agujeros pequeños en el océano *Snowball*. Probablemente se podrían haber hecho decenas de miles sin que eso afectara al modelo, y muchos de ellos podrían haber sido mucho mayores que un plato. Con todos estos refugios, dice Doug, todas las especies podían sobrevivir en la *Snowball* fácilmente. No había necesidad de una *Slushball*. La vida podía sobrevivir en una *Snowball* a todo gas sin ningún tipo de problema.[11]

Hasta ahora la teoría *Snowball* ha sobrevivido a todas las pruebas a que la han sometido. Y gracias a Paul y a su labor de proselitismo, ahora ha habido un cambio radical de la actitud científica ante las rocas glaciales. En unos pocos años Paul ha conseguido lo que no pudo lograr Brian Harland, Joe Kirschvink y todos los que intentaron explicar las rocas glaciales del Precámbrico. Virtualmente, todo el mundo cree ahora que fue una época de extraordinario frío, hielo y catástrofe. Incluso críticos como Nick Christie-Blick, que todavía cree en la *Slushball*, admiten que el hielo llegó casi hasta el final. Paul había tomado una idea hasta entonces demasiado extravagante como para ser considerada, y la había puesto en el escenario científico.

Podría haberse detenido ahí. Pero hay otra parte de la *Snowball* que le encantaría que fuese cierta. Mientras Paul continua reforzando su caso geológico, también está fascinado por las implicaciones biológicas. ¿Fue la *Snowball* la chispa creativa de la nueva vida que apareció después?

Paul ha creído desde el principio que el hielo y su resaca infernal habían provocado de alguna manera el mayor momento evolutivo de la vida desde que apareció sobre la Tierra: el paso de lo simple a lo complejo. Sin la *Snowball Earth*, cree, no habría habido animales, ni una Tierra ricamente diversa ni gente que discutiera sobre ello. Paul, sin embargo, no es biólogo. ¿Qué dicen los expertos?

9

Creación

Habían pasado miles de millones de años, casi un noventa por ciento de la historia de la Tierra, cuando la vida finalmente dio el salto vital hacia la complejidad. Ahora finalmente podría salir del aburrido limo, y comenzar a inventar las fabulosas formas de vida que vemos hoy en día.

De todas las innovaciones realizadas por la evolución, ésta fue la más dramática. Era la primera revolución industrial del mundo. Antes, cada célula individual tenía que realizar todos los oficios: comer; digerir, excretar, reproducir y llevar a cabo todas las cosas esenciales para la vida dentro de un pequeño saco. Después, impresionantes corporaciones de células aparecieron para compartir el trabajo. La especialización se hizo habitual. Gracias a las células estructurales, los cuerpos pudieron crecer y adoptar nuevas e imaginativas arquitecturas. Las células musculares podían mover estos cuerpos a nuevos terrenos. Las sensoriales podían alertar del peligro, las de los apéndices podían recoger comida. Las células evolucionaron para regular la temperatura, transportar información, innovar y consolidar.

Y esta especialización abrió un nuevo mundo de posibilidades. De repente, en la tardía mediana edad de la Tierra, la vida comenzó a procrear frenéticamente, a evolucionar y desarrollar nuevas formas. Al principio aparecieron los trilobites y amonitas, luego los dinosaurios y los pulpos, los dromedarios, las ballenas y los canguros, a medida que las nuevas criaturas complejas competían por encontrar maneras cada vez más imaginativas de explotar los recursos del planeta. La vida como negocio a gran escala fue salvajemente exitosa.

¿Entonces por qué había tardado tanto tiempo? A pesar de que la historia de la vida es ambigua, trazada a través de los imperfectos registros de los fósiles y rocas, la mayoría de los investigadores cree que la complejidad surgió en algún momento entre 550 y 590 millones de años atrás. Eso después de más de tres mil millones del simple limo unicelular.

Los biólogos han intentado durante décadas entender por qué la vida compleja apareció sobre la Tierra en aquel momento concreto. Y entonces apareció Paul hablando de una catástrofe global y presentando la evidencia que sugería por lo menos dos, y posiblemente hasta cinco, *snowballs* sucesivas que zarandearon la Tierra comenzando alrededor de 750 millones de años atrás. Y lo que es más importante, esta serie de *snowballs* acabó hace 590 millones de años, justo cuando la vida compleja comenzaba a aparecer. Las noticias del hielo de Paul provocaron que los biólogos volvieran corriendo a sus fósiles. «¿Qué hizo ésto?», comenzaron a preguntarse. «¿Fue la *Snowball*?»

Aquí empezó la parte biológica de la teoría la *Snowball Earth*. Algunos biólogos descartan automáticamente cualquier idea que convierta a la biología en subordinada de la geología. «A los genes no les importa el tiempo que haga», me dijo un investigador. «Añadir cubitos de hielo no aporta ningún avance significativo», me escribió por correo electrónico otro.

Pero otros están intrigados por los descubrimientos de Paul. Ahora hay signos de que la complejidad realmente apareció poco después de que el hielo retrocediera. Y a pesar de que la imagen está todavía muy borrosa, muchos biólogos comienzan a pensar que la *Snowball* pudo haber sido el catalizador.

Para encontrar la causa de un suceso histórico, primero se tiene que saber dónde buscar. Hasta hace poco, la mayoría de los biólogos asumían que la complejidad apareció de un suceso llamado la explosión cámbrica. Este episodio ha acaparado toda la atención sobre la vida primitiva durante décadas.

¡EL BIG BANG DE LA EVOLUCIÓN! gritaba la portada de la revista *Time* el 4 de diciembre de 1995. «Nuevos descubrimientos demuestran que la vida tal como la conocemos comenzó en un impresionante arrebato biológico que cambió nuestro planeta de un día para otro.» Los animales que se mostraban en el artículo eran del principio del periodo cámbrico, hace unos 545 millones de años. A primera vista, esto plantea un serio problema para Paul. La explosión cámbrica sencillamente no pudo ser provocada por sus *snowballs*, ya que éstas finalizaron alrededor de 590 millones de años atrás,[1] y 45 millones de años es demasiado tiempo como para estar inactivo con una mecha encendida esperando la explosión. Incluso Paul admite esto.

Pero también dice que el Cámbrico no merece tanta atención como recibe. El principio del Cámbrico fue claramente una época floreciente y llena de inventos para la vida. Durante esta rápida explosión de nuevas formas y estrategias evolutivas, se sentaron las bases de todas las modernas familias de animales. Los fósiles cámbricos se conocen desde hace siglos; marcan el final de la edad negra sin fósiles y el principio de la iluminación geológica y biológica. Son la «vida maravillosa» de Stephen Jay Gould.[2] Pero toda esta fama les ha venido porque son fáciles de conservar. Aparecen por todos lados. Al principio del Cámbrico, la vida inventó los esqueletos: escamas, conchas, espinas, todos los tipos de soportes corporales que después de la muerte se mantienen enteros el suficiente tiempo como para convertirse en fósiles.

Así que los fósiles cámbricos no fueron los primeros animales complejos, de la misma manera que el lenguaje no comenzó con la imprenta o con el papiro. La vida compleja pudo haber existido fácilmente durante millones de años antes, y sencillamente no haber dejado una marca tan clara en las rocas.

La invención de la pluricelularidad era evidentemente un requisito para la explosión cámbrica. Algunos biólogos dicen en la actualidad que hizo que la explosión cámbrica fuese inevitable. Por supuesto, la vida comenzó a experimentar con su nuevo juguete, explorando las múltiples posibilidades que le brindaba en cuanto a formas y funciones, tejidos y órganos. Una vez existía la complejidad, la explosión cámbrica fue la simple evolución en acción.[3]

Así que olvidemos los fósiles del cámbrico. Para encontrar el verdadero momento en el que la vida aprendió a usar muchas células en lugar de una sola, los biólogos necesitaban buscar unas criaturas mucho más misteriosas. Si Paul Hoffman está en lo cierto, y la *Snowball* provocó la invención de la complejidad, las primeras creaciones complejas del mundo debieron aparecer poco después de que el hielo desapareciera. La pregunta es, ¿lo hicieron?

¡Crunch! El pie de Jim Gehling aterriza sobre una lata de refresco y la aprieta contra el suelo. La recoge, señala hacia el circulo que ha dejado en el barro, y sonríe. «Adelante», dice. «Mira eso, y dime qué forma tenía originalmente la lata, o para qué servía.»

Ésta es una de las metáforas favoritas de Jim sobre el trabajo que realiza: reconstruir algunas de las primeras criaturas que aparecieron después de la *Snowball*. Su tarea es extraordinariamente difícil. Por lo menos la gente que estudia fósiles más recientes tiene algo concreto que excavar –huesos, escamas o caparazones–, pero las criaturas que estudia Jim no tienen ninguno de estos atributos. Sus cuerpos eran blandos, como medusas. Y los fósiles que dejaron son como el círculo borroso de la lata de refresco, impresiones confusas, apretadas contra el antiguo barro. A partir de estas escasas pruebas, Jim y sus colegas intentan determinar si estas criaturas de gelatina fueron los primeros animales complejos del mundo.

Jim es de Adelaida, Australia. Ronda los cincuenta, alto y delgado, con el pelo blanco y puntiagudo, una cara larga y delgada y nariz aguileña de centurión. Sus ojos son de un azul profundo y, conscientemente o no, suele a llevar camisas que los resaltan perfectamente. Su sonrisa es simpática, su temperamento amable. Le encantan los fósiles y le encanta compartirlos, lo que resulta sorprendente en el mundo de la paleontología, donde abundan los celos. Es un candidato perfecto a hombre más simpático del mundo.

Jim le cae bien a todo el mundo. Todos lo repiten a menudo, incluso Paul Hoffman, a pesar de que Jim recuerda que discutieron acaloradamente sobre alguna cosa cuando se conocieron. Jim tiene un don. Puede estar en desacuerdo, e incluso corregir, a los cerebros más egoístas sin aparentemente ofender a nadie. No es como Paul. No te entran ganas de impresionarle, o de luchar por conseguir su aprobación. Pero después de un par de horas de estar con Jim, acabas confiando en él. Ésa es la razón por la que mucha gente le considera su mejor amigo.

Jim se encontró con los fósiles de gelatina mientras estudiaba en la Universidad de Adelaida, trabajando para una paleontóloga de renombre, Mary Wade, una profesora excéntrica pero entusiasta. Ella y Jim acampaban entre los fósiles, y llevaban consigo –eran los años sesenta– a la octogenaria madre de ella de carabina. Jim se enganchó a los fósiles gracias a Mary. Se convirtió en un adicto de la búsqueda de nuevos fósiles, y de intentar encontrarle sentido a los que ya había encontrado. ¿Qué forma tenía? ¿Cómo vivió? ¿Cómo murió? Siguió allí para cursar un máster, pero pronto se dio cuenta de que las perspectivas de trabajo eran escasas. Jim no quería irse de Adelaida –su familia estaba afincada allí– y el único puesto de paleontólogo en la universidad estaba ocupado.

Así que comenzó a trabajar enseñando ciencia general en una facultad de formación de profesores. A pesar de que le encantaba enseñar y le encantaba a sus alumnos, no podía parar de pensar en los fósiles. Iba a la biblioteca y acababa acudiendo a las revistas de paleontología en vez de las que debería estar leyendo. Leía sobre la investigación puntera en fósiles cada noche, y pasaba todas las vacaciones en el campo o asistiendo a conferencias sobre fósiles. Publicó tantos artículos académicos que muchos paleontólogos se sorprendieron al enterarse de que sólo se dedicaba a tiempo parcial.

Finalmente, cuando los niños crecieron y se fueron de casa, Jim dejó su trabajo para concentrarse a tiempo completo en los fósiles. Sus amigos estaban encantados. Bruce Runnegar –un frágil profesor australiano de la UCLA, con una sonrisa diabólica y un sentido del humor áspero– inmediatamente invitó a Jim a viajar a California y completar la formalidad del doctorado (Ya había publicado más investigaciones que todos los demás estudiantes de doctorado juntos.) Otro amigo, el paleontólogo canadiense Guy Narbonne, le preparó un viaje para estudiar los fósiles de Newfoundland. Además, a todo el mundo en Newfoundland le gustaba Jim. Cuando oían que estaba en el pueblo, la gente aparecía con regalos para él: un pastel o una bolsa de grosellas. Para él resultaba embarazoso.

Ahora Jim está en una precaria posición de adjunto en el Museo de Australia del sur, en Adelaida. Le proporciona un despacho pero poco dinero, y sus obligaciones como organizador de exhibiciones le quitan tiempo de su investigación. Todavía no hay vacantes en la

Universidad de Adelaida, y Jim lucha por seguir adelante con su trabajo sobre los fósiles. No está enfadado ni resentido por ello. Es la persona más contenta consigo misma que conozco.

Los fósiles de Jim provienen de un lugar que ya ha aparecido varias veces en la historia de la *Snowball*: los Flinders Ranges en Australia del Sur. En 1947, el geólogo Reg Sprigg identificó lo que parecían medusas aplastadas y petrificadas en las rocas de una mina abandonada cerca de los montes Ediacara, en el borde occidental de los Flinders. Criaturas parecidas se han encontrado desde entonces en rocas de alrededor del mundo,[4] pero todavía se llaman colectivamente fauna ediacarense en honor al hallazgo de Sprigg.

No tiene mucho sentido visitar Ediacara en la actualidad. Estos fósiles tienen bastante valor en el mercado, y el lugar ha sido saqueado completamente. Las muestras que no han sido extraídas por geólogos durante el día han sido robadas por la noche con gente usando barras y excavadoras mecánicas. Ya no hay nada que ver.

Pero si juras no desvelar su paradero, Jim te puede llevar a un lugar secreto donde los fósiles todavía están intactos. Si vas al amanecer o poco antes de que se ponga el sol puedes ver los rayos inclinados de los que Jim llama «luz de fósil». Primero se toma una carretera asfaltada entrando hacia el norte por los Flinders, después una pista forestal que está plagada permanentemente con rocas. (No te ofrezcas a conducir; a Jim no le gusta que le lleven. Pero te lo dice de manera divertida, y además es tan buen conductor por el campo que probablemente no te importe.) El paisaje es pálido, como tintado por el sol en tonos terracota y gris oliva. A la izquierda, un línea de tortuosos eucaliptos marcan el lecho de un arroyo seco. El suelo es rocoso, un asfalto desértico moteado por pequeños y redondos arbustos. A parte del águila que se refugia en uno de los eucaliptos, y las omnipresentes e irritantes moscas australianas alrededor de tu cara, no se ve vida por ninguna parte.

La pista da un giro y se para en la base de una suave ladera, cubierta por placas de piedra pálida. Tienen formas irregulares, con un grosor de tres a seis centímetros y alrededor de un metro de longitud como tabletas proféticas rotas. Jim se encarama a una de ellas, le da la vuelta y comienza a rascar el barro con un cepillo amarillo que ha sacado de la mochila. («este es el instrumento principal para este tipo de trabajo. Un cepillo de nylon de lavar platos. Dos dólares.») Y entonces aguanta la placa para inspeccionarla.

Ahora está clara la razón para ir pronto por la mañana. Al principio sólo se ve el color rojo de la parte inferior de la piedra. Pero entonces la luz inclinada dibuja sombras que resuelven una figura ovalada endentada parecida a una huella dactilar enorme, de unos quince centímetros. La criatura que dejó esta imagen se llama dickinsonia, y es uno de los iconos del mundo ediacarense. Su cuerpo es segmentado como el de los gusanos, y separado por un surco que corre por el centro. Tal vez era una barra endurecedora para su blando cuerpo o sean los restos de un tubo digestivo. En un extremo, los extraños segmentos parabólicos son ligeramente más gruesos y anchos que en el otro. Al revés que los habitantes del mundo del limo, esta criatura conocía la diferencia entre la cabeza y la cola.

Ahora Jim le está dando la vuelta a más placas, y encontrando más fósiles. Hay una criatura esponjosa aplastada llamada *Palaeophragnodictya*, impresa como un pequeño disco descentrado dentro de otro mayor. Hay otro disco con una serie de estrías en su interior, como la figura de una flecha de cómic. «Aspidella», dice Jim, y sigue adelante. Algunos fósiles ediacarenses tienen bordes de encajes y puntillas como unas enaguas victorianas. Otros tienen discos y tallos y ramas. Uno parece una moneda romana, y otro parece la insignia de un sheriff –una pequeña estrella de cinco puntas dentro de un círculo–. Algunos son verdaderamente enormes. Una dickinsonia encontrada en este mismo lugar, dice Jim, medía más de un metro.

Hay algo extraordinario en la visión de estos antiguos ancestros yaciendo frente a ti, mires donde mires. Tal vez una de estas placas albergue una única forma endentada que conmoverá al mundo biológico. Podría haber una especie nueva, a la que podrías poner tu propio nombre. El espíritu de la búsqueda se apodera de ti, y comienzas a levantar placa tras placa. Encuentras más dickinsonias fantasmagóricas; entonces una spriggina, con un cuerpo largo y arrugado y una cabeza contundente. Pero entonces, de repente, el sol está demasiado alto en el cielo, y las imágenes desaparecen.

La fauna ediacarense impresa sobre estas rocas vivió –y murió– en un lecho marino arenoso de poca profundidad cercano a la costa. Fueron las primeras criaturas grandes que aparecieron en la Tierra después de la larga época de limo microscópico. La suya fue una época inocente. Todavía no se habían inventado los depredadores y enormes e indefensas mantas de carne como la dickinsonia podían vagar por el lecho marino con impunidad. «Si quieres tener un Jardín del Edén en algún momento de la historia de la vida, claramente fue éste», dice Jim.

Pero la muerte llegó a estos desafortunados en forma de una tormenta que removió el pacífico mar e hizo caer arena allí donde reposaban. Cada delgada placa de roca en la ladera se formó durante una de estas tormentas de arena submarinas. Incluso entonces, los blandos cuerpos de los ediacarenses se habrían podrido para desaparecer, si el mundo del limo no hubiera intervenido para conservarlos. La mayoría de las placas con fósiles tienen una textura rugosa parecida a la piel de elefante, lo que quedó de las alfombras de bacterias que cubrían el mar ediacarense.

La idea vino de una imagen antigua. De pequeño, Jim hojeaba una enciclopedia cuando vio una fotografía de la máscara de la muerte tomada del cadáver del notorio fugitivo del Outback australiano Ned Kelly. Jim todavía recuerda el endentado que dejaron las pestañas de Kelly, y la forma de su barbilla. Y cuando Jim estudiaba las placas de fósiles, se dio cuenta de que las alfombras de bacterias habrían proporcionado a cada ediacarense una máscara de la muerte igual que la de Kelly.

En cuanto los ediacarenses morían, las bacterias se apresuraban en cubrirlos, absorbiendo ávidamente sus nutrientes, y excretando productos químicos que endurecían la arena en un duro mineral amarillo de hierro llamado pirita. Incluso cuando el blando cuerpo se pudría, esta concha de pirita se habría mantenido firme. Ahora, cientos de millones de años más tarde, la misma corteza de hierro sobrevive en el reverso de cada placa de caliza; ahora se ha oxidado convirtiéndose en rojo óxido de hierro, pero todavía proporciona un fiel molde de la criatura que antaño yacía bajo él.[5]

Este método de preservación no capturaba únicamente individuos, sino una rodaja de vida, una instantánea del lecho marino ediacarense. Desafortunadamente la arena también aplastó muchas de sus víctimas antes de que se formaran sus máscaras de la muerte. Esto ha dejado a Jim y sus colegas en un dilema. Algunos ediacarenses nacieron planos, otros fueron aplanados; ¿cómo diferenciarlos? Interpretar las impresiones de estos cuerpos aplastados es un verdadero arte –de aquí viene el asunto de antes con la lata de refresco–. («¡Luchad por ello!», dijo un desesperado espectador a los investigadores que se habían pasado la mayor parte de un viaje de campo discutiendo sobre la apariencia –cuando estaba vivo– de un fósil particularmente confuso.) Pero hay pistas en las rocas, si sabes cómo leerlas. ¿Están algunos fósiles doblados? Entonces deben haber sido planos cuando estaban vivos. ¿Yacen todos en la misma dirección? Tal vez estaban ligados al lecho marino, todos balanceándose en la misma corriente, cuando la mortal tormenta de arena apareció.

De este tipo de análisis se han podido deducir algunas cosas. Los ediacarenses estaban sin lugar a dudas vivos –ningún proceso geológico puede crear formas como las suyas–. También eran mucho mayores que las microscópicas criaturas del mundo del limo. Y a pesar de que algunas no se parecen a nada que habite sobre la Tierra, otras son misteriosamente parecidas a animales mucho más modernos –estrellas de mar, medusas y esponjas–. Estas semejanzas han hecho que muchos investigadores –entre ellos Jim– crean que por lo menos algunos de los ediacarenses fueron ancestros directos de los complejos animales de la actualidad. Pero todos admiten que la concordancia de formas no es suficiente. A pesar de que los fósiles parecen complicados, todavía podrían ser alguna extraña agregación de criaturas más simples. A lo largo de los años se ha especulado con que cada ediacarense podría haber sido una única célula gigante, dividida en muchos compartimentos llenos de fluido, como un colchón de aire; o tal vez colonias de bacterias excepcionalmente coordinadas, juntándose en formas engañosamente complejas.[6]

Al final no han resultado ser nada de esto. Ahora sabemos que los ediacarenses fueron realmente los primeros animales complejos y pluricelulares. La prueba no ha sido descubierta hasta hace un par de años, y no proviene de la forma de los fósiles, sino de sus estelas.

En su colección en el Instituto de Paleontología de Moscú, Misha Fedonkin tiene algunos de los mejores fósiles ediacarenses del mundo. Misha es un hombre apuesto de unos cincuenta años, con un bigote corto y cuidado y cabello negro. Su inglés, como sus modales, es fluido. Es amable, a menudo animado, pero nunca se altera. Ha desarrollado una labor cieentífica durante décadas en Rusia, y también es infinitamente ingenioso, más allá incluso del trabajo de campo. Ponle en la parte residencial de una ciudad desconocida, e inmediatamente podrá encontrar un fantástico pequeño bar, club o restaurante, a menos de dos manzanas. Cuando Misha era joven le encantaba cazar y pescar, pero ahora su corazón pertenece a otras aficiones. No ha tocado una escopeta desde que encontró su primer fósil ediacarense, hace casi treinta años. «La caza de fósiles», dice, «te captura el alma.»

Los fósiles de Misha provienen de los acantilados de la costa rusa del Mar Blanco, cerca del remoto puerto norteño de Arkhangel'sk. El viaje en tren desde Moscú dura veintidós horas, apretado en un compartimento con todo lo necesario para la temporada: tiendas compradas al ejército, cuerdas y aparejo de escalada, latas de comida, bloques de mantequilla y queso. Desde el puerto hay otro viaje de diez horas en barco hasta el campamento, encajado en una playa entre inclinados acantilados de arcilla y el inhóspito Mar Blanco.

Ocasionalmente, un río talla un cañón a través de los acantilados en su camino hacia el mar, y Misha intenta acampar cerca de uno de estos por el agua dulce que proporciona. A pesar de que el Mar Blanco es un entrante del Océano Ártico, durante el verano no está helado. Pero igualmente el tiempo puede ser muy crudo. Cuando llueve, la arcilla blanda de los acantilados se convierte en un barro pálido que se agarra a las botas y cubre todo lo que toca. A veces hay una tormenta en el mar, y el nivel del agua sube sobre la playa en una masa espumeante, atravesando el campamento.

El buen tiempo, por otro lado, trae consigo aquel otro famoso peligro del Ártico: las moscas. A primera vista la taiga (bosque ártico) a lo largo de los ríos parece impenetrable. Entonces te das cuenta de que los árboles enanos están bastante separados, y que los espacios entre ellos son oscuros debido a las nubes de mosquitos y moscas negras. En cualquier buen dia de playa, estas bestias ávidas de sangre se abalanzan sobre ti. Como Paul Hoffman en Canadá, Misha y sus colegas se han acostumbrado con el tiempo a esta amenaza. Pero un investigador americano que acompañó a Misha al Mar Blanco hace unos años recibió tantas picaduras que su cara rápidamente se hinchó hasta el doble de su tamaño habitual. Sin embargo, no estaba particularmente preocupado. Aquel mismo año descubrió una nueva especie de ediacarense que lleva su nombre. ¿Qué son unas pocas picaduras de insectos, si puedes lograr la inmortalidad de la manera más elegante: pasando tu nombre no a un descendiente, sino a un ancestro?[7]

Los acantilados del Mar Blanco están repletos de fósiles de la fauna ediacarense. Como sus primos australianos, las criaturas que aquí se conservan vivieron en un mar cálido y poco profundo, y fueron sofocadas por periódicas mantas de arena. Ahora la arcilla de los acantilados está interfoliada con capas de caliza que albergan las familiares máscaras de la muerte ediacarenses. Cada primavera nuevos corrimientos de tierra hacen caer nuevas placas de caliza hasta la playa. Cada verano Misha vuelve para ver qué espectaculares nuevos hallazgos han quedado al descubierto por las lluvias.

Y algunos de sus descubrimientos más recientes le dejaron boquiabierto. Encontró cuatro dickinsonias, todas exactamente del mismo tamaño, agrupadas en la misma placa. Extrañamente, tres de ellas sobresalían orgullosamente de la caliza en un relieve positivo, mientras que sólo la cuarta era el habitual molde endentado. También encontró una placa que albergaba una yorgia, otra criatura oval, que tenía estructuras internas parecidas a costillas y extrañas formas aplastadas que podrían ser algún tipo de órganos; ahí, de nuevo, Micha encontró cuatro fósiles juntos, tres en relieve positivo, uno en negativo. Y también había una kimberella, una criatura con forma de lágrima, con unos volantes ondulados a lo largo de su borde que a Misha le recordó el pie ondulante de una babosa o un caracol. En el extremo puntiagudo del fósil, Misha encontró surcos en la roca, como si algo hubiera barrido el lecho marino antes de que sucediera la tormenta de arena. En los extremos de otras identificó marcas largas y oscuras, a menudo varias veces más largas que la propia kimberella.[8]

Estelas. Todas eran estelas. Misha se dio cuenta de que los cuatro fósiles de dickinsonia provenían todos de un único individuo. Tres veces esta criatura había descansado sobre la capa de microbios que cubría el lecho marino, y había dejado un bajorrelieve de su cuerpo allí. Las primeras tres máscaras de la muerte sobresalían de la placa de caliza porque la arena había entrado en los agujeros dejados en el lecho marino. Únicamente la cuarta estaba endentada –un verdadero molde del cuerpo de un ediacarense–. Y lo mismo era válido para la yorgia. Las placas de caliza de Misha habían capturado las tres imágenes de la tripa del organismo, así como su propio cuerpo.

Cuando Jim Gehling se enteró de estos descubrimientos, fue corriendo a comprobar sus colecciones. Claramente, encontró una dickinsonia australiana haciendo exactamente lo mismo: tres impresiones de la tripa y un fósil final. Y eso significaba una cosa: estas criaturas evidentemente podían moverse.

Tal vez, cree Jim, la dickinsonia y la yorgia utilizaban sus movimientos para alimentarse, dado que ninguna de ellas tenía la ventaja de los dientes. Yacían sobre la alfombra de limo que cubría el lecho marino y con el tiempo consumían las bacterias. «Si te tumbas sobre la hierba el suficiente tiempo, pudres la que está debajo de ti», dice Jim. «Y eso es una fuente de comida.» Entonces las criaturas debían moverse cuando la comida se acababa. Misha está de acuerdo, y cree que la kimberella también se debería estar moviendo en busca de comida. Aquellas marcas de rascadas podrían ser los lugares donde usó una probóscide para extraer la comida del lecho marino. Y la kimberella dejó una estela a lo largo de su recorrido, tal como lo haría una babosa o un caracol.

La habilidad para moverse manda un mensaje inmediato a todos los biólogos. Estas criaturas tenían que ser complejas. Para hacer estelas, necesitas tejidos que se comporten como músculos; tienes que ser un organismo cooperativo formado por múltiples células especializadas. Los colchones de aire no pueden hacerlo, ni tampoco las alfombras de bacterias. La kimberella no sólo se parecía a un caracol, se movía como un caracol. Las extraordinarias marcas del Mar Blanco demuestran más allá de toda duda que los ediacarenses fueron animales complejos y pluricelulares.

Así que ahora sabemos lo que fueron los ediacarenses. ¿Pero cuándo existieron? Los fósiles de Ediacara y el Mar Blanco vivieron hace unos 555 millones de años. Eso es una mejora respecto a la explosión cámbrica, pero sigue siendo unos 40 millones de años después de la *Snowball*. El siguiente paso sería encontrar ediacarenses más próximos al fin del hielo.

Mistaken Point es un promontorio barrido por el viento y dejado de la mano de Dios en el extremo sureño de Newfoundland. Se encuentra rodeado por terrenos áridos: montes barridos sin árboles y cubiertos de musgos y líquenes. A nadie le podrían gustar estas tierras, ni siquiera a su madre. Son tristes y húmedas, sus plantas tienen el color de las espinacas demasiado hervidas y de clavos oxidados, están cubiertas por la niebla. Los pálidos y delgados caribús vagan por ellas como almas perdidas.

Los mares cercanos fueron antaño muy ricos, pero ahora que la población de bacalao ha disminuido y se ha prohibido su pesca, ha descendido la depresión sobre el área como una de sus famosas nieblas. (Este es, oficialmente, el lugar con más niebla del mundo.) Mistaken Point está deshabitado desde hace décadas, y sólo unas pocas personas permanecen en el pueblo de Trepassey, a una hora en coche hacia el oeste. Los lugareños de ahí son amigables, sus acentos una forma fosilizada del irlandés, sus construcciones gramaticales arcaicas: «aquí tener; a ti le gusta ésto, ¿verdad?», te dicen mientras te dan un plato de ternera a la sal. O más probablemente bacalao traído de lejos, dado que los hábitos dietéticos antiguos son los que más tardan en desaparecer.

Trepassey significa «las almas muertas» en vasco, y le pusieron este nombre los pescadores del siglo XVI por los muchos barcos que se hundían en esta tortuosa costa. Estas aguas guardan los restos de miles de personas que fueron traicionadas durante siglos por la niebla y el hielo ártico y los vientos altos, especialmente en Mistaken Point, que era a menudo «confundido» por muchos navegantes desafortunados por la siguiente lengua de tierra a lo largo de la costa. Buscando la segura bahía del Cabo Race, giraban demasiado pronto, y se iban a pique. El faro del Cabo Race recibió señales de socorro del maltrecho *Titanic,* y es el lugar de tierra firme más cercano a la tumba atlántica del barco.

Las rocas de Mistaken Point también tienen tumbas, pero albergan criaturas mucho más antiguas. Para verlas, en un día particularmente crudo a principios de junio, me he unido a una tropa de mojados y humeantes geólogos chapoteando sobre los musgos saturados y los arroyos negros y fangosos que hay cerca del borde del acantilado. La lluvia es persistente. No se percibe la diferencia entre el mar y el cielo –ambos son del color del granito–. Erizos de mar desentrañados yacen donde fueron arrojados sobre las rocas y después destripados por las gaviotas.

Las superficies fósiles se extienden hacia un lado de la pared como si fueran un montón de libros caídos. Escalamos sobre uno de ellos, rezando por que aparezca un agujero en las nubes. La roca es sosa bajo la gris luz plana, y la superficie parece vacía. A pesar de que estamos acurrucados a más de seis metros sobre el nivel del mar, algunas olas rompen por encima de los bordes de la capa de roca y la gente se aparta, gritando. Todos hablan de geología: hablan de clastos y bombas volcánicas, flujos de gravedad y cuencas de retroarco. Alguien habla sobre Paul Hoffman, a pesar de que no ha venido, presumiendo de él: «Paul trabajó para mí. Fue mi asistente de campo». «¿Lo has oído?», dice mi compañero. «Todos reclaman un trozo de Paul.»

La tarde avanza, pero parece que la lluvia se calma. Ahora el viento es una bendición porque seca la superficie rocosa. Y entonces, de repente, milagrosamente, aparecen rayos de sol inclinados a través de las nubes. ¡Luz de fósil! La superficie de la roca se puebla de repente de extrañas formas: frondas, husos, discos y ramas. «¡Mira eso!», exclama Jim Gehling. «¡Alguien ha encendido un proyector en el cielo!»

A pesar de las rocas húmedas, todos se quitan las botas. Estas formas fósiles pueden haber sobrevivido miles de años de viento y olas, pero nadie quiere arriesgarse a arañarlas. Mientras los geólogos caminan sobre la superficie rocosa en sus gruesos calcetines de montaña, la escena parece extrañamente bíblica e incluso hay un fósil con forma de «arbusto ardiendo», del tamaño de una mano extendida, con frondas que se curvan hacia arriba como las lenguas de las llamas. Jim está de pie a un lado, mirando anonadado las formas que han aparecido sobre la rocas. «Imagínate que pudieras tener esto en el suelo de tu casa», dice. «Imagínate caminar sobre esto cada día.»

Los fósiles de Mistaken Point son diferentes en muchos aspectos de aquellos de Ediacara o del Mar Blanco. Estas criaturas no estaban ni remotamente cerca de una costa arenosa cuando murieron. Reposaban sobre el profundo y oscuro suelo de un cañón submarino. Y no fueron cubiertos por la arena, sino por cenizas.

Al noroeste de aquí, un grupo de volcanes atravesaba antaño la tierra que después se convertiría en partes de América Central y Brasil. De vez en cuando, había un temblor, un rugido y una erupción explosiva que lanzaba oscuras nubes de ceniza al aire y sobre el océano. Los ediacarenses carecían de orejas con que oír los ruidos de alerta. Una densa y arremolinada nube sencillamente aparecía de la nada y llenaba su mundo, cubriendo el suelo del cañón y todo lo que allí vivía.

La antigua ciudad romana de Pompeya fue cubierta por una nube similar cuando el Vesubio entró en erupción en el año 79 a.C. Huyendo, acurrucándose o retorciéndose, los cuerpos de los habitantes de Pompeya fueron conservados por la misma ceniza que acabó con sus vidas. Primero la ceniza los asfixiaba, y luego se endurecía alrededor de sus cuerpos en putrefacción. Siglos más tarde, los propios cuerpos han desaparecido. Pero los arqueólogos inyectaron yeso en los vacíos que dejaron, y recrearon las formas de los ciudadanos muertos con un detalle extraordinario y a veces horrible.

Exactamente de la misma manera, la ceniza volcánica se endureció sobre los cuerpos en putrefacción de los ediacarenses. Entonces, como el yeso en Pompeya, el barro del antiguo lecho marino ascendió en los agujeros que dejaron tras de si, creando fieles imágenes que se convirtieron lentamente en roca.

La conservación por cenizas es poco común. La mayoría de los fósiles ediacarenses fueron asfixiados por la arena, y sus imágenes se conservan sólo como una máscara de la muerte endentada en la capa superior de caliza. Pero en Newfoundland la imagen proviene del barro subyacente. Las capas de ceniza han sido erosionadas en mayor medida, y moldes sólidos de los ediacarenses sobresalen de la superficie rocosa. Caliza sobre caliza, sólo son visibles cuando el sol está suficientemente bajo como para remarcarlos con sus sombras. Entonces se muestran exactamente como eran; Newfoundland es el único lugar del mundo donde se puede andar sobre el lecho marino ediacarense.

Este extraño método de conservación tiene otra ventaja. Cada capa de cenizas proporciona a los ediacarenses que mató un útil indicador de la edad. La ceniza volcánica es una manera fantástica de datar las rocas, porque contiene trazas de elementos radioactivos: uranio, por ejemplo, que decae convirtiendose en plomo a un ritmo constante. Cuando un volcán explota y se forman las cenizas, el reloj comienza a avanzar. Con cada tic-tac la roca pierde uranio y gana plomo, y la proporción de estos dos elementos cambia con el tiempo. En una capa de ceniza, los geólogos pueden medir hoy la proporción de uranio y plomo, y pueden saber cuánto tiempo ha pasado desde que se formó la ceniza.

Aquí en Mistaken Point, la ceniza que ahogó estas criaturas de gelatina tiene una edad de 565 millones de años.[9] Por lo tanto, son mucho más antiguas que las de Australia o el Mar Blanco. Vivieron tan sólo unos 25 millones de años después de la *Snowball.*

Ni siquiera son los fósiles más antiguos en Newfoundland. Al día siguiente fuimos a otra parte de la costa, esta vez cerca de una playa donde cada ola que retrocede succiona la grava con un sonido similar al crepitar del fuego. Las capas de roca son gigantes placas negras, inclinadas de lado como piezas de dominó caídas. Nos dirigimos a una que tiene algún tipo de discos grandes pegados a ella. «¿Alguien quiere pizza para llevar?», dice Guy Narbonne, el investigador canadiense que lidera la expedición. Tiene razón. Estos fósiles se parecen muchísimo a una pizza de salchichón. O por lo menos tienen la forma y tamaño exactos; pero los trozos de salchichón son de color de barro y la región a su alrededor es verde manzana, como masa ligeramente mohosa. Una caminata cuidadosa sobre las resbaladizas rocas nos lleva hasta una superficie roja, que alberga el sutil rastro de lo que parece un vaso de cóctel con largas antenas. Cerca de él hay dos frondas delgadas, de varios metros de longitud. Por lo menos éstas no recuerdan a comida; parecen más bien la marca de una rueda de bicicleta.[10]

Allí donde la capa de roca desaparece bajo el suelo, podemos ver, de perfil, la capa de ceniza que preservó estos fósiles. Esperaba que fuera oscura y poco consistente, pero es sólida como el cemento, y del mismo verde pálido que la «masa» de la pizza. Han datado esta ceniza. El resultado tiene el estatus de «rumorcrón» –argot geológico para las fechas que han sido medidas pero todavía no se han publicado oficialmente–. Proviene del laboratorio de Sam Bowring en el MIT, uno de los más fiables geocronólogos del mundo. Sam le ha dicho la fecha a mucha gente. La ha presentado en conferencias.[11]

Pero todavía no la ha publicado. Es 575 millones de años. Si se mantiene esta fecha, estos fósiles serán casi tan antiguos como los últimos días de la *Snowball.*

Paso a paso, la fecha de la aparición de la complejidad se acerca al fin de la *Snowball.* Para mucha gente esto comienza a parecer más que una coincidencia. Pero todavía existe un problema serio. Unos pocos investigadores han anunciado lo que parecen ser signos de complejidad antes de la *Snowball.* Si la vida pluricelular realmente apareció antes de que hubieran ni tan sólo atisbos del hielo global, esto destrozaría toda la parte biológica de la teoría.

Parte de estas pruebas son todavía altamente polémicas. Un afloramiento del norte de Canadá alberga tal vez un millar de discos, con un tamaño comprendido entre una moneda de diez y una de cincuenta céntimos de euro, impresas en rocas calizas. Las rocas datan de unos 100 millones de años antes del final de las *snowballs,* y su descubridor, Guy Narbonne, insiste en que son criaturas complejas.[12] Pero no dejaron estelas, y apenas tienen estructura. Otros biólogos dicen que podrían ser pedazos de gelatina o colonias de bacterias.

Grabados sobre rocas de mil millones de años de antigüedad de la India hay tubos ramificados del grosor de un lápiz, que su descubridor –un investigador muy respetado llamado Dolf Seilacher– cree que fueron hechas por algún tipo de gusano.[13] Pero la mayoría de sus colegas suspiran y señalan que no hay ninguna señal de las propias criaturas entre las «estelas», lo que hace su argumento mucho menos creíble. Otros investigadores acaban de anunciar el descubrimiento de surcos borrosos, como rastros de gusanos, en unas rocas calizas de 1.200 millones de años de antigüedad del suroeste de Australia.[14] Pero de nuevo, no hay ningún signo de los animales, ni ninguna evidencia clara de que criaturas complejas realmente crearon estas estelas, y pocos biólogos creen que representan un problema para la teoría *Snowball.*

Más preocupantes, sin embargo, son las algas. Las algas son plantas marinas que viven a lo largo y ancho de los océanos modernos. Algunas son pequeñas y peludas masas que flotan por el agua o se aferran a las rocas. Otras son enormes. El quelpo es un tipo de alga, y los bosques de quelpo en la costa de California contienen plantas de cientos de metros de altura. Las algas claramente existían antes de la *Snowball*. No había cosas como el quelpo; las criaturas mayores medían apenas unos milímetros. Pero casi seguro que eran pluricelulares.

Por ejemplo, Nick Butterfield, un biólogo canadiense que está en la Universidad de Cambridge, ha encontrado algas rojas magníficamente conservadas en un pedazo de sílex que recogió de la Isla de Somerset en el ártico canadiense. La roca tiene 1.200 millones de años y los fósiles que contiene son cosas minúsculas y peludas, apenas visibles a simple vista. Pero cuando Nick puso sus muestras bajo un microscopio, se dio cuenta de que las imágenes fósiles eran la viva imagen de una alga roja moderna llamada Bangia, que se encuentra sobre las rocas de muchas de las costas en la actualidad. Vio las clásicas filas de células con forma de disco que forman los filamentos de la Bangia, y las células con forma de cuña que poseen las Bangias adultas, habiendo dividido sus discos en ocho, doce y dieciséis partes. También vio células separadas orientadas verticalmente, y parecían formar un «escape», un tipo de ancla que podía aferrar la alga al lecho marino y le permitía crecer hacia arriba en vez de horizontalmente como las primitivas alfombras planas del mundo del limo.[15]

Y también están las algas filamentosas de Spitzbergen, que se parecen mucho a las algas verdes actuales. Y una extraña bestia llamada valkyria, con apéndices que casi parecen piernas (pero no lo son.) Y un fósil siberiano encontrado por Paul Knoll, un colega de Paul Hoffman en Harvard, que es idéntico a una alga verde moderna llamada *voucharia*. Muchas de éstas no son solo colecciones de células. Realmente parece que comenzaban a aprender a organizarse.

Estos hallazgos parecen derribar la parte biológica de la *Snowball*, pero dejan abierto otro gran misterio. Las algas, al parecer, aprendieron repentinamente a ser pluricelulares hace unos 1.200 millones de años. Si después transmitieron el secreto al resto del mundo, ¿por qué pasaron 600 millones de años antes de que los animales aprendieran a hacerlo? Si este fue el paso crucial que cambió el mundo para siempre, ¿por qué el resto del planeta se mantuvo anclado en el simple limo hasta tanto tiempo después? Nadie cree que un suceso evolutivo pueda causar otro suceso que ocurre cientos de millones de años después. Incluso Nick Butterfield lo dice: «Todavía hay este enorme retraso antes de que las cosas se pusieran en marcha», reconoce, muy a su pesar. «La biología se mueve más rápido que esto.»

Quedan, pues, dos posibilidades. O bien las algas inventaron la complejidad de manera separada, y mantuvieron guardado el secreto –lo que no plantearía ningún problema para la teoría *Snowball Earth*– o bien hubo muchos animales complejos antes de la *Snowball*, pero no dejaron fósiles en las rocas. Eso sería evidentemente un problema, ya que la *Snowball* no podía haber provocado algo que había existido desde mucho antes. ¿Pero cómo poner esto a prueba sin fósiles? Puede que haya una forma. Las pruebas no tienen la forma de fósiles, sino de la aplicación de un acercamiento más oblicuo conocido como el «reloj molecular».

El material genético –la molécula llamada ADN– contiene información sobre sus ancestros dentro de cada célula. En principio, con una muestra de mi ADN y algo del tuyo, podríamos ver hasta qué punto somos parientes. A pesar de que ambos somos humanos, tu ADN difiere ligeramente del mío. Por eso nuestras caras tienen formas diferentes, o nuestros ojos diferente color. Estos cambios en el ADN han sucedido tras muchas generaciones, a medida que el material genético pasa de padres a hijo, a veces con pequeños errores introducidos, a veces únicamente a través de las mutación naturales que aparecen con el tiempo.

Cuando mi ADN era igual que el tuyo, éste residía en las células de la persona que fue nuestro último antepasado común, nuestro mutuo tatata-y-más-tatarabuelo. Así que si quisiéramos saber cuándo vivió este antepasado, no tendríamos que consultar a un genealogista. Sencillamente podríamos medir las diferencias entre mi ADN y el tuyo, y estimar la velocidad a la que avanza el reloj del ADN.

En la práctica, los cambios de ADN no son suficientemente rápidos como para ayudar con los árboles genealógicos recientes, a pesar de que han habido investigadores que han usado esta técnica para demostrar que todos descendemos de un humano moderno, «Eva», que vivió hace poco más de 200.000 años. Los relojes moleculares también pueden identificar la fecha de antepasados más lejanos, como el común a un humano y un orangután, por ejemplo, o un humano y una mosca. Cada avance del reloj, cada ligero cambio en la composición exacta del ADN de dos criaturas, las separa de su antepasado mutuo. Si mides cuánto ha cambiado su ADN, y sabes a qué velocidad avanzaba el reloj, puedes seguir la evolución hacia atrás incluso sin la ayuda de los fósiles.

Varios grupos de investigación diferentes ya han utilizado esta técnica para intentar descubrir cuándo aparecieron los primeros animales complejos. Examinaron el ADN de diferentes especies animales modernas, y dedujeron el camino hasta la fecha de su último ancestro común. El primero de estos estudios, hecho en 1982, decía que este ancestro animal único vivió hace unos 900 millones de años. A pesar de que otros creían que podría haber sido más joven, los estudios más recientes llevan la fecha mucho más lejos. En el último par de años, varios relojes moleculares diferentes han sugerido que el ancestro animal vivió hace 1.200 millones de años o más, mucho antes de que comenzaran las *snowballs*.[16]

Kevin Peterson es un ferviente joven biólogo del Darmouth College en New Hampshire. No le gusta la idea de la *Snowball*. No le gusta ninguna idea grande. Lo que le importan, dice, son las hipótesis. Al contrario que las ideas, las hipótesis son comprobables. A Kevin esto le importa mucho. Si le dijeses que crees que mañana será sábado, probablemente te preguntaría si tu hipótesis es comprobable. No le interesa nada que no pueda ser puesto a prueba.

Hasta cierto punto, esto es aplicable a todos los científicos. Especular es divertido, pero si no puedes decidir si una especulación encaja mejor con la realidad que otra, ¿por qué molestarse? «Por muy bellas que consideremos las construcciones de nuestra imaginación», escribía el físico Lee Smolin, «si están hechas para ser representaciones del mundo natural, debemos llevar humildemente estas construcciones a la naturaleza y buscar su consentimiento.»[17]

No hay nada particularmente humilde en Kevin. Es un joven turco, muy convencido de que sus hallazgos derrocarán los de sus predecesores. Pero sin lugar a dudas cree en consultar a la naturaleza. Y tan pronto como vio los artículos de Paul y Dan sobre la *Snowball*, se le removió el estómago. Sí, sí, una idea preciosa, ¿pero dónde está la prueba? A Kevin no le importaba la parte geológica del argumento. No es su especialidad. Pero entonces vio la parte relacionada con la biología, y enfureció. Paul y Dan habían dibujado un diagrama mostrando a los primeros animales complejos apareciendo después de la *Snowball*. «Pensé que era una de las figuras más estúpidas que había visto en mi vida», dice Kevin. Lo sabía todo sobre los relojes moleculares. Y todos y cada uno de ellos decían que los animales complejos se habían formado cientos de millones de años antes de que comenzara la *Snowball*.

El problema es que estos intentos previos habían resultado una preocupante dispersión de fechas. Kevin decidió que ésto era porque no se habían llevado a cabo correctamente. Había errores, creía, en todos y cada uno de ellos. Así que decidió hacer un nuevo y mejorado estudio. Diseñaría el mejor reloj molecular jamás inventado. Lo utilizaría para fijar de una vez por todas la edad del antepasado animal, y para demostrar –esperaba– que la parte biológica de la idea de Paul estaba irremediablemente equivocada.

Kevin escogió con mucho cuidado las criaturas para su reloj molecular. Se decidió por los equinodermos –la familia que contiene a los erizos y las estrellas de mar–. Por un lado, existía un juego completo y bien datado de fósiles de los antepasados de estas criaturas, así que podía comprobar más cuidadosamente que los estudios anteriores si su reloj se mantenía fiable a medida que retrocedía en el tiempo. Por otro lado, estas criaturas tenían un tamaño, ritmo metabólico y tiempo similares entre cada generación y la siguiente. Kevin creía que los estudios anteriores se habían equivocado al escoger animales que eran demasiado diferentes en estos aspectos. Cuanto más similares fueran las criaturas con las que trabajaba, creía Kevin, más preciso sería el reloj al trazar sus ancestros mutuos.

Así que se dedicó a desvelar la secuencia genética que se escondía en siete criaturas diferentes. Calculó la rapidez con que había cambiado el ADN. Trabajaba hacia atrás, comprobando sus fechas a medida que avanzaba. Cuando tenía alguna evidencia fósil particularmente bien fechada, comprobaba si el reloj molecular coincidía. En todas las ocasiones, el reloj daba un resultado positivo. Animado, Kevin proyectó su reloj más allá en el tiempo. Ahora no había fósiles con los que comprobar la evolución, se estaba acercando cada vez más al ancestro animal. Y entonces, finalmente, obtuvo su respuesta. El último ancestro común a todo los animales complejos vivió... alrededor de... hace 700 millones de años.[18]

Kevin estaba anonadado. «No podía refutar el diagrama de Paul y Dan», me dijo varios meses después, con voz todavía impresionada. ¿Por qué no? Al fin y al cabo, su reloj no respondió con la fecha mágica de hace 590 millones de años, que marca tanto el final del hielo como el principio de los primeros fósiles complejos. Pero tampoco había demostrado que los animales complejos habían vivido hace más de 1.000 millones de años, como él esperaba. Por el contrario, su fecha concordaba casi exactamente con el fin de la primera *Snowball* de todas.

Recordemos que Paul no proponía un solo suceso, sino una serie de ellos. Y la primera *Snowball* finalizó hace unos 700 millones de años, exactamente la fecha que el reloj de Kevin da para el primer ancestro animal. Tal vez los animales complejos fueron provocados por la primera *Snowball*, y después sobrevivieron a los siguientes episodios de hielo. Si cada una de las siguientes *snowballs* eliminara a todos excepto unos pocos de aquellos nuevos animales, se explicaría por qué no aparecieron fósiles en abundancia hasta después de que despareciera el hielo.

También es posible que el cuidadoso reloj de Kevin sobreestimara la edad de los animales complejos. Los estudios genéticos de este tipo asumen que sus relojes han avanzado siempre a la misma velocidad. Pero algunos biólogos creen que los cambios genéticos ocurrían con más rapidez en el pasado, y que todos los relojes dan edades mayores de lo que deberían. Kevin cree que ha resuelto muchos de los problemas de los relojes anteriores, pero se dice a sí mismo que tal vez no los haya solucionado todos.

Habrán más intentos de encontrar restos de los primeros animales. Los investigadores están recogiendo material genético, diseñando nuevos y mejores relojes moleculares y rastreando las rocas de todo el mundo en busca de rastros de la antigua vida. Pero cuanto más parece que los biólogos están estrechando su cerco alrededor de la fecha de la aparición de la complejidad, más apuntan sus resultados hacia la *Snowball*.

¿Se trata sólo de una coincidencia? «La mayoría de gente que conozco creen que [ambos hechos] están conectados», dice Jim Gehling. Y Kevin ha cambiado de idea respecto a las fechas, a pesar de que todavía espera una hipótesis comprobable que explique la conexión. Nick Butterfild, el hombre de las algas, dice lo mismo. Está enfadado por los atrevidos planteamienos biológicos de Paul. Dice que el artículo de Paul fue «terriblemente malo en cuanto a biología». Dice que es cosa de Paul el explicar exactamente cómo el hielo podría haber disparado la revolución industrial de la vida.

Pero olvidémonos de Paul por un instante. ¿Qué piensa Nick de que la evidencia geológica, los nuevos fósiles y los relojes moleculares y todos los demás avances vayan moviendo la fecha de la aparción de la complejidad cada vez más cerca del hielo? Nick recapacita. Luego dice ésto: «Creo que es fascinante».

En el fondo, los biólogos no son muy diferentes de los geólogos. Algunos han subido rápidamente al tren de la *Snowball* de Paul, mientras que otros han declarado furiosamente que debe ser parado. Y algunos todavía esperan a ver qué pasará. A pesar de que el mundo de los fósiles antiguos parece bien explorado, todavía es posible que alguien, en algún sitio, encuentre un gran grupo de animales complejos de mucho antes de la *Snowball*. Pero hasta que esto ocurra, la evidencia de la conexión entre el hielo y la nueva vida parece cada día más evidente.

Así que los biólogos están comenzando a pensar en la forma en la que la *Snowball* habría provocado la complejidad. Todos están de acuerdo en que la capacidad de ser complejos ya existía en los genes de las criaturas, pero nadie sabe con seguridad qué espoleó aquellos genes durmientes. Las teorías todavía no están completamente formadas; son especulaciones en los pasillos en vez de teorías perfectamente elaboradas. Pero hay varias maneras con las que el hielo, esa sustancia inanimada, podría haber provocado la existencia de la vida compleja.

La propia *Snowball* podría haber animado a que la vida experimentara y se diversificara. Suelen aparecer nuevas especies cuando una única población de criaturas se separa de sus colegas en un refugio aislado, durante algo más de un millón de años. O tal vez la oportunidad para la vida compleja se dio después de que el hielo extinguiera la vida en amplias zonas de la Tierra. Todos los seres vivos necesitan ciertos recursos para sobrevivir –comida, agua, refugio– y mientras las envolventes alfombras de limo acaparaban todos los recursos, no había sitio para la innovación. Eliminar a las criaturas existentes en los nichos ecológicos habría dejado espacio para experimentar. Ya sabemos que las extinciones en el ámbito mundial dejan espacio para la aparición de nuevas especies. Cuando un meteorito borró a los dinosaurios de la faz de la Tierra, por ejemplo, los anteriormente diminutos mamíferos de repente tuvieron permiso para crecer, cambiar de forma y consumir los recursos que antes estaban reservados a los *Diplodocus* y *Tiranosaurius Rex*. A pesar de que no hay ningún signo directo de que el hielo extinguiera ninguna de las especies del limo, podría haber matado a suficientes individuos de cada especie como para crear el espacio que necesitaba la evolución.

Otra sugerencia ha venido principalmente de Jim Gehling. Se pregunta si la vida compleja fue una respuesta a los bruscos cambios de la resaca de la *Snowball*. Primero, el mundo soportó su más dura y larga edad glacial, y después se convirtió en un horno azotado por la lluvia ácida. Con las condiciones cambiando de manera tan drástica, la vida tenía un incentivo natural para engendrar criaturas que pudieran protegerse de estos duros golpes. Las bolas de limo unicelular están a merced de la corriente y las adversidades atmosféricas, pero los animales grandes y pluricelulares tienen mucha más capacidad para controlar su entorno. Pueden escarbar en la arena y aguantarse bajo fuertes corrientes, controlar su temperatura interna, almacenar comida de manera más eficiente de cara a los tiempos adversos y desarrollar cubiertas que los protejan.

Pero la idea más popular del disparo de salida tiene que ver con el oxígeno. Las criaturas grandes necesitan medios eficientes de transformar la comida en energía, y el oxígeno es una de las mejores. Cuando respiramos, el oxigeno que inhalamos se utiliza para «quemar» la comida, como se quema gasolina en el motor de un coche, y eso es lo que genera la energía que impulsa nuestro vigoroso ritmo de vida. El oxígeno también es necesario para hacer el colágeno, el tejido que conecta los músculos a los huesos y mantiene juntas las células, y que se encuentra por otras partes en todo animal complejo.

Hay algunos signos en las rocas de que el oxígeno atmosférico estaba aumentando durante la época del hielo. Tal vez aquello que provocó la *Snowball* también creó este exceso de oxígeno. O tal vez hubo un repentino pulso de oxígeno justo después de que terminara la congelación. Durante millones de años, la vida habría estado restringida a algunos pequeños refugios, y se habrían acumulado nutrientes en el océano, creando una sabrosa sopa química. En cuanto se acabó el hielo, las pocas criaturas que sobrevivieron se habrían abalanzado sobre estos nutrientes y habrían florecido. El blanco planeta se habría vuelto verde por las masivas colonias de algas y bacterias. Y estas mismas colonias habrían atrapado la luz del sol, producido comida y expulsado oxígeno como producto de desecho de sus trajines. Aquel repentino pulso de oxígeno podría ser exactamente lo que estaba esperando la vida compleja.

Los biólogos ahora intentan deducir cómo comprobar estas ideas. Pero hay algo en lo que todos están de acuerdo. Fuera cual fuera la labor creativa que desempeñó la *Snowball* en dar forma a un nuevo orden mundial, también habría sido devastadora para muchas de las formas de vida que se encontró. Y esto plantea una perturbadora pregunta: ¿Podría suceder otra *Snowball* en la actualidad? Si el hielo vuelve para perseguirnos, las consecuencias serían terroríficas. La Tierra ha avanzado mucho desde los simples días del mundo del limo, y la vida ahora es una compleja red de criaturas interdependientes. Si otra *Snowball* asolara la Tierra, muchas −tal vez la mayoría− de estas criaturas perecerían.

10

Nunca más

Para saber si el hielo volverá alguna vez, primero debemos conocer por qué apareció en la primera vez. ¿Qué era tan especial de los tiempos de la *Snowball*? A pesar de que las pistas son escasas, algunas pruebas han surgido de otra y todavía más antigua parte de la historia geológica de la Tierra. Joe Kirschvink, el agudo e imaginativo profesor de Caltech que puso en marcha la temprana teoría de la *Snowball*, ha descubierto que el periodo *Snowball* de Paul no fue el único.

Suráfrica, septiembre de 2000.
Uno esperaría que el Kalahari fuese caliente y seco, y así es normalmente. Incluso los topónimos de los alrededores evocan sus ardientes e insufribles veranos –Hotazel, por ejemplo, un asentamiento minero a una o dos horas al norte de aquí–. (El agrimensor que propuso el nombre en 1917 tuvo que utilizar este deletreo fonético porque las autoridades rechazaron su primera propuesta: «Hot as Hell».)

Pero ahora, a finales del invierno meridional, el desierto es tan frío como húmedo. La lluvia comenzó a caer ayer al anochecer con un rugido que con el tiempo se estabilizó en un repique de tambores en el tejado de zinc de nuestro diminuto motel que duró toda la noche. La carretera se ha convertido en una pista de patinaje de barro rojo. Estoy aquí con Joe Kirschvink, quien ha traído a una falange de estudiantes para visitar los monumentos geológicos de Suráfrica.

Mientras nuestros cinco vehículos avanzan en convoy entre los charcos, chorros de agua roja salen disparadas de nuestras ruedas y se esparcen en gruesas gotas.

Giramos, afortunadamente, hacia una carretera asfaltada, y la lluvia comienza a calmarse. El paisaje del sur de Kalahari es exactamente igual a los lugares de trabajo de Paul Hoffman en Namibia: abiertos y monótonos, moteados por espinos, hierbas amarillas y aquellos nidos de termitas que parecen torres, altos como árboles. Hay un pelado gemsbok, guareciéndose entre los espinos. Y ahí, colgando de un poste de telégrafo, está el familiar nido de un pájaro tejedor, un impresionante saco de hierbas entrelazadas de casi medio metro de longitud e igual anchura. La carretera comienza a ascender, y la temperatura baja todavía más. Una densa niebla blanca desciende sobre nosotros, que flota fuera de la carretera más allá de la valla de alambre de espino. Y cuando llegamos al punto indicado, descendemos de nuestros vehículos y nos acurrucamos mientras cristales de hielo vuelan en la niebla congelada. Pero Joe está animado. «¿Qué esperabas?», dice con una sonrisa. «Este es el país de la *Snowball.*»

Tiene razón. A nuestro alrededor, entre los espinos y pedazos de hierba naranja, están los ahora familiares signos del hielo antiguo. La roca de fondo de color del fuego está plagada con grava y piedras que antaño fueron transportadas por el suelo por los glaciares, y luego cayeron más allá de la costa en un mar poco profundo y cubierto de hielo. No todas se han mantenido incrustadas. Las cunetas de la carretera están llenas de piedrecillas sueltas y nos separamos, tiritando de frío, buscando piedras con rasguños glaciales. Aquí hay una, un pequeño trozo redondeado, con surcos paralelos allí donde fue arrastrada por el suelo. Estos depósitos albergan todas las características de la *Snowball.* No sólo las mezcladas y arañadas rocas glaciales que vemos aquí; en Hotazel también hay gruesas capas de hierro que se oxidaron en el océano *Snowball,* y sobre éstas, la clásica capa de roca carbonatada que llevó a Paul y a Dan a su momento *eureka.*

Pero esta *Snowball* difiere de la de Paul en un aspecto crucial: sucedió casi dos mil millones de años antes. Estos son los restos de una *Snowball* que asoló la Tierra no hace 600 millones de años, sino 2.400 años atrás. Las rocas tan antiguas suelen haber sufrido mucho por los movimientos tectónicos y la erosión que los miles de millones de años acarrean; los afloramientos intactos del principio de la historia de la Tierra son muy raros, e incluso los pocos que han sobrevivido son extremadamente difíciles de interpretar. Así que a pesar de que los geólogos conocían estos signos de hielo antiguo desde hacía décadas, nadie les había prestado atención. Al contrario que la más reciente *Snowball* de Paul, estas rocas glaciales no aparecen en todos los continentes, y no muchas lucen los rasgos tropicales que proporcionaron las primeras pistas de la *Snowball*. Nadie podría haber adivinado que estos pocos depósitos marcaban otra y más temprana edad de hielo global. Hasta que, claro está, apareció Joe y lo demostró, usando otra de sus mágicas medidas magnéticas.

De vuelta en los cálidos coches, nos dirigimos al lugar de una de estas medidas, un corte de carretera que está a una hora conduciendo. Ahí la carretera ha sido cortada a través de los restos grises de las erupciones volcánicas. Los depósitos son inmensos, de trescientos metros de grosor, y antaño cubrieron la mayor parte del Kalahari. Son «basaltos de inundación», llamados así porque la lava surgía de la tierra en torrentes durante tal vez un millón de años, y creó una nueva superficie. Estas rocas volcánicas, nos cuenta Joe, yacen justo en medio de las rocas de la *Snowball*; surgieron del suelo en un mundo que ya estaba asolado por el hielo. «Debió ser», dice Joe, «una locura.»

Sobre nuestras cabezas antaño había un mar poco profundo y congelado, con la línea de costa tan sólo un poco al este. Bajo nuestros pies, la lava salía de las grietas del lecho marino, calentando el agua, fundiendo el hielo y llenando el aire de nubes de vapor. La superficie helada del mar estaba repleta de bañeras calientes, que eran verdes por los agradecidos grupos de limo bacteriano. A medida que la lava inundaba la fría agua del mar, se enfriaba inmediatamente en bolas de roca parecidas a la pasta de dientes que sale del tubo. Estas rocas son claros signos de una erupción submarina. Los geólogos las llaman lavas almohadilladas, pero parecen bulbosas y burbujeantes, más bien parecen elefantes marinos tomando el sol en la playa. Aquí se les llama colectivamente la *Formación Ongeluk*; *ongeluk* significa «mala fortuna» en afrikaans, pero le trajeron buena suerte a Joe. Utilizando estas rocas, descubrió que cuando esta parte del Kalahari estaba cubierta por el hielo y el fuego, yacía a pocos grados del ecuador.

Recordemos que muchas rocas contienen un certificado de nacimiento magnético. Cuando son jóvenes y blandas, todos los minerales magnéticos que contienen se alinean cual diminutas brújulas a lo largo del campo magnético terrestre local: vertical cerca de los polos, y horizontal cerca del ecuador. Por otra parte, si estos minerales se endurecen, este dibujo se queda grabado, de la misma manera que al moverse, estas rocas se llevan su campo de nacimiento con ellas.

Así que, simplemente midiendo el campo magnético de las rocas podrías saber en qué parte del globo se formaron. Hay, sin embargo, un inconveniente. Recordemos, también, que sucesos posteriores –calentamiento, deformación o importación de nuevos materiales magnéticos– pueden haber sobrescrito el certificado de nacimiento original. Para descubrir dónde nacieron las rocas, Joe no sólo tenía que medir su campo magnético, también necesitaba demostrar que era el campo original.

Joe se dio cuenta de que las lavas almohadilladas le podían ayudar a conseguir esto. La prueba de campo que planeó era parecida a la prueba de dobladura que usó para comprobar si las rocas australianas tenían una memoria magnética genuina. Pero en este caso no buscaba un doblez en las rocas. En su lugar, quería encontrar fragmentos volcánicos hechos añicos. A medida que la roca fundida al rojo vivo se vierte en el agua fría para formar lavas almohadilladas, la superficie exterior se enfría de golpe y se convierte en un recubrimiento marrón y brillante llamado «margen de enfriamiento». Las partes interiores de la roca tardan más en enfriarse. Cuando finalmente lo hacen, se encogen, y este proceso a menudo parte la frágil capa exterior.

El margen de enfriamiento se queda con el campo magnético local en el momento en el que se enfría. Si después se hace añicos y los pedazos apuntan en direcciones aleatorias, sus flechas magnéticas también deberían tener direcciones aleatorias. Pero si el campo magnético de estas rocas ha sido sobrescrito después de que se formaran, enfriaran e hicieran añicos, los campos en las almohadillas, los pedazos y todo lo demás apuntaría en conjunto en la misma dirección. Joe sabía que si medía los campos de los fragmentos partidos sería capaz de determinar si el certificado de nacimiento era el original.

Aquí en Ongeluk, todavía se pueden ver los pequeños agujeros cilíndricos de los que Joe tomó sus muestras. Joe los llama «agujeros de paleogusanos», pero lo hizo él mismo con un taladro de rocas hace casi una década. Con el tiempo analizó los resultados años más tarde, bajo la insitencia de un estudiante de posgrado. Y entonces descubrió que las rocas volcánicas, y las rocas glaciales que las envolvían, contenían una campo magnético casi horizontal. Lo que es más, los pedazos del margen de enfriamiento partidos tenían campos que apuntaban en todas direcciones. Esto significaba que la medida era genuina, y que hace 2.400 millones de años existía hielo a pocos grados del ecuador. Estas rocas glaciales, en otras palabras, eran exactamente como las de Paul, son los restos de otra *Snowball* más temprana.[1]

Así que ahora sabemos que hubo dos *snowballs*. Por lo menos una tuvo lugar hace poco más de 2.000 años, y después una serie de cuatro asoló la Tierra hace entre 750 y 590 millones de años. Al parecer no ha habido otras. ¿Qué tenían en común estos periodos de *snowballs*, y qué los hizo diferentes de cualquier otro periodo de la larga historia de la Tierra? ¿Había algo inusual en ellos que pudiera haber provocado la masacre de hielo?

Tal vez. Hay curiosas pistas magnéticas de que ambos de estos periodos tenían un peculiar alineamiento continental. A medida que las placas tectónicas se mueven por la superficie terrestre, los continentes a veces se aproximan y chocan, y a veces se separan. Cuando se esparcen, pueden acabar en cualquier sitio. Pero en algunas extrañas ocasiones, pueden acabar en una banda alrededor del ecuador. Y esto podría ser exactamente lo que ocurrió durante estos periodos *snowball*.

A pesar de que las medidas magnéticas son difíciles, y muchos lugares han sufrido una sobreescritura de sus memorias magnéticas, existen datos procedentes de aproximadamente la mitad de los continentes que había durante las últimas *snowballs*. Y todos y cada uno de ellos estaban cerca del ecuador. También estaban allí la media docena de grupos de rocas glaciales que han sido medidos. De la *Snowball* más antigua, la tarea es más difícil y hay menos datos. Pero todos ellos apuntan hacia continentes de latitudes bajas.

Si los continentes realmente estaban situados alrededor del ecuador durante estos dos periodos, eso podría ser exactamente lo que el hielo necesitaba. Una razón es que los trópicos absorben la mayoría de la calor que llega del sol. Dado que la tierra firme es más reflectante que el mar, poner toda la tierra disponible en los trópicos reflejaría más luz incidente, y ayudaría a que el planeta se enfriara. Joe Kirschvink sugirió esto en un corto artículo en 1992.

A Dan Schrag, el hombre de las ideas, se le ha ocurrido otra razón por la que los continentes ecuatoriales serían la clave. Cuando los continentes se mueven hacia el sur y el norte, dice, actúan como un importante freno para los demasiado entusiastas casquetes de hielo polares.

El hielo tiende a aumentar: el hielo blanco refleja la luz solar, que causa un enfriamiento, que crea más hielo, y si esto no se detuviera, la Tierra se pasaría el resto de su vida en una *Snowball*. Por fortuna para nosotros, los continentes a altas latitudes evitan que esto pase ayudando a calentar la Tierra de nuevo cuando el hielo se da a la fuga.

Habitualmente, las rocas hacen lo contrario. Ayudan a evitar que la Tierra se sobrecaliente absorbiendo los gases invernadero, como el dióxido de carbono que expulsan los volcanes. Pero si el hielo polar comienza a esparcirse, cualquier continente a alta latitud cambiará de bando. Como sus rocas se han cubierto de hielo, ya no pueden absorber el dióxido de carbono. En su lugar, se mantiene en la atmósfera para hacer sus labores de invernadero, calentando la Tierra y fundiendo el exceso de hielo. Así que si los casquetes polares empiezan a crecer, los continentes a altas latitudes los obligan a retroceder.

Ahora imaginemos qué ocurriría si todos los continentes estuvieran situados en una banda alrededor del ecuador terrestre. En este caso los casquetes polares podrían avanzar con impunidad. No habría continentes a altas latitudes que cubrir, y por lo tanto nada que evitara que el hielo completara su camino. Para cuando el hielo alcanzara los continentes ecuatoriales, sería demasiado tarde como para evitar una Snowball.[2]

Esta idea explica por qué, por lo menos en el periodo de Paul, hubo una serie de *snowballs* en vez de sólo una. Entre 750 y 590 millones de años atrás, los continentes sencillamente se habrían quedado cerca del ecuador. Cada *snowball* comenzaría cuando algún enfriamiento trivial pusiera en marcha el hielo. Sin continentes a altas latitudes que lo pararan, el hielo avanzaría hasta que la Tierra estuviera condenada. Durante los siguientes 10 millones de años, el dióxido de carbono expulsado por los volcanes convertiría la atmósfera en un horno, hasta que se volvía tan caliente que le hielo se derretía. Entonces, con el tiempo, los niveles de dióxido de carbono bajarían, hasta que todo el proceso se repitiese. Mientras los continentes permanecieran alrededor del ecuador, otro pequeño enfriamiento echaría a rodar una nueva *snowball*. Y otra. Y otra. Hasta que, finalmente, los continentes se hubieran movido y el mundo fuese perdonado.

No hay suficientes afloramientos de la temprana *snowball* de Joe como para saber si fue una serie de sucesos o sólo uno. Pero los investigadores creen que el sol era mucho más débil entonces, y que una única *snowball* habría durado mucho más tiempo. Puede que la *snowball* de Joe durara tanto tiempo que los continenes ya hubieran comenzado a alejarse del ecuador cuando el hielo retrocedió.

Así que los continentes ecuatoriales podrían dar una rara pero razonable explicación para una *snowball*, que de ser cierta, son buenas noticias para nuestro futuro. Ahora mismo tenemos abundantes continentes a altas latitudes. La mayoría de las grandes masas de tierra están muy al Norte –pensad en Canadá, Europa y Rusia–. Parece ser que estas tierras septentrionales nos están protegiendo del hielo. Sin embargo, resulta que a pesar de esta reconfortante posición continental, la Tierra puede estar preparándose para otro episodio de hielo.

Dave Evans había sido alumno de posgrado de Joe. Fue él quien instigó a Joe a medir las muestras surafricanas, y le llevó a demostrar que las antiguas rocas glaciales habían estado cerca del ecuador. (Dave encontró las muestras recogiendo polvo, y las resucitó.) Ahora, con treinta y pocos, es profesor en la Universidad de Yale. Es delgado y desgarbado, con el pelo negro y ondulado y una sonrisa agradable, y parece más joven que la mayoría de sus alumnos. A pesar de que es cuidadoso y organizado, le ha quedado un legado de trabajar en el laboratorio de Joe: la capacidad de considerar que ideas alocadas podrían ser ciertas.

Mientras estaba en Caltech, Dave no sólo trabajaba con Joe en la antigua *snowball*. También investigaba sobre otra de las «locas» ideas de Joe. Cuando las placas tectónicas de la Tierra se mueven por su superficie, habitualmente lo hacen a ritmos tan lentos como de unos centímetros al año –a la misma velocidad con que crecen nuestras uñas–. Pero Joe y Dave creen que en algunos momentos en el pasado, los continentes viajaron a lo que para ellos eran velocidades vertiginosas de varios metros al año. Lo hacían, según esta teoría, porque tenían unas ansias inexorables de alcanzar el ecuador.

Los objetos en rotación siempre prefieren tener la mayoría de su peso a media altura. Pensemos en la peonza de un niño: las que son altas y delgadas son mucho más fáciles de hacer caer que las gordas y bajas, porque aquéllas son más inestables. Si la inestabilidad es demasiado grande, el objeto intentará reajustarse. Supongamos que cae un gran trozo de arcilla sobre una pelota de baloncesto que gira rápidamente. Si el trozo era suficientemente pesado, la pelota se moverá hasta que el exceso de peso gire alrededor de su cintura, y el sistema estará de nuevo en equilibrio.

Joe y Dave creen que lo mismo es aplicable a nuestro planeta en rotación. Creen que si los continentes en movimiento hacen perder el equilibrio a la Tierra, ésta intentará moverlos hacia el ecuador. Esto no sucede siempre, dicen. Tiene que haber un desequilibrio lo bastante grande para que la Tierra se dé cuenta. Pero de vez en cuando el movimiento de los continentes hace que choquen formando un «supercontinente».

Incluso esto no es suficiente. Todos los continentes del mundo no pesan lo suficiente en comparación con las masivas entrañas de la Tierra, con su grueso manto de roca fluida y su pesado núcleo de hierro. Pero Dan cree que el supercontinente actuaría como una capa aislante para el manto que yace debajo. Con el tiempo, el manto se calentaría, y un gran penacho de roca ascendería como lava bajo el supercontinente, levantándolo como si fuera una pústula gigante. Ahora, con los continentes y el manto juntos, el promontorio desequilibraría la Tierra y ésta respondería. Tanto el supercontinente como el manto de debajo irían volando hacia el ecuador, hasta que el mundo se equilibrara de nuevo.[3]

Esta idea resulta ser tan polémica como la propia *Snowball*, y Dave –una de las pocas personas que trabajan sobre ambas– ha pensado una ingeniosa manera en la que estas dos teorías estarían potencialmente conectadas. ¿Y si los continentes que resbalan provocaran las *snowballs*? Al principio los continentes se juntarían en una enorme masa; entonces esta masa patinaría hasta el ecuador; luego el penacho de roca caliente que yacía bajo el continente lo partiría en dos en un éxtasis de actividad volcánica que dejaría fragmentos esparcidos alrededor del ecuador y los trópicos. Y mientras esto sucedía, los casquetes polares estarían avanzando, sin nada que los parara, para cubrir la Tierra.

Por lo menos algunas de las pruebas disponibles corroboran esta idea. Un supercontinente al que los geólogos llamaron Rodinia se partió hace unos 750 millones de años, exactamente cuando comenzaron los episodios de Paul. Nadie sabe si había un supercontinente antes de la primera *snowball*, los restos de la cual Joe y Dave han medido en Suráfrica. Pero aquellas mismas lavas almohadilladas que aportaron sus muestras puede que también contengan pistas sobre el estado de los continentes por entonces. Aquellas inundaciones volcánicas masivas no sólo cubrieron Suráfrica, también cubrieron muchas otras partes del mundo. Y eso es exactamente lo que esperarías encontrar si un continente se estaba partiendo, y grandes cantidades de lava estuvieran brotando de las grietas.

¿Hubo algunos supercontinentes que no produjeron *snowballs*? Aunque hubo uno llamado Pangea que existió hace unos 225 millones de años, sin generar ninguna cantidad de hielo fuera de lo normal. Pero Dave indica que Pangea se rompió bastante rápidamente. Sospecha que sencillamente no aguantó lo suficiente como para que se formara aquel crucial penacho de roca caliente debajo suyo, y desequilibrara la Tierra.

Ahora estamos en los límites exteriores de la teoría *Snowball Earth*, con especulación tras especulación. Pero la idea de Dave resulta intrigante, y si está en lo cierto, el corolario también provoca escalofríos. Al parecer, en la actualidad la Tierra estaría formando un supercontinente.

Hace sesenta millones de años, poco después de que un asteroide impactara contra la Tierra y acabara con el reino de los dinosaurios, la India comenzó a notar la presencia de Asia. El bloque de lo que ahora es el subcontinente indio había estado vagando, suelto, desde que se separó de la Antártida durante la aniquilación de Pangea. Ahora se estaba moviendo hacia el norte a un ritmo de algunos centímetros al año, y Asia estaba en su camino. Sólo había un resultado posible: un choque continental. Cuando dos cuencas oceánicas chocan, una u otra de las cortezas tiende a ser empujada hacia abajo, de nuevo hacia el interior de la Tierra. Pero los continentes no son suficientemente densos como para hundirse. Cuando dos continentes chocan, el único camino es hacia arriba.[4]

Así que la India chocó con Asia, y el suelo comenzó a levantarse. Al principio la corteza de Asia se apretó por los lados del apabullante visitante. Entonces, a medida que la India empujaba como un cincel por debajo de Asia, la superficie se arrugó y se dobló en una cordillera de montañas de más de 3.000 kilómetros de longitud. Eran los principios del Himalaya, y la tierra de alrededor de las montañas se estaba levantando en una gran meseta, el «techo del mundo», cuya altitud media es mayor que la montaña más alta de América. La India todavía empuja. El Himalaya crece casi diez centímetros al año, y el Everest y sus compañeros serían más altos si la joven roca fresca no se estuviera erosionando a medida que asciende.

Mientras, medio mundo más allá, África estaba reuniendose violentamente de nuevo son su antiguo vecino de Pangea, Europa. La primera parte en chocar fue una península, separandose del norte de la placa africana y albergando lo que ahora es Italia y Grecia y los paises de la antigua Yugoslavia. Esta colisión levantó los principios de los Alpes. España empujó contra Francia, y aparecieron los Pirineos. Y a pesar de que África y Europa sólo están unidas por Medio Oriente, el Mediterráneo se está cerrando lentamente. Cuando la propia África colisione con el continente europeo, una impresionante nueva cordillera de montañas nacerá.

Arabia está empujando contra Irán. Europa y Asia no se han separado después de Pangea, y Australia ahora se dirige al norte para añadirse. En unas decenas de millones de años, el hombro izquierdo de Australia probablemente alcanzará las islas del sudeste asiático. Se retorcerá y empujará hacia arriba, para chocar contra Borneo y el sur de China.

Predecir el futuro de los continentes es una ciencia muy inexacta. Pero los supercontinentes aparecen y desaparecen con el tiempo, y la mayoría de las grandes masas de la Tierra ya están apretadas en este bloque gigante. Sólo las Américas y la Antártida permanecen alejados. A medida que el océano Atlántico se hace más ancho, América se mueve cada vez más lejos de Europa, y la deriva más dramática que afecta al continente norteamericano es la que se lleva a Los Ángeles y baja hacia el Norte. (En unos 10 millones de años, Los Ángeles avanzará hacia San Francisco, y dentro de unos 60 millones, estará bajando por una trinchera hacia el interior de la Tierra, justo al sur de Alaska.) Pero algunos investigadores predicen que también América se reunirá con el resto de las masas del mundo. Según un intento de construir la imagen, durante los siguientes centenares de millones de años el Atlántico se volverá a cerrar de nuevo, y traerá de vuelta a América del Norte y del Sur, y la Antártida se dirigirá al norte para encontrarse con la India.[5]

Si es así, en 250 millones de años se podría formar una nueva Pangea. Entonces tendría que sobrevivir intacta durante otros cien millones de años aproximadamente, hasta que se formara el penacho de manto caliente debajo. Se movería hacia el ecuador en un instante geológico, tan sólo un millón de años, para ajustar el equilibrio de la rotación; se rompería y esparciría sus fragmentos por el ecuador y los trópicos. Y entonces el hielo volvería.

Con el tiempo los congelados océanos polares comenzarían a estirarse con sensibles tentáculos de hielo. Al no encontrar nada que los pares, continuaría su propagación. La blancura avanzaría como una enfermedad que con el tiempo acabaría por cubrir la superficie azul del planeta. Los océanos se volverían grasientos, al principio, con los cristales de hielo aplastados. Entonces las tortas de hielo volverían, y las flores de escarcha, y el joven recubrimiento transparente del hielo marino que se dobla. El hielo se espesaría, se extendería y se espesaría todavía más. Para cuando llegara a los trópicos, sería imparable, y en un par de siglos llegaría hasta el final. Las temperaturas globales caerían en picado, la lluvia cesaría y ya no se formarían nubes. Cristales de hielo arrancados del hielo marino se esparcirían por el viento y empezarían a acumularse en las cimas de las montañas. Sin prisa pero sin pausa, el hielo formaría glaciares que se derramarían ladera abajo hasta las tierras bajas, entonces la glaciación sería completa.

¿Qué harán nuestros descendientes? Tal vez estarán tan inimaginablemente avanzados que serán capaces de evitar una *Snowball*. Puede que capten energía adicional del Sol de manera habitual, o puedan pararle los pies a los continentes. Pero la Tierra es una fuerza poderosa y terca. Si nos limita sus recursos, su voluntad geológica es extremadamente difícil de mantener a raya.

Si los descendientes lejanos del linaje humano no pueden detener la *Snowball*, ¿podrán sobrevivirla? También es difícil de imaginar. Hacer que unas cuantas criaturas simples soporten el hielo es una cosa, pero las complejas criaturas que habitan nuestro planeta hoy en día sería un asunto completamente diferente. La Antártida es el lugar más hostil de la Tierra. A menos que lleves contigo tu propio soporte de comida y combustible y refugio, morirás. Y en una *Snowball*, el mundo entero se convierte en una Antártida. Para cualquier criatura verdaderamente compleja, el resultado sería desastroso. La mitología escandinava tiene un nombre para ello. Después de la catástrofe del *Fimbulwinter* viene *Ragnarok*, el fin del mundo.

Pero una nueva *snowball* no sería el fin para toda la vida sobre la Tierra, de la misma forma que las anteriores no lo fueron. El poder destructivo de la última *snowball* fue seguido por un extraordinario nuevo principio. ¿Quién sabe el camino por el que discurriría una nueva Tierra post*snowball* a sus seres vivos?

Nuestro planeta es, al fin y al cabo, un maestro de la invención. A lo largo del tiempo geológico, la Tierra ha buscado constantemente nuevas formas y adoptado nuevas identidades. Los penachos de roca caliente que ascienden del interior conducen a un cambio continuo de la superficie continental. Una montaña se levanta; otra cae. Los océanos se abren aquí y se cierran allí. Terremotos, erupciones y maremotos que nos parecen tan catastróficos son tan sólo una parte más de la irresistible necesidad de la Tierra de transformarse. Incluso la débil atmósfera desempeña su parte en adaptar, y luego reforzar, los cambiantes humores de nuestro planeta. El cambio no alarma a la Tierra; es una parte fundamental de su naturaleza. Nosotros los humanos, y las otras criaturas que comparten nuestra época geológica, somos los frágiles.

Epílogo

Camina y camina y camina hasta
que llega a la cima de la montaña.
Allí hace una bola de nieve
y apunta hacia sus amigos,
pero resbala, y ahora el pobre Paul
¡forma parte de su propia bola![1]

Cuando Paul vio el libro infantil de dibujos que contenía este poema, no se lo podía creer. Ahora tiene tanto el dibujo como el poema pegados con orgullo a la puerta de su despacho. El Paul de la historia acaba rodando ladera abajo, atrapado dentro de una bola de nieve, y con cara de horror. Pero Paul Hoffman está encantado de estar tan atado a su teoría *Snowball Earth*. Recordad cómo en 1991, antes incluso de que hubiera ido a Namibia, su antigua universidad le había preguntado por qué cosa le gustaría que le recordaran. Y cómo había respondido sin pensarlo, que por «algo que todavía no he hecho». Si le planteas la misma pregunta en la actualidad, duda. «Supongo que diría lo mismo, algo que todavía no he hecho», dice finalmente. «Pero la *Snowball* será difícil de superar.»

Paul ha conseguido las medallas que buscaba. Está particularmente orgulloso de la medalla Alfred Wegener, otorgada por la Unión Europea de Ciencias de la Tierra para la investigación que combina con éxito muchos campos diferentes «en el espíritu de Wegener», aquel otro carismático y vilipendiado defensor de una teoría que sacudió el mundo de la ciencia. Paul recibió la medalla el abril de 2001, y dio una inspirada explicación de la historia de la *Snowball Earth* al público asistente a la ceremonia.

Algunos de los críticos de Paul todavía se quejan de que basa demasiada de su reputación en esta única idea. «De todos aquellos que necesitan demostrar lo que valen, habría pensado que Paul era el último», me dijo un investigador una noche, sobre los restos de lo que había sido una botella de buen vino. «Lo mires como lo mires –es profesor de Harvard, está en forma, es miembro de la Academia Nacional– a parte de convertirse en Lord Hoffman, no hay mucho más a lo que aspirar, a menos que sea por la gran Posteridad.»

Ésta no es toda la historia. Puede que a Paul le encante la atención que atrae su trabajo, pero su pasión por las propias rocas también es muy profunda. Trabajar en el campo, desenterrando pistas y juntándolas para formar una imagen que cambie su manera de entender el mundo, es lo que de verdad le hace sentirse vivo. En el último día de una temporada de trabajo de campo, a menudo tiene los ojos llorosos, a pesar de que nadie se ha atrevido jamás a mencionárselo. Paul va a las rocas porque tiene que hacerlo.

La combinación de pasión y orgullosa vehemencia tiene un efecto inevitable. Paul levanta reacciones en quienes le rodean. Algunos se emocionan, otros se mueren de ganas de bajarle los humos. A todos les atrae su historia, esta capacidad de atraer la atención es crucial para las grandes ideas científicas. Teorías como la *Snowball* a menudo languidecen durante décadas sin ser puestas a prueba correctamente. Necesitan grandes defensores que las arrastren hasta el punto de mira científico y las expongan a examen, gente como Paul.

Notas y sugerencias para lectura posterior

La mayoría del material de este libro proviene de entrevistas con los investigadores involucrados, de sus estudiantes o antiguos estudiantes y de visitas que hice a sus lugares de trabajo de campo. Para parte de la información histórica, hay disponibles buenos libros generales o artículos, y los he enumerado en las notas que siguen. Pero la mayoría de la investigación es tan reciente que los artículos académicos publicados proporcionan la única información disponible. He incluido referencias a dichos artículos, para el lector verdaderamente dedicado. Parte de la investigación todavía no ha sido publicada; en tales casos la información fue recogida de los propios investigadores.

1 Primeros titubeos

1. Hay una fantástica explicación de la vida y los tiempos de los estromatolitos en el pequeño volumen *Stromatolites*, de Ken Mcnamara, 2ª edición (W. A. Museum, Perth. 1997); también hay una descripción de las criaturas del mundo del limo por Jan zalasiewicz y Kim Freedman, en «The Dawn of the Smile», *New Scientist*, 11 de marzo de 2000: 30.
2. Usando 4.550 millones de años para el origen de la Tierra, 3.850 millones de años para la aparición de la vida y 540 millones de años para la explosión cámbrica.

3. John Mcphee, *Basin and Range,* Farrar, Straus & Giroux, Nueva york, 1981: 126.

4. Stephen Jay Gould, *Time's Arrow, Time's Cycle,* Harvard University Press, Cambridge, Mass., 1998: 1-2.

5. Stephen Pyne es un verdadero amante del hielo, y su libro *The Ice* (University of Washington Press, Seattle, 1998) dedica un detallado homenaje a todo aquello que esté congelado. También vale la pena el maravilloso *Artic Dreams* de Barry Lopez (Scribner's, Nueva York, 1986).

2 El desierto protector

1. La información sobre la expedición proviene de George Whalley, *The Legend of John Hornby* (John Murray, Londres, 1962), y del diario de Edgar Christian, publicado por sus padres tras su muerte bajo el título *Unflinching: A Diary of Tragic Adventure* (John Murray, Londres, 1937).

2. Whalley, *The Legend of John Hornby*: 282.

3. R. F. Scott, *Scott's Last Expedition,* 5ª edición, vol. 1 (Smith Elder, Londres, 1914: 542).

4. De las muchas, muchas cosas que se han escrito sobre por qué la expedición de Scott fracasó, el libro de Susan Solomon *The Coldest March* (Yale University Press, New Haven y Londres, 2001) está entre las mejores. Solomon, un científico atmosférico de renombre mundial, analizó los datos meteorológicos de la expedición de Scott y concluyó que los aventureros se encontraron con un tiempo excepcionalmente malo. La mejor descripción contemporánea de los sucesos que llevaron a la tragedia se encuentra en *The Worst Journey in the World,* de Apsley Cherry-Garrard (Picador, Londres, 1994).

5. Véase *The Map that Changed the World,* de Simon Winchester (Viking, Londres, 2001).

6. P. H. Hoffman, «United Plates of America, the birth of a craton: Early Proterozoric assembly and growth of Laurentia», en el *Annual Review of Earth and Planetary Sciences,* vol. 16 (1988): 543-603.

7. *The Ottawa Citizen,* 14 de julio de 1989.

8. Paul tomó prestada esta cita de la novela de John Kenneth Galbraith *The Tenured Professor* (Houghton Mifflin, Boston, 1990). El personaje que hizo el comentario era un ex presidente de la Universidad de

California, a quien habían echado después de un choque con el gobernador de California, Ronald Reagan. Otro personaje del libro, al escuchar el comentario, dice: «Perdió mucho porque ganó mucho. Esa es mi idea de la vida». Paul me contó que le habría gustado haber leido el libro antes, para poder haber utilizado esa cita cuando dejaba el Survey.

3 El principio

1. Apsley Cherrey-Garrard, *The Worst Journey in the World*, Picador, Londres, 1994.
2. Íbid., 369.
3. He aquí un ejemplo de cuán escrupuloso era Brian. Cuando todavía investigaba mucho después de la edad de jubilación, reclamaba cuidadosamente sus gastos de desplazamiento a tarifa reducida para la tercera edad.
4. W. B. Harland, «The Cambridge Spitsbergen Expedition, 1949», *Geographical Journal* 118 (1952): 309-31.
5. Brian presentó su argumento en un artículo en la *Geological Magazine* 93, nº. 94 (1956): 22.
6. Véase *The Ice Finders*, de Edmund Blair Bolles (Washington D. C.: Counterpoint, 1999). Otra buena descripción del desarrollo de las teorías de la edad del hielo es *Ice Age*, de John y Mary Gribbin (Penguin, Londres, 2001).
7. W. B. Harland, «Evidence of Late Precambrian Glaciation and its significance», en *Problems in Palaeoclimatology: Proceedings of the NATO Palaeoclimates Conference held at the University of Newcastle-upon-Tyne, January 7-12, 1963*, editado por A. E. M. Nairn, Interscience Publishers, Londres, 1964: 119.
8. J. C. Crowell, «Climate Significance of sedimentary deposits containing dispersed megaclasts», en *Problems in Palaeoclimatoilogy* (véase arriba): 86.
9. Mike Hambrey, un estudiante de Brian que ahora es profesor de geología en la Universidad de Aberystwyth en Gales, llevó a cabo un detallado análisis de las rocas glaciales a finales de los años setenta, y publicó los resultados en *Earth's Pre-Pleistocene Glacial Record*, editado por M.

CATACLISMO CLIMÁTICO

J. Hambrey y W. B. Harland, Cambridge University Press, Cambridge, 1984.

10. Alfred Wegener, *Annals of Meteorlogy* 4 (1951): 1-13.

11. H. W. Menard, *The Ocean of Truth; A Personal History of Global Tectonics*, Princeton University Press, Princeton, 1968, 20-21.

12. «Continental Drift and Plate Tectonics: A Revolution in Science»; en *Revolution in Science*, de J. Bernhard Cohen, Mass.: Harvard University Press, Cambridge, 1985: 446-66.

13. Se puede encontrar más información sobre esto en la incómoda descripción hecha por uno de los investigadores que pasaron el invierno en la estación: Johannes Giorgi, *Mid-Ice: The Story of Wegener Expedition to Greenland*, traducido por F. H. Lyon (Kegan Paul, Trench, Trubner & Co., Londres, 1934); véase también Alfred Wegenr: *The Father of Continental Drift*, de Martin Schwarzbach (Science Tech Publishing, Madison, Wisc, 1986).

14. Mott T. Greene, «Alfred Wegener», *Social Research* 51, n°. 3 (1984): 747.

15. En 1964 presentó sus principales argumentos en un artículo titulado «Critical evidence for a great infra-Cambria glaciation», en el *Geologische Rundschau* 54: 45-61; una versión más accesible de la idea aparece en el maravilloso artículo que Brian escribió junto a M. J. S. Rudwick y publicaron aquel mismo año en *Scientific American*, «The Great Infra-Cambrian Glaciation» (agosto 1964): 28.

16. W. B. Harland, «The Geology of Svalbard», *Geological Society Memoir* n°. 17 (Geological Society, Londres, 1997).

4 Momentos magnéticos

1. Joe publicó más tarde este hallazgo en «South-seeking magnetic bacteria», *Journal of Experimental Biology* 86 (1980): 345-47.

2. J. L. Gould, J. L. Kirschvink y K. S. Deffeyes, «Bees have magnetic remanence», *Science* n°. 201 (1978): 1026-28: C. Walcott, J. L. Gould y J. L. Kirschvink, «Pigeons have magnets», *Science* n°. 205 (1979): 1027-29.

3. J. L. Kirschvink, A. Kobayashi-Kirschvink y B. J. Woodford, «Magnetite biomineralization in the human brain», *Proceedings of the National Academy of Sciences* n°. 89 (1992): 7683-687.

234

4. Los dos investigadores incorporaron entonces información adicional para lograr un argumento más persuasivo, y finalmente Joe recomendó su publicación. El artículo se titulaba «Low palaeolatitude of deposition for late Precambrian periglacial varvites in South Australia», *Earth and Planetary Science Letters* nº. 79 (1986): 419-30. Sin embargo, no contenía la crucial prueba que Joe llevaría a cabo después.

5. M. I. Budyko, «The effect of solar radiation variation on the climate of Earth», *Tellus* nº. 21 (1969): 611-19.

6. George E. Williams, «Precambrian tidal and glacial castic deposits: Implication for Precambrian Earth-Moon dynamics and palaeoclimate», *Sedimentary Geology* nº. 120 (1998): 55-74.

7. Dawn Sumner presentó los resultados en la conferencia de otoño de la *American Geophysical Union* en 1987.

8. J. L. Kirschvink, «Late Proterozoic low-latitude glaiaciation: The snowball Earth», section 2.3, en J. W. Schopf, C. Klein y D. Des Marins, eds., *The Proterozoic Biosphere: A Multidisciplinary Study*, Cambridge University Press, Cambridge, 1992: 51-52.

5 Eureka

1. Paul acabó publicando este artículo, así como el que hizo con Dan, en *Science*. Paul F. Hoffman, Alan J. Kaufman y Galen P. Harveson, «Comings and goings of global glaciations on a neopoterozoic carbonate platform in Namibia», *GSA Today* nº. 8 (1998): 1-9.

2. Dan había hecho algunos descubrimientos maravillosos sobre el clima del pasado a través de su trabajo con corales. Véase, por ejemplo, K. A. Hughen, D. P. Schrag, S. B. Jacobsen y W. Hantoro, «El Niño during the last Interglacial recorded by fossil corals from Indonesia», *Geophysical Research Letters* nº. 26 (1999): 3129-132. Esta historia está escrita de una forma más accesible en «Weather warning», *New Scientist* nº. 164 (9 de octubre de 1999): 36.

6 En la carretera

1. P. F. Hoffman, A. J. Kaufman, G. P. Halverson y D. P. Schrag, «A

Neoproterozoic snowball Earth», *Science* nº. 281 (1998): 1342-46. Paul y Dan también escribieron una explicación más divulgativa de sus ideas: «Snowball Earth», *Scientific American*, enero de 2000: 68-75.

2. Alfred Wegener, *The Origin of Continents and Oceans*, traducido de la tercera edición alemana por J. G. A. Skerl, Methuen & Co., Londres, 1924: 5.

3. Los comentarios de E. W. Berry sobre la hipótesis de Wegener en *The Theory of Continental Drift: A Symposium*, editado por W. A. J. M. van Waterschoot ven der Gracht, John Murray, Londres, 1928: 124.

4. B. Willis, *American Journal of Science* nº. 242 (1944): 510-13.

5. Para una discusión más detallada de estos desacuerdos, véase el profundo análisis de Naomi Oresjes en *The Rejection of Continental Drift*, Oxford University Press, Oxford, 1999.

6. De Mott T. Greene, «Alfred Wegener», Social Research 51, nº. 3 (1984): 753.

7. Oreskes hace una excelente descripción del uniformitarismo en *The Rejection of Continental Drift* (véase arriba). También Stephen Jay Gouls ha considerado el principio en varios ensayos. Véase, por ejemplo, su discusión del uniformitarismo y el catastrofismo, «Lyell's Pillars of Wisdom», en *The Lying Stones of Marrakech* (Vintage, Londres, 2000), 147-68; o la discusión en su *Time's Arrow, Time's Cycle* (Harvard University Press, Cambridge, 1998).

8. Walter Álvarez escribió un entretenido libro sobre este proceso, *T. Rex and the Crater of Doom* (N. J.: Princeton University Press, Princeton, 1997).

9. W. M. Davis, «The value of outrageous geoogical hypotheses», *Science* nº. 63 (1926): 464.

10. H. W. Menard, *The Ocean of Truth: A Personal History of Global Tectonics* (N. J.: Princeton University Press, Princeton, 1986).

11. Si, Pippa es un hombre, y no tiene ni idea de por qué sus padres le hicieron cargar con un nombre que parece ser de mujer. En las publicaciones utiliza su primer nombre, Galen, que también encuentra extraño.

12. John Playfair, *Illustrations of the Huttonian Theory of the Earth* (William Creech, Edinburgh, 1802).

13. Gould, *Time's Arrow, Time's Cycle*, nº. 64.

14. Gould, «Hames Hutton Theory of the Earth», en *Time's Arrow, Time's Cycle*, nº. 61,98.

7 Por debajo

1. Linda Sohl, Nicholas Christie-Blick y Dennis Kent, «Paleomagnetic polarity reversals in Marinoan glacial deposits of Australia», *GSA Bulletin* nº. 111 (1999): 1120-39.

2. George Williams describió su idea de la inclinación de la Tierra en una serie de trabajos académicos. El más amplio y más accesible es probablemente su capítulo titulado «The enigmatic Late Proterozoic glacial climate: An Australian perspective», en *Earth's Glacial Record*, Cambridge University Press, Cambridge, 1994: 146-64.

3. *The Australian Geologist* nº. 117 (31 de diciembre de 2000): 21.

4. Después de un intercambio de acalorados mensajes electrónicos con el editor de *The Australian Geologist*, Paul desistió en su intento de publicar en la revista una refutación de diez páginas de los argumentos de George Williams. En su lugar publicó la refutación en su propia página Web, http://www.eps.harvard.edu/people/faculty/hoffman/TAG.html

5. Hay pruebas de que la presencia de la Luna evitó las fluctuaciones de la inclinación de la Tierra. Véase, por ejemplo, J. Laskar, F. Joutel y P. Robutel, «Stabilization of the Earth's obliquity by the Moon», *Nature* nº. 361 (1993): 615-17. Recientemente, un grupo de investigación intentó encontrar un mecanismo para rectificar la posición de la Tierra: Véase Darren Williams, James Kasting y Lawrence Flakes, «Low-latitude glaciation and rapid changes in the Earth obliquity explained by obliquity-oblateness feedback», *Nature* nº. 396 (1998): 453. Pero los autores dicen que el artículo sirve para demostrar lo difícil que sería conseguirlo.

6. El artículo de Jim Walker está ahora en imprenta en los *Proceedings of the National Academy of Sciences*.

8 Peleas de bolas de nieve

1. Una vez entrevisté a Martin Kennedy en un restaurante italiano con una grabadora de minidisc y un micrófono. Cuando Martin fue al lavabo, el propietario se me acercó y me preguntó, «¿Quién es? ¿Por qué le entrevista? ¿Es alguien famoso?». Cuando Martin volvió, le conté lo qué había pasado y sonrió. «Supongo que habrá oído hablar de los Kennedys», me

dijo susurrando. «Entonces, ¿le contaste qué tipo de libro escribías? Le habrás dicho, supongo, que era un *thriller*, ¿no?»

2. Para más información sobre las notorias propiedades de los hidratos de metano, véase Erwin Suess, Gerhard Bohrmann, Jens Greinert y Erwin Lausch, «Flammable Ice», *Scientific American*, noviembre de 1999: 76-83. También hay un entretenido ensayo de Nicola Jones: «Fire and ice», *Chemistry and Industry* 26 (junio de 2000): 443-46.

3. Martin Kennedy, Nicholas Christie-Blick y Linda Sohl, «Are proterozoic cap carbonates and isotopic excursions a record of gas hydrate destabilization following Earth's coldest intervals?» *Geology 29*, nº. 5 (2001): 443-46.

4. Martin Kennedy, Nicholas Christie-Blick y Anthony Prave, «Carbon isotopic composition of Neroproterozoic glacial carbonates as a test of paleoceanographic models for snowball Earth phenomena», *Geology 29*, nº. 12 (2001): 1135-38.

5. «The Aftermatch of Snowball Earth», by John Higgins y Daniel Schrag, entregado al periódico electrónico *Geochemistry, Geophysics, Geosystems*.

6. A pesar de que la respuesta de Huxley se cita con libertad, las palabras exactas cambian según la versión, y desafortunadamente no hay ninguna transcripción del debate. Véase, por ejemplo, *The Columbia World of Quotations*, editado por R. andrews, M. Biggs y M. Siedel (Nueva York: Columbia University Press, 1996).

7. Esta cita proviene del maravilloso *Ice Palaces* de Fred Anderes y Ann Agranoff (Nueva York: Abbeville Press, 1983). Lamentablemente, el libro está descatalogado, pero vale la pena buscar una copia de segunda mano.

8. Douglas Mawson, *The Home of The Blizzard* (Nueva York: St. Martin's Press, 1998), XVII. Uno de los mejores libros escritos sobre la exploración antártica, y sin embargo poco conocido fuera de Australia, es de lectura obligada para los amantes del hielo.

9. Véase la descripción que Philip Ball hace de ésto en *Life's Matrix: A Biography of Water* (University of California Press, Berkeley, 2001).

10. Por ejemplo, el artículo de William Hyde, Thomas Crowley, Steven Bum y Richard Peltier, «Neroproterozoic "snowball Earth" simulations with a coupled climate/ice-sheet model», *Nature* nº. 405 (2000): 425-29; también el comentario de Bruce Runnegar, «Loophole for Snowball Earth», en la página 403 de la misma edición; y Mark Chandler y Linda Sohl,

«Climate forcings and the initiation of low-latitude ice-sheets during the Neroproterozoic Varanger glacial interval», *Journal of Geophysical Research* 105 (2000): 20, 737-20, 756.

11. Doug y Dan están escribiendo este trabajo para publicarlo en estos momentos.

9 Creación

1. La datación es muy discutida, con algunos de los depósitos de la *Snowball* datados tan temprano como 575 millones de años.

2. ¡Un maravilloso libro! Stephen Jay Gould, *Wonderful Life*, Vintage, Nueva York, 2000.

3. Han habido muchos intentos de explicar la forma de la explosión cámbrica. El hecho de que dicha explosión existiera, sin embargo, es debido al paso previo a la pluricelularidad. Para ampliar este tema, véase Carl Zimmer, *Evolution: The Triumph of an Idea* (William Heinemann, Londres, 2002); y Bill Schopf, Cradle of Life (Princeton, N.J.: Princeton University Press, 1999).

4. Unos pocos ediacarenses se encontraron antes del descubrimiento de Sprigg, por ejemplo en el bosque de Charnwood, en Inglaterra. Pero no estaban agrupados ni se les dio un nombre colectivo hasta los grandes hallazgos de Australia.

5. James Gehling, «Microbial mats in terminal Proterozoic siliciclastics: Ediacaran death masks», *Palaios* nº. 14 (1999): 40-57.

6. El investigador Mark McMenamin ha escrito un libro titulado *The Garden of Ediacara* (Nueva York: Columbia University Press, 1998), en el que argumenta que los ediacarenses fueron un experimento fallido, que después se extinguió. (Aviso, sin embargo, de que este libro fue recibido con muy poco entusiasmo por el resto de la comunidad ediacarense, y un investigador dijo en una crítica que «es tan plano como una dickinsonia atropellada»). Para más información sobre este debate, véase también Bennet Daviss, «Cast out of Eden», *New Scientist* nº. 158 (16 de mayo de 1998): 26; y Richard Monastersky, «Life grows up», National Geographic, abril de 1998: 100-115. En un tratado académico, Jim Gehling expone sus argumentos a favor de que por lo menos algunos de los ediacarenses evolucionaron en animales más familiares: «The

case for Ediacaran fossil roots to the metazoan tree», *Geological Society of India Memoir* nº. 20 (1991): 181-224.

7. El investigador es Ben Waggoner, que actualmente trabaja en la Universidad de Central Arkansas, y el fósil del que está tan orgulloso se llama Yorgia waggoneri. Dice que encuentra «de alguna manera apropiado y satisfactorio» que nadie conozca la naturaleza exacta de esta criatura.

8. Estos hallazgos son extremadamente recientes. Misha está preparando sus descripciones y conclusiones para la publicación.

9. A. P. Benus, *Bulletin of New York State Museum* nº. 463 (1988): 8.

10. No hay señales de estelas animales entre los ediacarenses de Mistaken Point. Dado que estas criaturas son mucho más antiguas que las encontradas en Australia o el Mar Blanco, se supone que estarían en un estadio anterior de la evolución. Muchos investigadores creen que su gran tamaño y las intrincadas frondas significan que estas criaturas son complejas.

11. S. A. Bowring et al., «Geochronological constraints on the duration of the Neoproterozoic-Cambrian transition», *Geological Society of America*, encuentro anual de 1998, Abstract A147; S. A. Bowring y D. H. Erwin, «Progress in calibrating the tree of life and Metazoan phylogeny», *Eos Trans. AGU* 81 (48), Fall Meeting Supplement, Abstract B62A-04, 2000.

12. H. J. Hofmann, G. M. Narbonne y J. D. Aitken, «Ediacaran Remains fron Intertillite Beds in Northwestern Canada», *Geology* nº. 18 (1990): 1199-1202.

13. A. Seilacher, P. K. Bose y F. Pflüger, «Triploblastic animals more than 1 billion years ago: Trace fossil evidence from India», *Science* nº. 282 (1998): 80.

14. B. Rasmussen, S. Bengston, I. Fletcher, y N. McNaugton, «Discoidal impressions and trace-like fossils more than 1200 million years old», *Science* nº. 296 (2002): 1112-15.

15. N. J. Butterfield, «Bangiomorpha pubescens: Implications for the evolution of sex, multicellularity, and the Mesoproterozoic/Neoproterozoic radiation of eukaryotes», *Paleobiology* nº. 26 (2000): 386-404.

16. Hay una buena, aunque algo técnica, explicación de esta técnica en el artículo de Andrew Smith y Kevin Peterson, «Dating the time of origin of major clades: Molecular clocks and the fossil record», *Annual Reviews of Earth and Planetary Science* nº. 30 (2002): 65-68.

17. Lee Smolin, «Art, science and democracy», escrito para un catálogo

de una exhibición de escultura de Elizabeth Turk en el Santa Barbara Contemporary Arts Forum, del 24 de febrero al 14 de abril de 2001.

18. Kevin está en estos momentos preparando un artículo para su publicación.

10 Nunca más

1. Joe publicó estos resultados en D. A. Evans, N. J. Beukes, y J. L. Kirschvink, «Low latitude glaciation in the Palaeoproterozoic era», *Nature* nº. 386 (1997): 262-65. Su *snowball* primitiva no pareció disparar los mismos cambios evolutivos que acompañaron la que llegó después. Tal vez sencillamente era demasiado pronto. Para que ocurra un salto evolutivo, los seres vivos no sólo necesitan las condiciones ambientales, también necesitan la aprobación genética. El material genético cambia a través del espacio y el tiempo, y las criaturas que vivieron durante esta temprana *snowball* podrían no haber tenido suficiente tiempo para reunir todos los genes que necesitarían.

2. Dan Schrag también remarca que la lluvia en los trópicos es mucho más intensa que a latitudes más altas. Cuanto más intensa es la lluvia, más dióxido de carbono atrapan las rocas. Si todos los continentes estuvieran cerca del ecuador, su capacidad colectiva de chupar dióxido de carbono estaría desbocada; tanto el hielo que avanzara como las rocas continentales estarían actuando en tándem para enfriar la Tierra. Planteó estos argumentos en un artículo en el que también plantea una idea intrigante sobre qué podría haber sido exactamente lo que provocó el enfriamiento que llevó al preámbulo de *snowballs* de Paul. G. P. Harvelson, P. F. Hoffman, D. P. Schrag y A. J. Kaufman, «A major perturbation of the carbon cycle before the Ghaun glaciation in Namibia: prelude to snowball Earth», *Geochemistry, Geophysiscs, Geosystems*, 27 de junio de 2002.

3. David Evans, «True Polar Wander, a supercontinental legacy», *Earth and Planetary Science Letters* 157 (1998): 1-8; y D. A. Evans, «True polar wander and supercontinents», *Tectonophysics*, 2002, en impresión. Una descripción más accesible de esta idea es Robert Irion, «Slip-sliding away», *New Scientist* nº. 18 (agosto de 2001): 34.

4. Para una buena descripción general del movimiento de los continen-

tes, véase David M. Harland, The Earth in Context, Springer-Praxis, Chichester, 2001. Hay una descripción más completa y técnica en Donald Turcotte y Gerald Schubert, *Geodynamics*, 2ª edición (Cambridge University Press, Cambridge, 2002).

5. La construcción de un posible nuevo supercontinente de Chris Scotese, al que llama «Pangea Última», es parte de su Proyecto Paleomapa. Podemos encontrar más información sobre esto en su página web, www.scotese.com.

Epílogo

1. *The Biggest Snowball Ever*. Copyright ©1988 John Rogan. Reproducido con permiso del editor, Candlewick Press, Inc., Cambridge, MA, en representación de Walker Bookes Ltd., Londres.

Índice analítico

«arbusto ardiendo», fósiles, 204
«rumorcrón», 206
abanicos de cristal rosáceos, 116-117, 120, 124
accidentes geológicos, nombres de, 66-67
Adlard, Harold, 41-42
ADN, y el reloj molecular, 209-210
África,
    en deriva continental, 226
    Namibia en, véase Namibia
    paisaje de, 56
    vida salvaje de, 55-56, 105-108
    y Suramérica juntas, 56, 58
Agassiz, Louis, 74-76
agua marina ácida, 180
alfombras bacterianas, 27, 33, 198, 202, 208, 213
alfombras de bacterias, 27-28, 198, 202, 208
algas, 183, 207-209
Alpes, creación de, 226
Alvarez, Luis, 133
Alvarez, Walter, 133, 182
anillos en los troncos, registro climático en, 120
Antártida,
    aparejo de tiro humano, 63-64, 66

ausencia de lo esencial para la vida en, 184, 228
    bacterias en la, 186-187
    expedición de Scott, 42-43, 63, 184
    grosor del casquete de hielo en, 120-121
arena, conservación por, 205, 206
arena, cuñas, 157-162
Ártico,
    el trabajo de Hoffman en el, 43-49
    ferrolitos en el, 96-97
    geología en el, 63-64
    Hornby en el, 41-43, 184
    insectos en el, 44-45, 201
    muskeg en el, 46-47
    osos en el, 45-46, 85
    sílex del, 208-209
    sol de medianoche en el, 46
    taiga del, 200-201
Aspidella fósil, 197
Atlántico, ampliación del océano, 227
atonal, música, 135
Australia del Sur:
    campos magnéticos en, 92, 94, 126-127, 149

pruebas de la Snowball en, 149-163

Australia, Outback, 94, 126, 151-152, 175

Australia, véase Bahía Tiburón, Flinders Ranges, Monte Gunson, Benett Spring, Coober Pedy, Bahía Coral

Babcock, Ken, 52-53
bacterias:
    colonias de, 174
    en el océano Snowball, 183
    magnéticas, 89
    supervivencia de las, 186-187
Bahía Coral, Australia occidental, 25
    deriva continental de, 226-227
Bahía Tiburón, Australia occidental, 12, 23-24
Bangia, alga, 208
basaltos de inundación, 219, 225
Basher, Chris, 68
Bennet Spring, 150-155
biodiversidad, 74, 188
Bowers, Henry «Birdie», 63
Bowring, Sam, 206
Budyko, Mikhail, 93-94, 97, 114, 185
Butterfield, Nick, 208, 213

calentamiento global, 98-99
caliza, conservación sobre la, 201-202
cambio climático:
    estacional, 162-163
    y la evolución, 74-75
cámbrica, explosión, 192-193
cámbrico, periodo, 47-48
    continentes en colisión durante, 58
    fósiles del, 193
Canadá:
    John Hornby en, 41-42

La vida de Paul Hoffman en, 37-38
el trabajo de campo de Paul Hoffman en, 49-54
Mistaken Point, Newfoundland, 203-215
cantos de barro, 72
cañones submarinos, 77
capas de carbonatos, 116, 122, 124, 160, 169, 173-174, 186, 218
casquetes polares, 75
catástrofe de hielo, 94, 97, 98, 114, 126, 185, 189
células, especialización de, 29, 196-197
cementos de carbonato, 171, 175, 176, 181-183
ceniza volcánica,
    datación por, 205-206
    fósiles conservados por, 204-207
cenizas, conservación por, 205-206
cerebro, imanes en el, 89-90
Cherry-Garrard, Apsley, 63
Christian, Edgar, 41-43
Christie-Blick, Nick, 136-139, 144-147, 150
    y la roca de Pip, 144-146
    y la Tierra Slushball, 185, 186, 189
    y Linda Sohl, 151, 186
    y Martin Kennedy, 166, 169, 170-171, 181
cianobacterias, 27
cielo de agua, 32
ciencia:
    avances intuitivos en, 131
    buena suerte en, 126
    evaluación por iguales de artículos, 176
    importancia de las pruebas en, 144, 179
    objetividad en, 129-130
    poner a prueba hipótesis en, 210-211

pseudociencia contra, 144
teoría de la relatividad, 134
teorías falsadas, 181
colágeno, 214
Coober Pedy, Australia, 94
corales, registros climáticos de, 121-122
corrimientos de barro submarinos, 77-79
creación, ideas bíblicas sobre la, 143-144
Crowell, John, 77-78

Darwin, Charles, 30, 179, 182
Davis, William Morris, 198, 201, 205
delfines, 24-25
deriva continental:
    datación de, 60-61
    de supercontinentes, 224-225, 226
    del subcontinente indio, 225-226
    en el periodo Precámbrico, 58
    Harland sobre, 82-83
    magnetismo lítico y, 82-83
    posibilidades futuras de, 227-228
    tectónica de placas y, 83-84, 192-193, 223
    Wegener sobre, 79-80, 131-132
Desierto de Namib, 54, 57
diamictita, 168
Dickinsonia, fósiles, 197-198, 201, 202
dinosaurios:
    extinción de, 30, 133, 182, 214, 225
    fósiles de, 194
dióxido de carbono, 98-99, 123, 155, 181, 187, 222, 223

ecuador:
    campo magnético horizontal del, 220-221

congelado, 84, 92-93, 159
continentes en una banda alrededor del, 222-224
    falta de estaciones en, 159, 161
    océanos abiertos en, 185-186
    rayos del sol en, 83
    tectónica de placas y, 221-222
edades glaciales, 33-34
    Mid-Ice, 80-81
    periodos interglaciales entre, 75
    Precámbrico, 76-77
ediacarenses, fósiles, 196-202
    datación de, 202
    en Australia, 196-198
    en el Mar Blanco, 200-202
    evidencia del movimiento de, 202
    Mistaken Point, Newfoundland, 203-206
efecto invernadero, 99, 122
Embleton, Brian, 92-93, 94
equinodermos, fósiles, 211
Erwin, Doug, 13, 188
escala de tiempo Harland, 63
especies en peligro de extinción, protección de, 188
esqueletos, fósiles de, 193
estelas fósiles, 199, 201, 202, 207
estromatolitos, 12, 27, 28, 57
eternidad geológica, 144
evolución:
    biodiversidad y, 74, 188
    cambio climático, 73-74
    de organismos pluricelulares, 29-30, 74-75, 189, 191-193, 214
    después de la Tierra Snowball, 23, 189, 192-193, 210-215
    especialización en, 191-192
    extinción y, 213-214
    fósiles como evidencia de, 34-35
    y supervivencia, 89

Fedonkin, Misha, 199-202

ferrolitos, 160, 174, 186
Flinders Ranges, 150-155, 158, 162
  fósiles ediacarenses en, 196-198
  Paso Pichi Richi en, 95-96, 100, 150
  registro magnético en, 96, 97, 126, 149, 155-156
  ritmitas de marea en, 95-97, 150, 155
fósiles de gelatina, 194
fósiles:
  «arbusto llameante», 204
  cámbricos, 192-193
  como máscaras de la muerte, 198, 201, 205
  como prueba de la deriva continental, 79-80
  como prueba de la evolución, 34-35
  como prueba de las edades de hielo, 75, 183, 192
  con esqueletos, 192-193
  datación a través de, 47-48, 206-207, 211-212
  de alfombras bacterianas, 197-198
  de algas, 207-209
  de cuerpos blandos, 194-196
  de equinodermos, 211-212
  de Mistaken Point, 203-207
  ediacarenses, 196-202
  estelas de, 201-202, 207
  volcánicos, 204-206
Freud, Sigmund, 30
fuentes ácidas calientes, 124 187

Galileo Galilei, 30
gases volcanicos, concentración de, 34, 98, 123
Gehling, Jim, 194-202, 204, 212, 214
geocronología, 206
geología:

  cementos formados en, 171
  como arte versus ciencia, 135, 144
  en contexto, 137
  hipótesis escandalosas en, 134-135
  implicación en, 129-130
  lugares sagrados en, 143
  métodos de trabajo de campo, 103-105, 135, 137, 150
  teorías, 129, 131, 134-135
  uniformitarismo, 133
Geological Survey of Canada, 21, 37, 43
Geology, 176-177
glaciares,
  bacterias en, 186-187
  movimiento, 72-73, 160-161, 168
  rocas caídas en, 61, 73, 142
  rocas, 115, 124, 126
Gould, Stephen Jay, 30, 144, 193
gran glaciación infracámbrica, 74, 78, 86, 100
Gran Inclinación, 159-160, 162
Greene, Mott T., 132

Halverson, Pippa, 142
Harkerbreen, glaciar, 68
Harland, Brian, 63-74
  accidentes geológicos con el nombre de, 66-67
  en Ny Friesland, 67, 72
  planes de contingencia de, 64-65, 71-72
  reglas de expedición de, 65-66
  rocas glaciales estudiadas por, 74-75, 76-78, 126, 149
  sobre el magnetismo de las rocas, 82-86, 93
  sobre la deriva continental, 82-84
  sobre la gran glaciación infra cámbrica, 74, 78, 86, 100

hidrato de metano, 171-173
hielo:
agua convirtiéndose en, 185
agujeros en, 185, 187-188
asesino, 184
colores del, 183
como conservante, 184
como material de construcción,
183-184
en la teoría de la Tierra Snowball,
31-35, 93-94, 98, 150
erosión del viento, 168-169
evidencia de, 60-61, 154-155
flotación, 184-185
glaciares, 67-68
global, 74-76, 83, 92, 97, 100,
114, 155, 207, 219
luz solar reflejada por, 93, 186,
222
marino, 32, 227
movimiento del, 222, 227-228
oxígeno y, 214-215
polar, 120
prehistórico, 74-75
registro climático guardado en,
120-121, 186
vida en, 184-189, 213-215
volcanes bajo el, 97-98, 187
Himalayas, creación de, 226
hipótesis, comprobación de, 210-
211
Hoffman, Paul, 23
carrera profesional de, 37-38
en el Gran Cañón, 138
en el GSC, 21, 37, 52, 43
en la Maratón de Boston, 11, 19,
20, 122
en Namibia, 28, 54-56, 103-108,
113-115
intereses musicales de, 49, 135
métodos de trabajo de campo
de, 103-106
oponentes a, 130-147

premios para, 229-230
primeros años, 37-44
rasgos de la personalidad de, 58,
59, 60, 171, 230
sobre la vulnerabilidad de las
nuevas ideas, 131-132
sobre los carbonatos, 114-115
teoría de la Tierra Snowball, 31-
35, 100-101, 122-127, 129-
147, 149, 160-163, 166,
189, 192, 207, 209, 217,
225, 229
trabajo de campo ártico, 43-48
y Dan Schrag, 11, 117, 177, 188
y Erica, 49-51
y la evaluación por iguales, 176-
178
y la Gran Inclinación, 159
y la roca de Pip, 142-145
y la Tierra Slushball, 185-186
Hornby, John, 41, 42, 184
Hutton, James, 143-144
Huxley, Thomas Henry, 182-183

India:
deriva continental de, 225-226
tubos de gusano en, 207
interglaciales, 75-76, 214
intuición, 134-135
inundación de Noé, 143
inversiones magnéticas, 154
Islandia, volcanes en, 98
isótopos, 114-117, 122, 124-126,
149, 160, 174, 176, 180-181

Kalahari, desierto del, 217-221
Kelly, Ned, 198
Kennedy, Martin, 163, 165, 173, 177
rocas Snowball estudiadas por,
167-171, 175-181
y el hidrato de metano, 171-174

y la dolomita Noonday, 171, 173
y los cementos carbonatados,
176, 181, 175
y Nick Christie-Blick, 136-137,
149, 151, 166, 169, 181,
185, 186, 189
Kimberella, fósiles, 201-202
Kingston Peak, diamictita, 168
Kirschvink, Joe, 87-92, 114, 123, 126,
127
en el desierto del Kalahari, 218-
221
y el magnetismo, 82-84, 153
y los continentes ecuatoriales, 222
Knoll, Andy, 208
Kuhn, Thomas, 181

laguna de Hamelín, Australia occidental, 26-28
lavas almohadilladas, 219, 220, 225
limo, 23-24, 27
evolución a la complejidad, 191-
195
la teoría Snowball y, 166-167
Precámbrico, 47
unicelular, 214
y las alfombras bacterianas, 23,
27, 175, 183, 197
lluvia ácida, 34, 99, 123-124. 174, 214
lodo de carbonato, 175
luna:
bacterias sobre, 186
creación de, 160-161
luz solar:
como necesidad para la vida, 185
reflejada, 93, 186, 222

MacArthur, fundación, 118
MacGlynn, John y Lillian, 49
magnetismo de las rocas, 82, 84, 85,
154-155, 219

magnetismo,
aparición natural, 88-89
de las rocas, 82, 84, 85
de los ferrolitos, 96-97
en cerebros, 89-90
en las bacterias, 88-89
en navegación, 89
patrones de, 219-221
y el calor, 93
y la congelación global, 97, 100,
155, 171
y la Tierra Snowball, 100-101,
126-127, 153, 218-219
y las ritmitas de marea, 95, 96,
150, 155
Mar Blanco, fósiles del, 200-206
margen de enfriamiento, 220-221
Marte, la meteorología predecible
de, 161
máscaras de la muerte, 165-174
material genético (ADN), 209-210,
212-213
Mawson, Sir Douglas, 76, 184
McPhee, John, 30
Medhurst, Dorothy, 51
Mediterráneo, estrechamiento del,
226
Menard, William, 137
microbios:
en la Tierra Snowball, 34
primeros, 28
Mid-Ice, 81
Mills, John, 43
Mina del Monte Gunson, Australia,
156-158, 159
Miradero sioux, Ontario, 39-40
Mistaken Point, Newfoundland,
203-207
modelos climáticos, 161-163, 185-
188
mundo del limo, ver limo
mutaciones, 188

Namibia,
    Brandberg en, 56
    colonias de bacterias en, 174
    el trabajo de Paul Hoffman en,
        54-62, 103-110, 175
    escasez de agua en, 105
    estromatolitos en, 12
    estudios precámbricos en, 56-57
    experiencia de la autora en, 108-
        113
    geología en, 54-56, 60-61, 171
    largas noches en, 58
    rocas glaciales en, 62, 113-114
    vida salvaje en, 105-107
Nansen, trineos, 69
Narbonne, Guy, 195, 206, 207
neptunismo, 143
Noonday, dolomita, 171, 173
norte magnético, 82-84
Ny Friesland, 67, 72

objetos en rotación, distribución de
    la masa, 224-225
océanos:
    isótopos en, 180
    lecho marino, 180
    polynyas en, 188
    recubrimiento de hielo, 162, 168,
        176, 185, 186, 227-228
    transparencia de, 161-162, 186
Ongeluk, formación, 219, 221
oolitos, 73, 175, 180
ópalos, 94
organismos unicelulares,
    en la laguna de Hamelín, 26-27
    evolución a la vida compleja, 25,
        31, 34, 74, 192, 213
oxígeno, 214-215

Palaeophragnodictya, fósil, 197
Pangea (supercontinente), 225-227

patrón de congelamiento-derreti-
    miento, 157-158
Peterson, Kevin, 210
Pichi Richi, Paso, Australia, 95-97,
    100, 150
Pip, la roca de, 142, 144, 145
Pirineos, creación de los, 226
pirita, 198
pisolítico, barro, 175
Playfair, John, 144
plomo, y uranio, 206
pluricelularidad, véase vida compleja
polarización, 129
polynyas, 188
Pompeya, 205
Prave, Antony, 57
Precámbrico, periodo, 47-48, 53
    en el Ártico, 48, 73, 74, 97
    en Namibia, 56-57
    en svalbard, 64
    glaciaciones del, 76, 160
Puerto Augusta, Australia, 156-160

registros climáticos, 120-121
reloj molecular, 209-212
Repex (repelente), 45
río Huab, Namibia, 108-109
ritmitas de marea, 95-96, 150, 155
ritmitas de marea, 95-96, 155
rocas caídas, 61, 72, 142
rocas carbonatadas, 114-115
    distribución mundial de, 73-74,
        115-116
    en corales, 121-122
    en el lecho marino, 180
    isótopos en, 174, 176
    oolitos y las, 73
    y la teoría Snowball, 117, 123-127,
        171-172, 174-178, 180-181, 208
rocas glaciales:
    como marcador Precámbrico,
        74-76

corrimientos de barro contra, 77-78
deriva continental y, 78-79, 82
distrubución mundial de, 73-74, 77
duración de, 154-155, 186
en el desierto del Kalahari, 217-218
en Europa, 74-75
grosor de, 185
inversiones magnéticas en, 154-155
partículas magnéticas en, 82, 192
ritmos de sedimentación de, 165-166
Rodinia (supercontinente), 225
Rogers, David, 40
Runnegar, Bruce, 195

Scarborough, Inglaterra, 72
Schrag, Dan, 117, 177, 188
  beca MacArthur para, 118
  como hombre de océanos y carbonatos, 119-120
  ideas de, 118-120
  y la Tierra Snowball, 122-123, 129, 135, 149, 155, 166, 171, 180, 210-211
Science, 126, 129
Scott, Robert, 42, 43, 63, 65
sedimentación, ritmo, 168
Seilacher, Dolf, 207
serpiente cebra, 106-107
Shackleton, Ernest, 65
Siccar Point, Escocia, 143
Singewald, Joseph, 131
Smolin, Lee, 210
Sohl, Linda, 186, 151
Somerset Island, 208
Spitzbergen, algas de, 208
Sprigg, Reg, 196
Spriggina, fósil, 197

supercontinentes, 225, 226
Surámerica, y África juntas, 56-58
Svalbard:
  autosuficiencia necesaria en, 71-72
  el trabajo de Harland en, 63-74, 78, 84, 85
  en el ecuador o en los polos, 84
  geología de, 65, 67, 85, 115
  glaciares de, 67
  nombres de los accidentes geológicos, 66-67
  rocas carbonatadas oolíticas, 73
  rocas precámbricas en, 64
  y la deriva continental, 82

taiga, 200-201
tectónica de placas, 83, 130, 132, 221, 224
terremotos, campo magnético como sensor de, 91
Thompson, J. E., 39
tiempo geológico, 63
tiempo geológico, división, 63
Tierra Slushball, 185-187, 189
Tierra Snowball:
  como catástrofe de hielo, 94, 97
  deriva continental y, 78, 79, 82, 130-131, 182
  duración de, 150, 212-213
  episodios en serie de, 192, 223
  implicaciones biológicas de, 34-35, 189, 191, 192-194, 207, 211-215
  la roca de Pip y la, 142-144, 145
  magnetismo y, 100, 126-127, 153, 218-219
  modelo climático, 160
  nombre de la, 100-101
  posibilidades futuras de, 215, 217, 223-225, 227
  ritmos de meteorización de la, 136, 169

ritmos de sedimentación en, 168
rocas carbonatadas, 73, 124-126,
    142, 149, 150, 153, 160,
    171, 180
teoría de la, 31-35, 64, 92, 114,
    126, 146, 155, 186, 192,
    209, 225
uniformitarismo contra la, 133
vida en la, 176, 183, 185-186
volcanes como fundidores de la,
    97-98, 122, 183
Tierra:
    campo magnético de, 219-220
    catástrofe de hielo en, 94, 97,
        98, 114, 126, 185
    colisiones con, 160-161
    distribución continental de, 224-
        225
    Edad Negra de, 47, 64
    estaciones de, 160-163
    inclinación, 136, 158-161
    núcleo de hierro en, 154, 224
Titanic, señales del, 203
tormentas de arena submarinas, 198
tormentas de arena submarinas, 198
trenes de carretera, 156
Trepassey, Newfoundland, 203
trópicos:
    calor del sol, 221
    registros climáticos en, 120, 121
tubos en las rocas, 116-117, 122,
    124, 171

uniformitarismo, 133
uranio, 206

Valkyria, alga, 208
Valle de la Muerte, 166, 167
    Bad Water en, 167
    movimiento de bloques en, 167
    oolitas en, 175-176

Racetrack Playa en, 167-168
rocas Snowball en, 166-169
variedad genética, para la supervi-
    vencia, 188
Vesubio, 205
vida alienígena, evidencias de, 91
vida compleja:
    algas, 208-209
    el colágeno en, 214
    evolución de organismos unice-
        lulares a, 28-31, 74-75, 189,
        191-193, 214
    fósiles de, 199
    habilidad de moverse, 202
    la explosión cámbrica y, 192-193
    la Tierra Snowball y, 34-35, 189,
        191-193, 207, 211-215
    oxígeno necesario para, 214-215
    reloj molecular para, 209-212
volcanes,
    bajo el hielo, 96, 219
    basaltos de inundación de, 219
    como fundidores de la Snowball,
        97-98, 122, 182
    lavas almohadilladas de, 219, 225
Voucharia, alga, 208

Wade, Mary, 195
Walker, Jim, 12, 161
Wegener, Alfred, 79, 80-84, 130-132,
    184, 229
Westbrook, Erica, 12, 49
Wilbeforce, Obispo Samuel, 183
Williams, George, 12, 92-96, 114,
    153, 155, 159, 162
Willis, Bailey, 131
Willumsen, Rasmus, 81

Yellowstone, Parque Nacional de,
    124, 187
Yorgia, fósil, 201-202